太空之書

The
Space
Book

作者 ── 金貝爾（Jim Bell）

譯者 ── 曾耀寰

它突然令我感到訝異，這顆美麗的藍色小豌豆是我們的地球，我舉起大姆指，閉上一隻眼睛，我的大拇指可以完全遮住地球，我不覺得我是一個巨人，反倒覺得自己非常非常地渺小。

——尼爾‧阿姆斯壯（Neil Armstrong）

很難說什麼是不可能的，因為昨日的夢想是今日的希望，以及明日的事實。

——羅伯特‧戈達（Robert Goddard）

▎目次

簡介／關於太空之書 008
致謝 012

宇宙的誕生
約西元前一百三十七億年／大霹靂 014
約西元前一百三十七億年／復合紀元 015
約西元前一百三十五億年／第一代恆星 016
約西元前一百三十三億年／銀河 017
約西元前五十億年／太陽星雲 018
約西元前四十六億年／暴烈原太陽 019
約西元前四十六億年／太陽的誕生 020
約西元前四十五億年／水星 021
約西元前四十五億年／金星 022
約西元前四十五億年／地球 023
約西元前四十五億年／火星 024
約西元前四十五億年／主小行星帶 025
約西元前四十五億年／木星 026
約西元前四十五億年／土星 027
約西元前四十五億年／天王星 028
約西元前四十五億年／海王星 029
約西元前四十五億年／冥王星和古柏帶 030
約西元前四十五億年／月球的誕生 031
約西元前四十一億年／後重轟炸期 032
約西元前三十八億年／地球上的生命 033
西元前五億五千萬年／寒武紀大爆發 034
西元前六千六百萬年／恐龍滅絕撞擊 035
西元前二十萬年／智人 036
約西元前五萬年／亞利桑那撞擊 037

觀天
約西元前5000年／宇宙學的誕生 038
約西元前3000年／古老天文台 039

約西元前2500年／埃及天文學 040
約西元前2100年／中國天文學 041
約西元前500年／地球是圓的！ 042
約西元前400年／希臘地心說 043
約西元前400年／西方占星術 044
約西元前280年／太陽為中心的宇宙 045
約西元前250年／埃拉托斯特尼測量地球 046
約西元前150年／星等 047
約西元前100年／第一台計算器 048
西元前45年／儒略曆 049
約西元150年／托勒密的《天文學大成》 050
西元185年／中國人觀測「客星」 051
約西元500年／《阿里亞哈塔曆書》 052
約西元700年／找尋復活節 053
約西元825年／早期阿拉伯天文學 054
約西元964年／目睹仙女座 055
約西元1000年／實驗天文物理學 056
約西元1000年／馬雅天文學 057
西元1054年／看到「白晝星」 058
約西元1230年／《天球論》 059
約西元1260年／大型中世紀天文台 060
約西元1500年／早期微積分 061
西元1543年／哥白尼的《天體運行論》 062
西元1572年／第谷的「新星」 063
西元1582年／格里曆 064
西元1596年／米拉變星 065
西元1600年／布魯諾的《論無限宇宙和世界》 066
約西元1608年／第一批天文望遠鏡 067
西元1610年／伽利略的《星際信使》 068

西元 1610 年／木衛一 069

西元 1610 年／木衛二 070

西元 1610 年／木衛三 071

西元 1610 年／木衛四 072

西元 1610 年／發現獵戶座星雲 073

西元 1619 年／行星運動三定律 074

西元 1639 年／金星凌日 075

西元 1650 年／開陽－輔六合星系統 076

西元 1655 年／土衛六 077

西元 1659 年／土星有環 078

西元 1665 年／大紅斑 079

西元 1665 年／球狀星團 080

西元 1671 年／土衛八 081

西元 1672 年／土衛五 082

西元 1676 年／光速 083

西元 1682 年／哈雷彗星 084

西元 1684 年／土衛三 085

西元 1684 年／土衛四 086

西元 1684 年／黃道光 087

西元 1686 年／潮汐的起源 088

西元 1687 年／牛頓萬有引力和運動定律 089

西元 1718 年／恆星的自行 090

西元 1757 年／天文導航 091

西元 1764 年／行星狀星雲 092

西元 1771 年／梅西耳星表 093

西元 1772 年／拉格朗日點 094

西元 1781 年／天王星的發現 095

西元 1787 年／天衛三 096

西元 1787 年／天衛四 097

西元 1789 年／土衛二 098

西元 1789 年／土衛一 099

西元 1794 年／來自太空的隕石 100

西元 1795 年／恩克彗星 101

西元 1801 年／穀神星 102

西元 1807 年／灶神星 103

西元 1814 年／光譜學的誕生 104

西元 1838 年／恆星視差 105

西元 1839 年／第一張天文攝影 106

西元 1846 年／發現海王星 107

西元 1846 年／海衛一 108

西元 1847 年／米切爾小姐的彗星 109

西元 1848 年／光的都卜勒位移 110

西元 1848 年／土衛七 111

西元 1851 年／傅科擺 112

西元 1851 年／天衛一 113

西元 1851 年／天衛二 114

西元 1857 年／柯克伍德空隙 115

西元 1859 年／太陽閃焰 116

西元 1859 年／搜尋祝融星 117

西元 1862 年／白矮星 118

西元 1866 年／獅子座流星雨的來源 119

西元 1868 年／氦 120

西元 1877 年／火衛二 121

西元 1877 年／火衛一 122

西元 1887 年／以太的末日 123

西元 1892 年／木衛五 124

西元 1893 年／恆星顏色＝恆星溫度 125

西元 1895 年／銀河暗帶 126

西元 1896 年／溫室效應 127

西元 1896 年／放射性 128

西元 1899 年／土衛九 129

西元 1900 年／量子力學 130

西元 1901 年／皮克林的「哈佛電腦」 131

西元 1904 年／木衛六 132

西元 1905 年／愛因斯坦「奇蹟年」 133

西元 1906 年／木星的特洛伊小行星 134

西元 1906 年／火星和它的運河 135

西元 1908 年／通古斯爆炸 136

西元 1908 年／造父變星和標準燭光 137

西元 1910 年／主序帶 138

西元 1918 年／銀河的大小 139

西元 1920 年／「人馬座」小行星 140

西元 1924 年／愛丁頓的質光關係 141

西元 1926 年／液態燃料火箭技術 142

西元 1927 年／銀河旋轉 143

西元 1929 年／哈柏定律 144

西元 1930 年／發現冥王星 145

西元 1931 年／電波天文學 146

西元 1932 年／奧匹克－歐特雲 147

西元 1933 年／中子星 148

西元 1933 年／暗物質 149

西元 1936 年／橢圓星系 150

西元 1939 年／核融合 151

西元 1945 年／地球同步衛星 152

西元 1948 年／天衛五 153

西元 1955 年／木星的磁場 154

西元 1956 年／微中子天文學 155

太空年代

西元 1957 年／史波尼克 1 號 156

西元 1958 年／地球的輻射帶 157

西元 1958 年／航太總署和深太空網路 158

西元 1959 年／月球的遠側 159

西元 1959 年／螺旋星系 160

西元 1960 年／搜尋地外文明計畫 161

西元 1961 年／太空中的第一群人 162

西元 1963 年／阿雷西波電波望遠鏡 163

西元 1963 年／類星體 164

西元 1964 年／宇宙微波背景 165

西元 1965 年／黑洞 166

西元 1965 年／霍金的「極端物理」 167

西元 1965 年／微波天文學 168

西元 1966 年／金星 3 號抵達金星 169

西元 1967 年／脈衝星 170

西元 1967 年／嗜極生物的研究 171

西元 1969 年／登陸月球第一人 172

西元 1969 年／再次登陸月球 173

西元 1969 年／天文學數位化 174

西元 1970 年／默奇森隕石內的有機分子 175

西元 1970 年／金星 7 號登陸金星 176

西元 1970 年／月球自動取樣返回 177

西元 1971 年／弗拉摩洛結構 178

西元 1971 年／第一批火星軌道者 179

西元 1971 年／月球漫步 180

西元 1972 年／月球高地 181

西元 1972 年／登月最後一人 182

西元 1973 年／伽瑪射線爆 183

西元 1973 年／木星上的先鋒 10 號 184

西元 1976 年／火星上的維京號 185

西元 1977 年／探險家號的「偉大旅程」啟航 186

西元 1977 年／發現天王星的環 187

西元 1978 年／冥衛一 188

西元 1978 年／紫外線天文學 189

西元 1979 年／木衛一上的活躍火山 190

西元 1979 年／木星環 191

西元 1979 年／木衛二的海洋？ 192

西元 1979 年／重力透鏡 193

西元 1979 年／抵達土星的先鋒 11 號 194

西元 1980 年／宇宙：個人的探險 195

西元 1980、1981 年／探險家號遇上土星 196

西元 1981 年／太空梭 197

西元 1982 年／海王星的光環 198

西元 1983 年／越過海王星的先鋒 10 號 199

西元 1984 年／拱星盤 200

西元 1986 年／在天王星的探險家 2 號 201

西元 1987 年／超新星 1987A 202

西元 1988 年／光害 203

西元 1989 年／在海王星的探險家 2 號 204

西元 1989 年／星系牆 205

西元 1990 年／哈柏太空望遠鏡 206

西元 1990 年／麥哲倫號繪製金星 207

西元 1991 年／伽瑪射線天文學 208

西元 1992 年／繪製宇宙微波背景 209

西元 1992 年／第一批系外行星 210

西元 1992 年／古柏帶天體 211

西元 1992 年／小行星可以有衛星 212

西元 1993 年／巨型望遠鏡 213

西元 1994 年／舒梅克－李維 9 號彗星撞木星 214

西元 1994 年／棕矮星 215

西元 1995 年／繞行其他太陽的行星 216

西元 1995 年／伽利略號繞行木星 217

西元 1996 年／火星上的生命？ 218

西元 1997 年／海爾－波普大彗星 219

西元 1997 年／253 號梅西爾德小行星 220

西元 1997 年／火星上的第一架漫遊者 221

西元 1997 年／火星全球探勘者號 222

西元 1998 年／國際太空站 223

西元 1998 年／暗能量 224

西元 1999 年／地球自轉加速 225

西元 1999 年／杜林撞擊危險指數 226

西元 1999 年／錢卓 X 射線天文台 227

西元 2000 年／木衛三的海洋？ 228

西元 2000 年／在愛神星的近地小行星會和號 229

西元 2001 年／太陽微中子問題 230

西元 2001 年／宇宙的年齡 231

西元 2001 年／創世紀號捕捉太陽風 232

西元 2003 年／史匹哲太空望遠鏡 233

西元 2004 年／火星上的精神號和機會號 234

西元 2004 年／卡西尼號探索土星 235

西元 2004 年／星塵號遇上維爾特 2 號彗星 236

西元 2005 年／深度撞擊號：坦普爾 1 號彗星 237

西元 2005 年／惠更斯號登陸土衛六 238

西元 2005 年／在糸川星的隼鳥號 239

西元 2005 年／守護衛星 240

西元 2006 年／冥王星降級 241

西元 2007 年／適合居住的超級地球？ 242

西元 2007 年／哈尼天體 243

西元 2009 年／克卜勒號任務 244

西元 2010 年／紅外線天文學平流層天文台 245

西元 2010 年／羅賽塔號飛掠司琴星 246

西元 2010 年／哈特雷 2 號彗星 247

西元 2011 年／在水星的信使號 248

西元 2011 年／在灶神星的黎明號 249

西元 2012 年／火星科學實驗室好奇號漫遊者 250

西元 2015 年／揭露冥王星！ 251

西元 2017 年／北美日食 252

西元 2018 年／韋伯太空望遠鏡 253

我們的未來

西元 2029 年／毀神星幾乎未擊中 254

～西元 2035 至 2050 年／火星上的第一批人類？ 255

～一億年後／人馬座矮星系碰撞 256

～十億年後／地球的海洋蒸發 257

～三十億至五十億年後／和仙女座星系相撞 258

～五十億至七十億年後／太陽的末日 259

～ 10^{14} 年後／恆星的謝幕 260

～ 10^{17} 至 10^{37} 年後／簡併時期 261

～ 10^{37} 至 10^{100} 年後／黑洞蒸發 262

時間終結／宇宙將如何結束？ 263

關於太空之書

　　基本上是不可能僅用 250 件劃時代事件,來總結天文學和太空探索的整部歷史,但我並不因此而不做這樣的嘗試!我所研究的領域擁有豐富和令人振奮的歷史。為這樣的歷史編年卻是一件望而生畏的任務,但從一位有幸從事太空科學的熱愛者的觀點而言,它是如此豐富!單單在過去的五十年間,我們已經見證人類探索歷史中最深遠且重要的一次大爆發——太空時代。人類已經可以離開地球(有些人現在正住在地球以外的地方),有十二個人曾在月球上漫步。使用機械代理和巨型望遠鏡(有些是放置在太空中),我們已經能夠遠觀、近看所有典型已知行星的外星地貌,造訪小行星和彗星,以及檢視所有壯觀燦爛的宇宙。

站在巨人的肩膀上

　　以上所有成就,全因為我們如牛頓(Isaac Newton)爵士所述,是「站在巨人的肩膀上」。如果沒有我們的祖先建立起近代科學和實驗的深沉思想,則難以完成近代天文學和太空探索。許多人在大量的個人或專業努力上,獲得自己的成就,有許多人則是在數十年、甚至數個世紀之後才被認可。有些特定個人的貢獻,我則加入一些項目,最起碼認知到一群關鍵人物的重要性,他們在為未來的成就架設舞台。這樣的例子包括仍保存在一些早期人類洞穴內的星圖;蘇美人對五千到七千年前宇宙學誕生的貢獻;建造類似巨石陣的古代天空觀測站的謎樣石器時代文明;來自中國夏、商、周朝(西元前2100 年～西元前 256 年)天空事件的細心編年史家;以及來自早期埃及,印度、阿拉伯、波斯和馬雅社會的各種數學和天文學派,都已經對近代天文、天文物理學和宇宙學做出深遠的影響。

　　當然,在一般科學思想、特別是物理學和天文學發展上,找到並認出扮演關鍵角色的特定個人,這是有可能的。若不考慮科學史,則根基於上的近代天文學將不完備,比方說不提及古代哲學家、數學家和天文學家的持續性貢獻,如畢達哥拉斯(Pythagoras)、柏拉圖(Plato)、亞里斯多德(Aristotle)、阿里斯塔克斯(Aristarchus)、埃拉托斯特尼(Eratosthenes)、依巴谷(Hipparchus)和托勒密(Ptolemy),更近一點時期的科學家,例如哥白尼(Nicolaus Copernicus)、伽利略(Galileo Galilei)、克卜勒(Johannes Kepler)、牛頓、愛因斯坦(Albert Einstein)、哈柏(Edwin Hubble)、霍金(Stephen W. Hawking)和薩根(Carl Sagan)等已經家喻戶曉的名字,他們在近代物理學、天文學以及太空科學的驚人進展上都非常有名,這些巨人也都是本書許多詞條的顯著特色。

　　但有其他許多可能僅在教科書上出名的人,也對重要進展或發現以及他們關鍵里程碑的工作做出貢獻。這些卓越的科學家包括,發現土星薄平環及其大衛星泰坦的惠更斯(Christiaan Huygens);發現木星大紅斑、土衛八以及土星環本質的卡西尼(Giovanni Domenico Cassini);每 76 年回歸內太陽系的週期性彗星,並以他為名的哈雷(Edmond Halley);前望遠鏡時代的最後一位天文學巨人,擁有的資料促使克卜勒發現行星運動定律的第谷(Tycho Brahe);第一位將天空中超過一百顆著名星雲列表的多產彗星搜捕手梅西耳(Charles Messier);預測太空中特殊的萬有引力平衡點,現今以他命名的數學家拉格朗日(Joseph-Louis Lagrange);發現天王星及其衛星的赫歇爾(William Herschel);光譜學的先驅們夫朗和斐(Joseph von Fraunhofer)、都卜勒(Christian Doppler)和斐索(Armand Hippolyte Fizeau),他們為天文學家提供了測量天體成分和速度的基礎;發現放射性的居禮夫婦(Pierre

& Marie Curie）及其同事貝克勒（Henri Becquere）；被忽略的量子力學之父卜朗克（Max Planck）；第一位真正認知到銀河系驚人尺寸的天文學家沙普利（Harlow Shapley）；液態燃料火箭先驅戈達（Robert Goddard）；天文物理學家和「宇宙網」共同發現者蓋勒（Margaret Geller）；協助重新認知我們行星和其他行星上受撞擊的重要性的行星科學家舒梅克（Eugene Shoemaker）。因此我嘗試記錄這些對天文學、天文物理學、行星科學和太空探索進展有重要貢獻的人，儘管他們可能尚未達到一般大眾所認知的頂尖科學名聲。

被遺忘的巨人

然而也有一群被遺忘，或者最少是不恰當地被忽略的男性和女性，他們已經有了新發現、發展出新理論、做出典範轉移的實驗、或是像大海撈針式地埋頭努力一些關鍵性的科學發現，但不管什麼樣的原因，這些人尚未獲得公眾目光或名符其實的科學讚譽。這些無名的天才包括六世紀的印度數學家和天文學家阿里亞哈塔 (Aryabhata)；八世紀令人尊敬的曆法專家賈羅的比德（Bede of Jarrow）；十世紀在阿拉伯繪製星圖的蘇菲（'Abd al-Rahmān al-Sūfī）；因為堅持其他可居住世界的存在，於 1600 年在火刑柱上被焚燒的異教徒布魯諾（Giordano Bruno）；十七世紀做出第一次光速準確測量的丹麥天文學家羅默（Ole Rømer）；預測 1639 年金星凌日的天文學家霍羅克斯（Jeremiah Horrocks）；1794 年正確推論出隕石地外起源的德國物理學家克拉德尼（Ernst Chladni）；第一位理解恆星內部的英國天文物理學家愛丁頓（Arthur Eddington）；還有美國電波工程師顏斯基（Karl Guthe Jansky），在 1931 年因為一項實驗而有了一個想法，進而導引出電波天文學的創立。

類似的埋沒也包含一些極具影響力的女性天文學家，她們經常比男性同儕更加努力，以克服男性主導領域的偏見和歧視。這些值得重視的女性包括卡洛琳‧赫歇爾（Caroline Herschel），她是威廉‧赫歇爾的妹妹，一位富有成就的十八世紀末英國彗星搜捕手和星圖繪製者；全世界第一位女性天文學教授米切爾（Maria Mitchell）；二十世紀初在哈佛的女性「人腦」（human computer）團隊，包括坎農（Annie Jump Cannon）、勒維特（Henrietta Swan Leavitt），發展至今仍廣泛使用的恆星分類方法，以及發現所謂的標準燭光恆星，可作為估計宇宙中的距離。在整本書中，我嘗試提及許多其他重要、但經常被忽略的天文學家、物理學家、哲學家和工程師，但我唯恐仍沒有給予他們應有的肯定。作為一位專業天文學家和行星科學家，我得承認即便是在寫這本書所作的研究之前，仍有一些了不起的科學家是我未曾聽聞的。

從天文巨人到「大科學計畫」團隊

在這研究過程中，我注意到可以挑出來讚揚的個人，數量隨著時間遞減，尤其是在 1950 年代以後的詞條，也就是「太空時代」的開始。我認為這反應出在天文學和太空探索的一項最新趨勢，或許也是所有科學領域的趨勢。科學和探索曾是相當個人化的事業，經常是富人獨自從事、有君主或某種形式的贊助者，並且通常是和其他富有的紳士科學家激烈競爭。當然也確實存有例外：著名的合作（例如第谷和克卜勒之間的合作、或居禮夫婦和貝克勒之間）和研究團隊（例如圖西在伊朗馬拉給天文台的十三世紀研究團隊，或者十六世紀印度的喀拉拉邦數學學院）。但整體來說，第二次世界大戰以前，在我研究的領域中，大多數的科學進展主要是由個人所完成的。

相反地，二十世紀後半葉，更多在物理、天文和太空探索的技術進展開始落到許多現今稱做「大科學」（Big Science）的範圍。大科學是一群人或一個團體公司，在計畫中特定區塊的個別科學家擁有特定的專門知識，但這個計畫包括了很大範圍的學科，沒有一個小組成員是所有學科的專家，一個在

物理學中的早期相關例證，是 1940 年代美國陸軍的「曼哈頓計畫」，它著重在發展第一個原子武器。它所需要的專家有工程、材料和航空專業技術，並且陸軍也需要一些科學家，能了解在極高溫度和壓力下的核反應。當然，許多這樣的科學家是天文學家，這些天文學家在數年以前就已經發展出這些技巧，了解恆星是如何發光。其他早期的大科學計畫，則是仰賴擁有天文物理或太空探索專長的個人團隊，這些專長包括軍方雷達系統和火箭的發展，像是次軌道飛行以及軍用和民用地球軌道衛星所使用的洲際彈道飛彈。

　　天文相關的大科學民用歷史，主要是由 1957 年設立的美國航空暨太空總署（NASA）的成就所主導，本書充滿了 NASA 在人類和自動太空科學與探索的劃時代成就，以及少數直接與個人相關的成就。的確如此，我個人對 NASA 自動的天文學和行星科學任務的經驗，了解到大部分的尖端近代天文學和太空探索的工作需要大型團隊來完成。我的經驗包括使用哈柏太空望遠鏡或繞行月球、火星和小行星的軌道者，以及火星漫遊者精神號、機會號、好奇號上的儀器。所需要的專長領域令人印象深刻，例如一項火星漫遊者任務需要行星科學家（包括物理學家、化學家、數學家、地質學家、天文學家、氣象學家、甚至生物學家）、電腦科學家、程式設計師、各種不同的工程師（包括專長於軟體、材料、推進、動力、熱學、通訊、電子、系統以及其他）、以及管理、財務和行政支援職員。需要類似的專長領域以建造、發射和操作太空望遠鏡、太空梭、大型粒子偵測器和撞擊器、以及國際太空站（一般估計，這是人類嘗試過最昂貴以及最複雜的計畫）。此外，這類大科學計畫中的每一個計畫，在整個執行期間花費數億到數百億美金，或者更多。當這類計畫成功或失敗時，通常都不會挑出當中的個人，因為這個團隊的整體努力就是要求讓工作完成。蘇聯在 1960 年代和 1970 年代太空探索計畫的成功就是類似團隊導向方案的結果（雖然更像是軍方執行），最近十九個國家的歐洲太空組織以及加拿大、日本、巴西、南韓、印度和中國等國家，已經在國際性天文學導向的大科學計畫、甚或它們各自的小型天文學和太空探索計畫，成為最大的玩家。

挑選歷史上的關鍵事件

　　就像找出關鍵個人，在天文學和太空探索的歷史中找出關鍵事件，也一樣極具挑戰性。有一些是非常容易的，例如地球和行星的形成、第一批進入太空的人類、或第一批登陸月球的人類；但大部分事件是一連串重要性的集合，從一個人變化到下一個人，對一些這樣的事件確定出真正發生的時間，以及將這些事件放在簡單的編年表內，也是相當困難的。不僅因為它們是推測的史前事件（例如地球何時出現生命）；或因為它們發生於廣泛的時間跨度（例如第一個星球與銀河系的形成）；或因為它們是被預測發生在未知的未來時刻，像是宇宙的終結！為了避免關鍵事件的編年時刻表是不確定或廣泛的，或兩者皆是，我在列出來的時間前面加了「約」（circa 的拉丁字縮寫，表示「大約」的意思），以這個字眼表示不確定性。

　　歷史上的，以及特別是近代事件的定年通常都比較清楚了解，但要從似乎永無止境的科學發現、理論和發明，以及過去數個世紀，尤其是在最近五十年的天文學和太空探索任務中，確認要將特定事件放入這樣的書中，仍是相當富挑戰性的。因此這或許是無可避免的，在任何嘗試聚焦在這些驚人成就的一小部分時，應該會在不知不覺中產生偏見，我將是坦承這樣的偏見存在於我們編排的里程碑中的第一人：我是一位崇尚太陽系的人。我在工作上的熱誠是研究行星、衛星、小行星和彗星；對許多別的天文學家來說，這些實際上只是四十五億到五十億年前，無法掉入新生太陽的少量殘留碎片。沒錯，太陽占了太陽系 99.86% 的質量（木星佔了剩下的大部分），但不可諱言，剩下這 0.14% 是非常有趣的。部分是因為生命在這碎片的一小角落得以發展和茂盛，並且可能曾存在（或許仍存在）於其他

地方。當我的天文物理學或宇宙學朋友，為我必須在這樣無足輕重的鄰近天體專注我的研究而感到惋惜時，我很容易會用以下的事實加以反駁，那就是在系外行星研究的最新發現顯示，在其他恆星中存在太陽系也是很常見的。我們的太陽系可能是我們銀河系中數百萬，或可能是數十億中的一個，但我們不知道當中是否有類似我們一樣適合生命居住的系統，即使我們是非常渺小，這也會讓我們變得非常特別。

踏入「宇宙海的岸邊」

當你探遊這部天文學和太空探索的歷史時，你可能在我所收集的里程碑中感受到這樣的偏見，其中的發現、理論和冒險都與我們太空中最接近的鄰居有關：我們的太陽系。對我來說這是一個好的偏見，部分是因為我們科學上認識最多的就是太陽系天體；部分是因為認識附近鄰居以便了解和領會更大的共同體，這是很重要的。這需要物理、化學、天體力學、地質學、光譜學、工程和其他技巧來探索我們的太陽系，以及望遠鏡、無人太空船、高速電腦模擬、尖端實驗室實驗、或人類探索成員，提供探索我們鄰近恆星、我們銀河、我們鄰近星系、和宇宙現今或遙遠未來的基礎。對我來說，這些重要的時刻，是太空探索中最值得稱做劃時代的事件：當一丁點的光可以被解析出真正獨一無二的世界（我們鄰近區域存有超過五十個相當大，以及數百萬個較小的珍稀世界），或者當我們首次造訪這些世界，可以虛擬地透過我們機器人的眼睛，或者親自造訪。太陽系是某種類似我們的運動場，藉由了解我們周遭的世界，我們正將我們的腳趾踏上薩根著名的用語——「宇宙海的岸邊」，準備未來某一天更進一步涉水深入這個宇宙。

最終，必須指出這些天文學和太空探索歷史中的里程碑收集，絕對不是徹底完善的。本書篇幅的實際限制使得這個收集僅有 250 項條目，僅代表了部分的人、歷史性發現、和典範轉移事件，這些代表了過去這段時間空間歷史中令人激奮的領域。不同的作者無疑會收集不同的里程碑，但所有人都應當面臨相同的困境：如何決定哪些不該列入？當我設定這項計畫的大綱時，我決定嘗試不僅涵蓋許多太空時代的傑出成就，也包括和認知來自跨越美索不達米亞、中國、印度、埃及和美洲古代王朝科學家的許多基礎成就的樣本，我也想要確定能捕捉到來自中世紀、文藝復興、以及最近的歷史，從前工業時期到工業革命的一些主要成就。在嘗試平衡時間序列時，我可能少提了許多來自更近代時期的有功之人、發現、或者事件，為此我希望獲得你們的諒解與寬容，就像我一開始所寫的，基本上是不可能僅選擇 250 件劃世代事件，就能一覽天文學和太空探索的完整歷史，但讓我們不要因此而停止我們的嘗試！

▍致謝

　　我非常感謝許多同事和良師益友們，他們有心或無意間激起我對天文學、行星科學和太空探索歷史的興趣。當中最具影響的是後期的薩根、波勒克（Jim Pollack）和馬丁（Leonard Martin），他們都是非常傑出的科學家。我非常感激許多的朋友、同事、新認識的朋友以及不知名的撒馬利亞人，他們親切地同意提供美麗照片或藝術品給這個計畫。我也對您們獻上最大的謝意，維基百科的創造者以及全世界各地的編輯和貢獻者（我在金錢上作些貢獻），因為您們創造出一個非凡的研究工具，為歷史上和現今課題的額外探索提供了出發點。我感謝在迪斯特爾和戈德里奇文學管理公司工作的包瑞特（Michael Bourret）以及在史特林出版公司的麥登（Melanie Madden），他們為這項似乎永無止境的計畫提供堅定的支持。我也感謝我的天文同事比恩（Rachel Bean）和蓋勒（Margaret Geller），他們為不屬於我天文研究領域的一些條目作了復查。最後我將最大的感謝和愛獻給我的太太茉玲（Maureen），她為這本書的圖片研究助益甚多，以及在漫長的構思期間表現了耐心，套句伏爾泰的話：「我做的事情多麼微不足道，可是我去做的本身，是無比重要。」

這張影像顯示 NASA 好奇號漫遊者隔熱板內層表面，是在 2012 年 8 月 6 日降落到火星表面時所拍攝的。火星下降影像儀器（簡稱 MARDI）顯示一個距離太空船約 50 英尺（16 公尺）的 15 英尺（4.5 公尺）長的隔熱板。

大霹靂

哈柏（**Edwin Hubble**，西元 1889 年～西元 1953 年）

　　沒什麼比時空「真正的起始點」更適合來綜觀天文歷史的。二十世紀的天文學家（例如**愛德溫‧哈柏**）藉由觀測類似星系這樣的大尺度結構，會沿著我們的視線方向相互遠離，從而發現宇宙正在膨脹。這意味著以前的宇宙是比較小，並且在很遠的過去，所有的物體都是從時空的一個點（稱做奇異點）開始，透過**哈柏太空望遠鏡**和其他天文設備多年的仔細觀測，已經顯示宇宙誕生在一百三十七億年前的一次猛烈爆炸。

　　一開始，大霹靂學說（the big bang theory）在 1930 年代受到天文學家的質疑，現今的學說受到數十年的天文觀測、實驗室裡的實驗和數學模型的嚴格考驗，這些考驗來自於研究宇宙起源與演化的宇宙學家和天文學家。我們從這些研究學到的宇宙早期歷史是令人感到深刻的，包括宇宙存在的第一秒內發生的事、宇宙溫度從 10^{15} 度掉到僅有 10^{10} 度、宇宙現有所有的質子（氫原子）和中子都來自這個原始電漿。當宇宙年齡只有三分鐘的時候，氫已經以**核融合**過程產生氦和其他輕元素，這種核融合過程仍然在今日的恆星深處進行著。

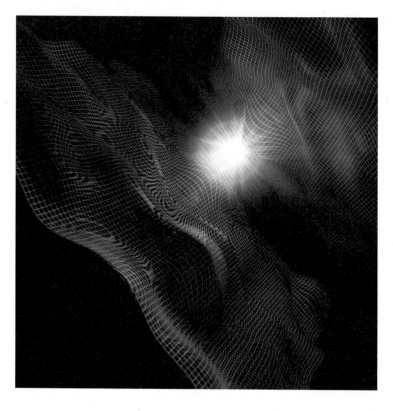

　　想到時間和空間都是在一百三十七億年前的一瞬間誕生是令人興奮的，是什麼樣的原因造成的？大霹靂之前又是什麼？宇宙學家告訴我們，我們不能認真地對這個問題提出疑問，因為時間本身就是誕生在大霹靂這一刻，我們也要謙卑地理解到，我們每個人身體內最多的元素，也就是氫，是在大霹靂後的第一秒內產生，我們是亙古的老朽。

圖片描述宇宙的誕生，就像了解宇宙一樣的極富挑戰性，這裡是一位藝術家以想像力捕捉大霹靂受到另一個三度空間宇宙碰撞的概念，這個宇宙隱藏自更高的維度。

參照條目　哈柏定律（西元 1929 年），核融合（西元 1939 年），哈柏太空望遠鏡（西元 1990 年）

復合紀元

　　宇宙早年有一段時間是極高溫、極高壓和強輻射的。整個空間浸淫在高度游離的原子和次原子的原始光子中，這些粒子在高溫下相互作用、碰撞、衰變和復合。在宇宙歷史的這段時期，經常被當成是輻射時代。在宇宙約是一萬歲的時候，空間的膨脹以及許多高能粒子的衰變，使得宇宙冷卻到約12,000K（克氏溫度或K，是測量絕對零度以上的溫度）。這是一個重要的門檻，因為宇宙持續降溫，來自於熱和游離輻射的能量，會變得少於所有物質本身的靜止質量能，具體概念來自於物理學家愛因斯坦的著名公式 $E = mc^2$。經過數十萬年，宇宙主要仍是不透明、稠密的高能量湯，游離的質子和電子持續相互碰撞。但當膨脹和冷卻繼續下去，與靜止質量能相比，輻射能是繼續減少。

　　在大霹靂後四十萬年，溫度已經掉到只有數千K，能量低到可以允許電子被穩定的氫原子捕獲，並且數個氫核可以形成宇宙第一個分子：氫氣，或稱 H_2，宇宙早期歷史中的這段時期稱為復合紀元（recombination era）。

　　有關復合最酷的是，它允許宇宙剩下的輻射（主要是高能光子和一些次原子粒子）和物質去耦合（decouple），這些輻射終於通暢無阻地穿梭在宇宙空間。宇宙在之後的數億年，愈來愈冷、愈來愈暗，這段時間被宇宙學家稱作黑暗時代（the dark ages）。這個早期宇宙釋放的輻射能所殘留的3K餘輝，就是著名的宇宙微波背景（Cosmic Microwave Background），這輻射至今仍可被偵測到。

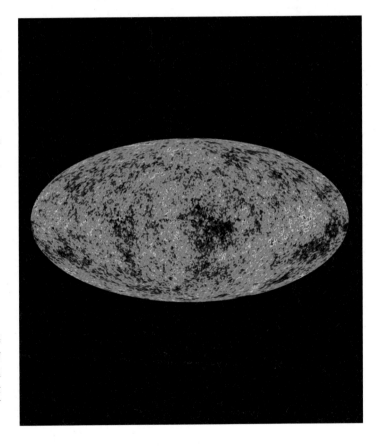

航太總署的威爾金森微波各向異探測器（WMAP）衛星繪製，這幅早期宇宙初始膨脹後所留下來的餘溫全天圖。這裡所看到的溫度微小擾動，是作為宇宙最早恆星和星系的種子，這微小擾動只有數十億分之一度的溫度。

參照條目　大霹靂（約西元前一百三十七億年），愛因斯坦「奇蹟年」（西元 1905 年）、宇宙微波背景（西元 1964 年）、繪製宇宙微波背景（西元 1992 年）、宇宙的年齡（西元 2001 年）

第一代恆星

在歷史上，每次黑暗時代都是以文藝復興結束，宇宙早期的歷史也不例外。宇宙學家相信，這宇宙的黑暗時代延續了將近一億年到兩億年，黑暗時代結束之後，在復合紀元期間所形成的氫分子和其他分子開始重力塌縮而聚在一起，也可能是透過紊流的效應，但沒有人知道詳細的原因。氣體塊就像是種子，可以透過萬有引力吸引更多氣體，使得氣體塊長得越來越大，最後終將變成龐大的分子雲，由於來自周圍氣體逐漸增加的壓力，使得氣體雲內部逐漸變熱。這時給雲氣一點推力，比方說，從另一個鄰近雲氣的萬有引力推力，該雲氣將會移動，最後開始自旋。在某個階段，可能是在**大霹靂**後三億年到四億年間，某些緩慢自旋的巨大氣體雲的內部溫度升高到數百萬度，約是大霹靂發生後的第三分鐘的溫度，這些原球氣體雲的內部溫度和壓力高到足以將氫融合成氦，第一顆恆星於焉誕生，黑暗時代得以終結。

這些第一代恆星有時也被天文學家稱做第三星族（Population III），而不僅是詭異的局部現象。它們非常巨大，可能比我們太陽的質量還要大上一百倍到一千倍，因此它們對周圍環境的影響很大，輻射出巨量能量到周圍的氫氣雲和團塊，從外部加熱它們，將原本在黑暗時代初期被捕獲的電子游離出來。這段時間稱做再游離紀元（era of reionization），因為宇宙再次發光，這光並不是來自宇宙創生時的光與熱，而是像現今一樣，來自於恆星的光與熱。

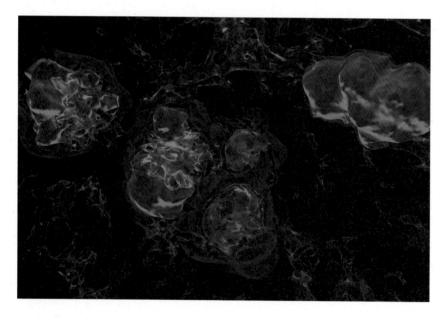

在這個超級電腦模擬中，游離氫氣泡（藍色）和分子氫雲（綠色）形成早期宇宙第一個有系統的大尺度結構，最後透過塌縮形成第一代恆星。

參照條目 大霹靂（約西元前一百三十七億年）、復合紀元（約西元前一百三十七億年）、愛丁頓的質光關係（西元 1924 年）、核融合（西元 1939 年）

約西元前一百三十三億年

銀河 |

　　天文學家將星系定義為一個受到萬有引力約束的系統，系統是由恆星、氣體、星塵和其他更多的神祕成分（見〈西元 1933 年／暗物質〉）所組成，共同在宇宙中穿梭運動，就像是單一物體一樣。當第一代恆星誕生，只是時間上的問題，這些恆星受到之間的萬有引力吸引，無可避免地會形成星團，然後是形成更大的星團，最終，巨大的恆星集合體會繞著共同的重心旋轉。

　　我們所在的銀河是由約四千億顆恆星所構成，有一個棒旋星系的典型結構（見〈西元 1959 年／螺旋星系〉）。銀河有一個由中心擁擠的恆星所組成的類球體核球（bulge），四周繞著扁平的螺旋狀恆星盤（包括我們的太陽）、氣體和星塵，最外頭則是圍繞著一個由年老恆星、星團所構成的瀰散球狀量，還有兩個較小的伴星系。它是一個巨大的結構，幾乎是十萬光年寬，以及一千光年厚的星系盤（光走一年的距離為光年，約是十億又十億英里），我們的太陽約是在離銀河中心一半的位置，一個星系年軌道約相當二億五千萬個地球年。

　　天文學家還不知道銀河確實形成的時間。已知銀河最老的恆星是位在量內，約一百三十二億歲。位在盤面的最老恆星較為年輕，約是八十億到九十億歲。銀河的不同部位似乎在不同的時間形成，雖然最基本的結構似乎在很早的時候就開始動起來。

　　我們古老的祖先對這條主宰夜空的發白亮帶感到敬畏，經常在創世紀神話當中，將它視為一條光和生命之河，雖然我們現在知道我們就處在這個大質量、刻意匯集的恆星，從中間向外看，很容易對我們銀河的尺度和雄偉感受到敬畏。

銀河的人馬座旋臂的廣角照片，來自十億顆恆星的光造成銀河明亮、瀰散的光輝，星系盤內的暗星塵遮住我們視線方向的一些星光，在畫面底部可以看到一顆流星劃過天際。

參照條目　暗物質（西元 1933 年），螺旋星系（西元 1959 年）

太陽星雲

　　恆星的形成是一種混亂的過程，當巨大分子雲塌縮，幾乎所有的氣體和塵埃最終都掉入中心的一個原恆星，幾乎！一小部分的氣體和塵埃仍在軌道上，繞著正在形成的恆星，而整個系統自轉並且逐漸冷卻下來，殘餘的雲氣碎屑緩慢地變扁，成了一個氣體、塵埃和冰（遠離恆星的地方）盤。在恆星形成的期間，它看起來好像所有的年輕恆星都是從一個伴隨的盤開始，通常稱之為太陽星雲盤（solar nebular disk）。

　　最終形成我們太陽的星雲可能在五十億年前開始塌縮，雖然確切的時間並不確定。觀測顯示類太陽恆星要花一億年的時間形成，星雲盤僅約一百萬年的時間在年輕恆星四周形成。一旦形成這個盤，它就變化地很快，微小的塵埃以及（或）冰顆粒相互碰撞，相互沾黏，並且長成彈珠大的粒子，電腦模型顯示這過程（稱做吸積）僅花數千年。這些小粒子相互碰撞，有時黏在一起，這個過程看起來是以不完全了解的脫韁奔逃方式持續進行約僅數百萬年，直到微行星（公里大小的塵埃、冰、岩石以及／或金屬顆粒塊），然後是 100 ～ 1000 公里大小的小行星形成。

　　太陽星雲盤似乎沒維持太久，大部分的塵埃在約一千年內吸積或消散。太靠近恆星，對冰來說太過溫暖而無法凝結，因此微行星大多是岩石，並且太小，無法靠萬有引力捉住太多的氣體。更遠的地方，冰和塵埃可以吸積成較大的微行星，有足夠的質量來吸積大量的氣體，最終長成氣體巨行星。這樣混亂的開始如何導致如此精緻的行星系統，並且在如此短的時間完成，是現今天文學家間爭論和思索的課題。

太空藝術家狄克森（Don Dixon）的原太陽以及太陽星雲盤概念圖，自轉的氣體、塵埃和冰雲氣形成太陽系所有的行星、衛星、小行星和彗星。

參照條目　第一批恆星（約西元前一百三十五億年），暴烈原太陽（約西元前四十六億年），拱星盤（西元 1984 年），第一批系外行星（西元 1992 年）

約西元前四十六億年

暴烈原太陽

　　恆星誕生就像嬰兒誕生一樣，可以是熱情又混亂的事件，帶有很多的能量。即使在它們變熱和變稠密到足以氫核融合成氦之前，剛形成的原恆星可以在它們一億年的孕育期間，藉由萬有引力收縮而放出大量的能量。一些嬰兒恆星將它們的能量注入到太陽系，按大小排列分別為氣體噴流、塵埃和帶電粒子，這些都可能被來自恆星、或從掉入相關星雲盤的物質（或者兩者都有）的強大磁場，束縛準直並且加熱。

　　天文學家已經找到許多非常年輕的原恆星天體發射暴烈物質噴流的例子，通常稱為金牛座 T 型星（T Tauri stars）。事實上金牛座 T 型星很像天文學家認為年輕太陽的模樣，這表示我們自己的恆星在它開始穩定地融合氫、並安頓在長期相對寧靜生活的**主序帶**之前，曾經歷類似短暫猛烈的強噴流和高能活動時期。

　　太陽是否曾經過這種暴烈的早期金牛座 T 型階段的證據，可能被保存在一些太陽系最古老的物質內：普通的球粒隕石。這些岩石偶而會掉在地球上，是已知太陽系內最老的固體，它們有助於決定太陽的年紀，以及行星形成的時標。這些隕石通常保有很大比例的球粒，這是一種小礦物顆粒球，在冷卻吸積成較大顆粒、微行星和小行星之前的一種熔化岩石滴。在太陽系早期，熔化球粒的能量來源仍是未知，但一種可能是來自年輕太陽的高能爆發和噴流。

　　天文學家盯著太空越深入、越準確，他們發現新生年輕恆星周圍的噴流和盤的證據越多，建議這些特徵是恆星形成的重要環節，一場暴烈青春期可能是典型恆星的生命週期中很正常且必要的階段。

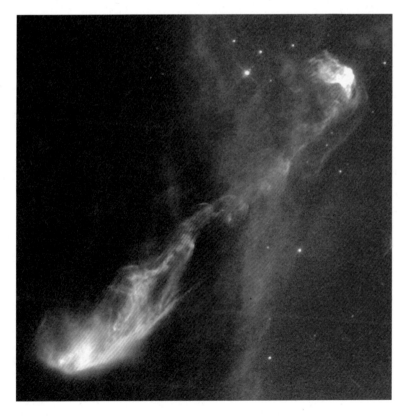

在哈柏太空望遠鏡照片的左下角，有一顆年輕的金牛座 T 型原恆星隱身在塵埃雲內，被稱做 HH-47，正在發射一道長達 1.2 兆英里（2 兆公里）的螺旋狀游離氣體和塵埃噴流（從左下到右上）。

 參照條目　來自太空的隕石（西元 1794 年），主序帶（西元 1910 年），核融合（西元 1939 年）

太陽的誕生

太陽星雲中心區域的溫度和壓力劇烈上升了約一億年，直到它們通過一個門檻，也就是氫原子被包得很緊密，以至於進行核融合，形成氦並且以光和熱的形式釋放能量，這時我們的太陽就誕生了！

我們傾向將太陽想成是特殊的，這是理所當然的，太陽對我們行星所有生命的產生和持續存活是必要的。很難想像太陽是典型的、一般的，甚至很普通的，但在很多方面它的確如此。我們的恆星是在已知宇宙超過百垓（10^{22}）顆恆星中的一顆，看起來是物質，大多數是氫，是在高壓高溫的狀況下，萬有引力交互作用下的自然結果，釋放出大量能量到它們周圍的太空中，恆星是我們宇宙的引擎。

一旦恆星誕生，它們會相當穩定地活著，然後死亡，通常都是以相當可預期、並且有時是壯麗的方式。太陽並不特別，它將持續另一個五十億年以融合氫原子成氦原子。當氫用完了，太陽將擺脫它的外層（吞沒地球和其他內行星），並且開始融合核心的氦，當氦用完，太陽緩慢地變成白矮星，然後黯淡成灰燼。

天文學家已能推論，我們銀河系每年約有一到三顆新恆星，以及約一到三顆年老恆星死亡。如果我們外推到所有已知的星系，並簡單計算一下，整個宇宙約每年有五億顆恆星誕生，五億顆恆星死亡。這是難以想像且卑微的想法，應該使我們珍惜在我們自己的恆星——太陽生命中的每一個珍貴日子。

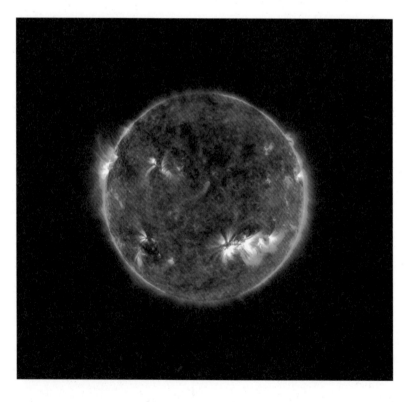

NASA 太陽動力天文台 UV 太空望遠鏡拍攝我們太陽的紫外線影像。流光（streamer）、迴圈、較熱點（較亮的區域）和較冷點（較暗的區域）是一個極端活躍、但相當典型中年恆星的證據。

參照條目 中國人觀測「客星」（西元 185 年），看到「白晝星」（西元 1054 年），行星狀星雲（西元 1764 年），白矮星（西元 1862 年），核融合（西元 1939 年）

水星 |

太陽系內所有的行星大多在同一時間形成，約是四十五億年前。**太陽星雲冷卻**，微小顆粒聚集、碰撞、黏在一起，並且逐漸長成少量的大星體，在靠近太陽的溫暖區，行星是岩石狀；超過「雪線」（snow line）的較遠區域，行星是岩石、冰和氣體的混和。

水星（Mercury）是最靠近太陽的類地行星，直徑 3,032 英里（4,880 公里），**地球**的直徑是 7,926 英里（12,756 公里），水星繞行太陽的平均距離只有 0.38 天文單位，（AU；1 AU ＝ 93,000,000 英里 ＝ 150,000,000 公里＝地球繞行太陽的平均距離）。水星是希臘神荷米斯（Hermes）的羅馬名字，是飛毛腿信使。水星之名實至名歸，即使是古人都知道水星僅花八十八天在天空中完成一圈，我們現在知道這代表它繞行太陽的軌道週期。

水星是一個極端嚴酷且難以理解的小世界，沒有大氣層，溫度從靠近極區永久陰暗撞擊坑的 90K 到嚴酷正午太陽下的 700K 以上（超過鉛的熔點）。地球上的雷達觀測顯示在極區撞擊坑可能存有冰。水星有很高的密度及大的鐵核心，佔行星半徑的 75%，這個核心可能部分熔化，或許可以解釋水星的微弱磁場（地球磁場的 1%）。來自兩個接近金星的太空任務（在 1974 ～ 1975 年間的水手 10 號和 2008 年的信使號）的影像顯示，滿布撞擊坑的表面、以及類似月球的古老火山活動的證據，或許令人更訝異的是，這顆行星保有大型構造的逆斷層（懸崖）網絡，似乎表示水星在它早期歷史中，曾經完全熔化，然後冷卻收縮了一些百分比。

2011 年，NASA 信使號太空船飛過水星三次，以便進入繞行水星的軌道。這張第三次的飛掠影像是在 2008 年 1 月拍攝，顯示許多前所未見的撞擊坑和其他特徵。

參照條目 太陽星雲（約西元前五十億年），地球（約西元前四十五億年），柯克伍德空隙（西元 1857 年），適合居住的超級地球？（西元 2007 年），在水星的信使號（西元 2011 年）

金星

　　在決定人類個性和特徵的起源時，沉思「自然 vs. 養育」的相對重要性是很有趣的，例如雙胞胎就是很重要的研究例子。這對行星來說也是相同的，最好的例子之一是看看金星（Venus），它在某些方面近乎地球的雙胞胎，但在其他方面則是全然不同。

　　金星僅比地球小 5%，有相似的密度，這表示它是一個岩石狀類地行星，非常類似我們地球。兩顆行星都有大氣層，金星在內太陽系繞行，就像我們一樣，平均距離是 0.72 天文單位，地球是 1 天文單位。但相似處僅此而止，金星不太自轉，繞軸一次約是 243 個地球日，並且是反向自轉！金星大氣層比地球的厚，表面的氣壓是地球的九十倍。這個厚大氣層造成劇烈的上層風速超過每小時 218 英里（350 公里），裡頭幾乎完全是二氧化碳，地球大氣內發現的一氧化氮、氧氣和水卻是很少量。二氧化碳分子對可見光來說是透明的，但對束縛熱輻射非常有效（就像溫室），造成金星表面非常地熱，超過 750K，或者約比烤箱熱 300 度。

　　天文學家正嘗試了解，在這樣根本差異的表面條件下，地球和金星如何死亡。了解二氧化碳可能會是關鍵。地球擁有與金星一樣多的二氧化碳，但它是溶解在我們的海洋和束縛在岩質碳酸鹽礦物。任何在早期金星的海洋，由於金星比較接近太陽，應該都已經蒸發而沒有辦法移除二氧化碳。

　　金星是研究二氧化碳撒野的範例，並且是研究其他行星將如何幫助我們了解所處世界可能面對的未來的基本範例。

2009 年，從歐洲太空組織的金星快車號軌道者獲得的紅外熱的假色合成圖。紅外熱是來自夜晚區域（左下，紅色），以及行星白天區域旋轉雲的反射太陽光（右上）。

參照條目　地球（約西元前四十五億年），金星凌日（西元 1639 年），金星 7 號登陸金星（西元 1970 年），麥哲倫號繪製金星地圖（西元 1990 年），地球的海洋蒸發（～十億年後）

約西元前四十五億年

地球

　　我們的世界是類地行星最大的一員，並且是唯一擁有大型天然衛星的星球。對地質學家來說，它是岩質火山世界，內部被分成一層薄的低密度地殼，較厚的矽酸鹽地函和高密度部分熔化的鐵核心；對大氣科學家來說，它是一顆擁有薄氮—氧—水蒸氣的大氣層，被一個廣延的液態水海洋和極區冰帽系統所緩衝，以上所有都參與從季節時間尺度到地質時間尺度的大範圍氣候變遷；對生物學家來說，它就是一個天堂。

　　地球是宇宙中我們唯一知道有生命存在的地方。的確，化石和地質化學紀錄的證據顯示，**地球上的生命**是當小行星和隕石的**後重轟炸期**（Late Heavy Bombardment）平靜下來之後，馬上就發生的。在過去的四十億年地球表面條件看起來維持相當穩定，加上我們行星在所謂適居帶的理想位置，該處溫度維持適中，並且維持液態水，可以讓生命發展，並演化成無數個獨立型態。

　　地球的地殼被分成十來個移動的地質板塊，漂浮在上層地函，令人興奮的地質現象（地震、火山、高山和海溝）發生在板塊邊緣。大部分的海洋地殼（地球表面區域的 70%）是非常年輕，從中央脊火山噴出，時間從數億年以前到現在，因為它的年輕，只有數百個撞擊坑保留在我們行星的表面，和我們鄰居——**月球**的滿布撞擊的表面有明顯差別。

　　地球大氣內的高含量氧、臭氧和甲烷是生命的象徵，可以被遠方研究我們行星的外星人偵測，的確，這些氣體也就是天文學家今日在新發現的系外行星中所搜尋的目標，在那兒是否有更多的地球等著被發現和探索？

1997 年 9 月 9 日的地球西半球數位相片，資料來自 NASA 和美國國家海洋及大氣總署的軌道天氣和地質／海洋監測衛星。

參照條目 月球的誕生（約西元前四十五億年），後重轟炸期（約西元前四十一億年），地球上的生命（約西元前三十八億年），第一批系外行星（西元 1992 年）

火星

為了尋找在地球以外是否有生命，或曾有生命的存在，我們可能不需要走太遠。自古以來，火星（Mars）似乎經常是最具魅力的題材，當時它被看成是羅馬戰神的宇宙化身。二十世紀以來，許多人想像這顆行星，就是羅威爾（Percival Lowell）極度渴望建造運河的住所。

火星是一顆體積較小的行星，約是地球直徑的一半，體積約是地球的 15%。進一步考察，火星的表面積約和地球陸地的總表面積相當，平均來說，這顆行星比我們繞行太陽還遠 50%。火星的薄二氧化碳大氣層（只有地球大氣層厚度的 1%）無法保留熱，因此表面非常地冷。靠近赤道的白晝溫度難得爬升到水的冰點，接近極區的晚上通常降到二氧化碳的冰點（150K，或約 -190 ℉），今天的火星是布滿灰塵的冰凍世界。

但太空船影像、來自火星的隕石以及將近五十年的資料顯示，火星是太陽系中最像地球的地方（除了地球本身以外）。並且在火星的前數十億年間，這顆紅色行星可能是比較溫暖和潮濕的世界。發生了什麼事？可能原因包括行星核心逐漸冷卻，以及太陽風或災難性的撞擊摧毀了大氣層，這顆行星氣候如何及為何劇烈變遷的決定因素，是科學研究的熱門課題。

有關火星的三十或四十億年前，我們已經了解夠多，足以知道部分表面和地表是適合生命居住。火星下一個五十年的探索將拓展搜尋該處的適居環境，以及尋找是否曾有、或現在仍有生命存在。

1999 年紅色行星最接近地球時，哈柏太空望遠鏡所拍攝的火星照片。滿布灰塵、富氧化地區是橘紅色，火山岩石和沙是棕黑色，北極水冰帽是在頂端，一小把藍色水冰雲和極區風暴系統提供了行星薄大氣層的證據。

參照條目 地球（約西元前四十五億年），火衛二（西元 1877 年），火衛一（西元 1877 年），火星和它的運河（西元 1906 年），第一批火星軌道者（西元 1971 年），火星上的維京號（西元 1976 年），火星上的生命？（西元 1996 年），火星上的第一架漫遊者（西元 1997 年），火星全球探勘者號（西元 1997 年），火星上的精神號和機會號（西元 2004 年）

主小行星帶

　　約在四十五億年前，類地行星相當迅速地從被稱做微行星的小石質和金屬基石組合而成，這是發生在**太陽星雲**緩慢冷卻的內部溫暖區。每顆正在生長的行星，沿著軌道和鄰近它的軌道路徑上掃除微行星，逐漸「清出」它的軌道區，直到沒有新的物質可供掃除，這便設下了這些石質世界生長的界線。

　　但超過火星的軌道，微行星的吸積以及長成更大的行星都持續受到鄰近木星的強萬有引力影響而阻礙和干擾。木星的影響造成微行星之間的碰撞更激烈，會讓微行星黏在一起生長的緩和碰撞因而減少，近距離遭遇木星會將火星—木星區內許多微行星逐出。因此相當瀰散的小石質和金屬小行星盤或小行星帶會取代火星和木星之間的大行星，而這些小行星盤或小行星帶就是「主小行星帶」（main asteroid belt）。

　　天文學家估計在主帶中，可能有超過一百萬顆尺寸比 0.5 英里（約 1 公里）大的小行星。時至今日，超過五十萬顆的軌道、位置和一般特性是知道的，包括最大的兩顆——穀神星（Ceres）和灶神星（Vesta）。這兩顆星加上智神星（Pallas）和婚神星（Juno）的質量，超過整個主帶小行星總質量的一半。

　　小行星並不是隨意分布，木星的萬有引力拉力在主帶上清出許多空隙（見〈**西元 1857 年／柯克伍德空隙**〉），一些小行星群以家族的方式一起運動，這可能是較大天體受干擾而緩慢散開後的殘骸。木星的**特洛伊小行星**是兩個小天體群，被束縛在木星和太陽的萬有引力相互平衡的特定軌道上。

　　小行星撞擊碎片經常掉到地球，我們稱之為隕石。它們的年紀和成分提供了很多有關我們太陽系時間、形成和演化的細節資訊。

電腦產生的 2006 年 8 月 14 日內太陽系的圖，太陽在中心，向外延伸到木星的軌道（藍色外圈）。白色的是位在主帶的小行星，橘色點是希耳達群（Hilda）小行星，綠色點是木星特洛伊小行星。

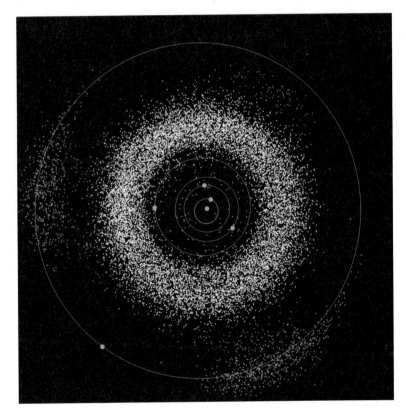

參照條目 太陽星雲（約西元前五十億年），來自太空的隕石（西元 1794 年），穀神星（西元 1801 年），灶神星（西元 1807 年），柯克伍德空隙（西元 1857 年），木星的特洛伊小行星（西元 1906 年）

木星

　　我們太陽系主要包括太陽（約佔 99.8%）、木星（約佔 0.1%）和其他星體。木星（Jupiter）是行星國度的國王，是其他行星總質量的兩倍多。它有六十三顆已知的衛星和一系列的昏暗環繞著這個龐大世界，木星的直徑是二十三個地球直徑；如果它是空心的，超過一千顆地球可以塞在裡頭。

　　部分由於它巨大的尺寸，以及在外太陽系的內緣軌道位置（約 5.2 天文單位），因此木星是在夜空中，僅次於太陽、月球和金星的第四亮天體。木星因為它可見的表面是由亮雲所構成而發光，的確，木星或其他系外行星沒有看得見的「表面」，我們所看到的是雲或霧，由奇特的、有時色彩豐富的化學成分所組成，例如甲烷、乙烷、硫化銨和磷化氫。每小時數百英里的風速將雲扭轉成水平帶，以及地球尺寸的巨型風暴系統，例如**大紅斑**，已經翻騰了數百年之久。

　　在雲的下方，木星的壓力和溫度急遽上升，但平均來說，化學成分相當簡單：木星有約 75% 的氫和 25% 的氦，就像我們的太陽一樣。事實上，如果**太陽星雲**更大，木星可以形成現在的五十到八十倍質量，它應該就變成一顆恆星。

　　木星的形成對太陽系的建構有很大的影響，它可以干擾其他巨行星的軌道，避免在**主小行星帶**形成行星，透過萬有引力潰散軌道上的小行星和彗星，造成在**後重轟炸期**撞擊其他行星。有些天體被拋到**古柏帶**，或者完全離開太陽系！今日的木星是一個萬有引力吸鐵，有時仍抓到一些小天體，例如**舒梅克—李維 9 號彗星**，在 1994 年將它支離破碎，並丟入木星的雲端。

2000 年 NASA 卡西尼號太空船拍攝的木星和大紅斑原本顏色的馬賽克圖。當時太空船飛過大紅斑，以獲得萬有引力協助前往土星。

參照條目　太陽星雲（約西元前五十億年），主小行星帶（約西元前四十五億年），後重轟炸期（約西元前四十一億年），大紅斑（西元 1665 年），古柏帶天體（西元 1992 年），舒梅克—李維 9 號彗星撞木星（西元 1994 年），伽利略號繞行木星（西元 1995 年）

約西元前四十五億年

土星

　　對天文迷來說，沒有比透過小型望遠鏡觀看土星和它的光環更令人著迷的經驗。這場景是如此地超現實：一個發著微光的蛋形球體掛在黑色的太空，被鑲在一個看似相當精緻的薄物質盤，幾乎是行星本身的兩倍寬，它真的是天空中的寶石。

　　土星（Saturn）是第二大的氣體巨行星，比地球寬九倍以上，質量約是地球的一百倍，環繞在行星赤道的扁平盤是著名的**土星環**。大部分成分是冰，厚度約不超過 22 ～ 33 碼（20 ～ 30 公尺）。沒有人知道土星環是否是一個古老的原始結構，或者是否它們是相當新的結構，或許是從之前一顆冰狀衛星的災難性破碎而形成。已知伴隨土星的是六十二顆衛星，數百顆隱沒在環內的小衛星，以及數十億顆環粒子，大小從房子和車子尺寸到塵埃斑點。土星最大的衛星**泰坦**（土衛六）比水星還大，是太陽系內唯一有厚大氣層的衛星。

　　土星的雲霧帶比木星昏暗並且較少色彩，雖然大氣層的成分相當類似。或許土星和木星的最大化學差異，是土星相對於氫，有較少的氦，比木星較不類似太陽，還不太完全了解這部分的原因。另一個謎團是為什麼土星的風速遠大於木星，或者太陽系其他任一個地方。一些地方的風速超過每小時1,120 英里（1,800 公里），透過先鋒號、探險家號、伽利略號和卡西尼號太空船對土星和木星的研究顯示，並非所有的氣體巨行星是相同的，就像我們在**系外行星**當中找到更多的氣體巨行星，這些世界也似乎都很迷人且謎人。

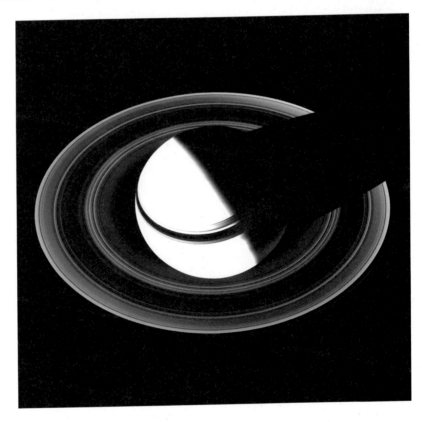

這幅壯麗的土星及其光環照片，是 NASA 卡西尼號太空船在 2007 年接近土星時所拍攝的。

參照條目　土衛六（西元 1655 年），土星有環（西元 1659 年），木星上的先鋒 10 號（西元 1973 年），抵達土星的先鋒 11 號（西元 1979 年），探險家號遇上土星（西元 1980、1981 年），第一批系外行星（西元 1992 年），伽利略號繞行木星（西元 1995 年），卡西尼號探索土星（西元 2004 年）

天王星

赫歇爾（**William Herschel**，西元 1738 年～西元 1822 年）

　　我們太陽系的第七顆行星不像前六顆，一直不為古人所知。天王星（Uranus）是在 1781 年由英國天文學家赫歇爾爵士透過望遠鏡觀測而發現的。它曾早在 1690 年就被多位天文學家看到，但因為它極度緩慢地在天空運動（八十四年的軌道週期），而被誤認為恆星。因為天王星的平均軌道距離約 19 天文單位（下一個靠近太陽的**土星**，其平均軌道距離約 9.5 天文單位），它的發現很快就將太陽系的尺寸加倍。

　　天王星是**地球**直徑的四倍，質量的十五倍，被分類成巨行星，但比它的行星親戚**木星**和土星小很多。天王星的大氣大部分含有氫和氦，特殊的藍綠色是由上層大氣中的甲烷雲霧所造成的。天王星上的風暴很稀少，雲霧帶通常相當黯淡。天王星有全然不同於木星和土星的成分，在深層內部有大量的冰和岩石。事實上，天王星（和**海王星**）的冰和岩石對氣體的比例，遠高於木星和土星，天王星比較適合被稱做冰狀巨行星，而不是氣狀巨行星。

　　就望遠鏡觀測以及 1986 年**探險家 2 號**飛掠的發現，天王星有五顆大衛星和二十二顆小衛星，它們都是又黑又呈冰狀。天王星也有約十二條的薄暗冰環，可能來自前沒多久的一顆或多顆小衛星崩解。

　　或許有關天王星最奇怪的事，是自轉軸相對於黃道面（地球繞行太陽的軌道面）傾斜約 98 度。天王星的不尋常軸偏斜可能是源於強烈的撞擊，或很早以前與木星相遇的結果，不管是哪種情形，它仍是太陽系眾多未解之謎的一個。

2004 年夏威夷的凱克望遠鏡獲得天王星及其光環的假色紅外線合成影像，在大氣層內看到罕見的白色風暴雲。

參照條目 地球（約西元前四十五億年），土星（約西元前四十五億年），木星（約西元前四十五億年），海王星（約西元前四十五億年），發現天王星（西元 1781 年），天衛三（西元 1787 年），天衛四（西元 1787 年），發現海王星（西元 1846 年），天衛一（西元 1851 年），天衛二（西元 1851 年），天衛五（西元 1948 年），在天王星的探險家 2 號（西元 1986 年）

海王星

如果地球和金星可以看成雙胞胎兄弟行星，天王星和海王星（Neptune）更像一對雙胞胎。它們都是外太陽系深處的居民，海王星在 30 天文單位的位置，繞太陽一圈需約 165 個地球年，兩顆冰巨行星有相似的大小和質量（海王星比較重一點，有十七個地球質量），它們都有類似的成分：約 80% 的氫，19% 的氦，以及少量的甲烷和碳氫化合物。就像天王星一樣，甲烷給了海王星美麗的蔚藍顏色。

如同天王星，海王星是另一個冰巨行星世界，有著不多不少的冰衛星（十三顆），以及暗冰環。從望遠鏡的測量、1989 年探險家 2 號飛掠的資料以及實驗室研究，天文學家推論海王星的氣態大氣層延伸到 10% 到 20% 的行星中心距離。因此當氣壓和溫度升高，高度集中的水、氨和甲烷會形成一個熱液態地函，天文學家將這區域視為冰態，因為那裡的分子被認為來自冰態的外太陽星雲微行星，這些是海王星原始建構的基石。一些天文學家甚至將這區域視為氨水海洋，並且電腦模擬建議像雨般的鑽石穿過這片海洋，到達行星的類地球核心（由岩石、鐵鎳所構成）。

天文學家一直對冰巨行星存在於遙遠外太陽系感到困惑，因為那裡可能沒有足夠的太陽星雲物質來形成它們。一種解釋說它們在較靠近太陽的位置形成，然後漸漸地向外遷移，或許只被木星和（或）土星的萬有引力輕推出去。我們把今日的太陽星雲想成是規律且穩定地運轉，但當行星形成時，它是更加猛烈和混亂的。

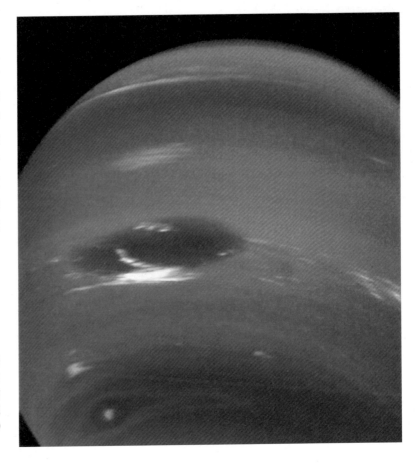

探險家 2 號拍攝的海王星大暗斑照片。一個較小的暗斑朝向南邊，以及一小撮快速移動的白色類卷雲，在這些暴風系統內量到的風速超過每小時 1,300 英里（2,100 公里）。

參照條目　太陽星雲（約西元前五十億年），金星（約西元前四十五億年），地球（約西元前四十五億年），天王星（約西元前四十五億年），發現天王星（西元 1781 年），發現海王星（西元 1846 年），海衛一（西元 1846 年），在海王星的探險家 2 號（西元 1989 年）

冥王星和古柏帶

古柏（Gerard P. Kuiper，西元 1905 年～西元 1973 年）

　　來自太陽星雲、但沒有掉進年輕太陽的多數岩石和冰，最終是用來建構木星的，少部分則是用在太陽系的其他大行星。但仍有一些剩餘的建構基石沒有進入行星，例如在**主小行星帶**的小（0.6 ～ 6 英里 [1 ～ 10 公里]）岩質微行星，木星的萬有引力不讓它們長成完整的行星，以及海王星外的類冰塊，僅因離得太遠而太少相互碰撞，以致於無法長成大行星。後者稱為海外行星天體（trans-Neptunian objects），當中特別有趣的部分是首次發現、也是最有名的——冥王星（Pluto）。

　　冥王星是一個小、冰狀、岩質世界，在一個約 30 到 50 天文單位（AU）的橢圓軌道上，它僅有我們**月球** 20% 的質量以及 35% 的體積，但它有一顆大的冰衛星——**夏倫**（冥衛一），還有最少四顆較小的冰衛星，以及一個類似彗星的薄大氣，主要成分是氮、甲烷和一氧化碳。

　　1990 年代初，天文學家已經在海王星外發現許多所謂的「冥王星」，在一個甜甜圈狀的盤面上運行，稱為古柏帶，這是以荷蘭裔美籍天文學家古柏（Gerad P. Kuiper）命名的。在古柏帶之外，有很多小冰天體是在約 30 到 55 AU 的範圍內形成；另一個散亂盤（scattered disk）是由離太陽較近形成的冰天體所構成，但受到木星的萬有引力影響而被推到 30 到 100 AU 之間。現已知有超過 1,100 個海外行星天體。當逐漸了解在古柏帶和散亂盤有很多類冥王星天體時，國際天文聯合會在 2006 年將冥王星和其他類似天體降級為矮行星。

　　冥王星是太陽系中，最後一顆尚未被太空任務造訪的著名天體。這情況將會在 2015 年改變，屆時新視界任務會飛過冥王星以及它的衛星，並揭露它們為一個新世界，而不僅是一個模糊的亮點。

藝術家筆下四顆巨行星軌道（圓形），以及冥王星傾斜的橢圓軌道。當中的點代表了小海外行星天體的甜甜圈形狀雲，也就是古柏帶，冥王星是當中第一個被發現的成員。

參照條目　太陽星雲（約西元前五十億年），主小行星帶（約西元前四十五億年），木星（約西元前四十五億年），發現冥王星（西元 1930 年），冥衛一（西元 1978 年），古柏帶天體（西元 1992 年），冥王星降級（西元 2006 年），揭露冥王星！（西元 2015 年）

月球的誕生 |

　　地球是類地行星中，唯一擁有一顆非常大的天然衛星者。但我們的月球是從哪來的？天文學家考慮了許多可能的想法，其中一個是當地球形成時，月球以相同方式、同時間在繞行地球的軌道上形成：從溫暖的內層太陽星雲吸積石質和金屬微行星聚集而成。另一個想法是早期（融化狀）地球自轉太快，以致於當中的一小塊被甩出來（分裂），並且進入軌道形成月球。還有一個假說認為，月球是在內太陽系其他的地方形成，被地球的萬有引力捕獲。

　　這些想法相互競爭，直到阿波羅任務帶回月球的岩石和其他訊息，並顯示出沒有一個說法吻合有關月球起源的真實資料。共同吸積模型預測月球應該有與地球相同的年紀和成分，但並非如此：月球有較低的密度、較少的鐵，看起來是在地球和其他行星形成後三到五千萬年形成。「分裂說」要求早期地球自轉太快，「捕獲說」則是沒有一種方法讓自由行進的月球消散掉所有能量以便被捕獲進入軌道。

　　在 1990 年代，行星科學家提出劇烈碰撞模型：如果早期地球被一顆火星大小的原行星側面猛烈撞擊，電腦模擬則顯示會有足夠的地球低密度、缺乏鐵的地函融化，並被拋射到軌道，最終冷卻、吸積並形成月球。月球的成分、密度和年齡都符合這個模型的預測，這個巨大撞擊模型至今仍是月球起源最好的解釋。

藝術家筆下一顆火星大小的天體，在超過四十億年前與原地球的擦撞，相信像這樣的一場猛烈撞擊會導致我們月球的形成。

參照條目　太陽星雲（約西元前五十億年），地球（約西元前四十五億年），後重轟炸期（約西元前四十一億年），登陸月球第一人（西元 1969 年），月球漫步（西元 1971 年），月球高地（西元 1972 年），登月最後一人（西元 1972 年）

後重轟炸期

在整個地質歷史中，包括地球在內的所有行星都被小行星和彗星雨轟擊過，在太陽系的早些日子，撞擊率高過現今好幾個數量級。早期宇宙撞擊歷史的紀錄並不是在地球，因為我們行星的大部分表面被較年輕的火山沉積覆蓋，或者被風、水和冰作用侵蝕。另一方面，月球表面顯露更多時間的撞擊，大量的月球撞擊坑和盆地，為地球表面應該是如何被撞擊給出明顯的提示。

阿波羅任務的一項重要成就，是利用月球樣本的**放射性定年**來決定特定撞擊事件的絕對年齡。結果顯示大型月球撞擊事件的時間約在西元前三十八到四十一億年，這是一個令人興奮的發現，所有主要的行星都是在約四十五億年前形成的。許多行星科學家相信最簡單的解釋，是月球和地球在它們剛形成之後約四到七億年，都經歷過一段密集撞擊的時期。

在逐漸減少撞擊率的過程中，造成一個相當短暫的撞擊率增加，其原因不明，但有些人懷疑**木星**的萬有引力輕推，可能也讓一些小行星和彗星導向內太陽系，相同的輕推也影響**天王星**和**海王星**的遷移，以及類似推動海外天體到**古柏帶**。果真如此，導致的變動必定對類地行星造成浩劫，並且毫無疑問地對我們行星上生命的發展和穩定性有深遠的影響。

藝術家筆下小行星和彗星的後重轟炸期，推想在三十八到四十一億年前，對地球和月球造成撞擊。為了戲劇效果，在這張圖上的撞擊率和撞擊天體數量被過分誇大。

參照條目　木星（約西元前四十五億年），天王星（約西元前四十五億年），海王星（約西元前四十五億年），冥王星和古柏帶（約西元前四十五億年），地球上的生命（約西元前三十八億年），放射性（西元 1896 年），登陸月球第一人（西元 1969 年），月球漫步（西元 1971 年），月球高地（西元 1972 年），登月最後一人（西元 1972 年）

地球上的生命

　　沒人知道最開始的生命是如何、何時、或為什麼在地球上出現，但我們知道幾乎是在可能發生的時候，它就發生了。地球上最老的生命跡象是化學上的、而不是化石。因為在這個行星上所有的生命，都基於一個共同的化學架構所推論的，尤其是特定生化過程和反應，對地球上的所有生命都是相同的。這些反應包括特定的氨基酸大多與 DNA 或 RNA 相關，例如在碳和其他元素的同位素會產生可辨認的圖案。本質上，生命傾向於利用（和製造）特定物質以及異常的化學反應，例如格陵蘭島的一些三十八億年前的石頭內，相較於碳 13 有較多的碳 12 出現，對我們行星歷史上非常早期的生命，提供了詳盡卻有爭議的化學化石（chemofossil）證據。

　　在我們行星上，已知最老的微生物化石證據可追溯到約三十五億年前。它被保存在古老的疊層石（stromatolites）內，這是一種由簡單的有機體群體，例如藍綠藻所建構的岩石礦物結構。疊層石仍在我們行星某些地方的最老生命形式內形成，例如西澳大利亞的鯊魚灣。

　　最近研究地球非常早期的歷史（冥古代，四十五億至三十八億年前），提供海洋和大陸可能比之前所認定的時間更早形成的證據，就在地球形成後數億年的時候，這些條件是適合生命的。三十八到四十億年前的後重轟炸期可能消滅了早期的生命形式，或者阻止它們蓬勃生長的嘗試。不管哪種情況，在地球的地殼冷卻後沒多久，海洋形成了，後重轟炸期結束，地球開始穩定地支持生命。生命繁茂並演化出許多型態的事實，是值得注意的。現在的天文學家、行星科學家和天文化學家都正在其他的類地球世界尋找生命的證據。

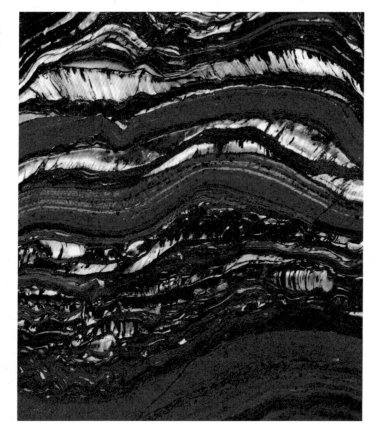

一個疊層石化石的斷面，紅色層被認為是古老藍綠藻的殘骸化石，藍綠藻是地球上保存最古老的生命證據，這來自西澳大利亞奧德山脈的特殊破片約 2.4 英寸（6 公分）高。

參照條目　地球（約西元前四十五億年），後重轟炸期（約西元前四十一億年）

寒武紀大爆發

第一個出現在地球上的生命形式是簡單的單細胞微生物，它能在早期的地球環境內利用化學和熱能源。事實上在地球歷史的前三十億年，生命很顯然是由單細胞有機體所主宰，偶爾組成像是在疊層石內發現的群體。約在五億五千萬年前，一場經常被稱做「寒武紀大爆發」（Cambrian explosion），使得地球的生命多樣性開始大量增加，地質學上確切地說，現今許多近代植物和動物的祖先看起來相當早出現在化石紀錄內。生物學家對在前寒武紀和寒武紀邊界上，地球生命突然劇烈多樣化的可能理由，有很大的爭辯。

生物學家也嘗試了解在化石紀錄上，物種和物種多樣性的銳減的原因。其最劇烈變化是發生在二疊紀和三疊紀之間的邊界，約是二億五千萬年前。在約僅一百萬年間，約 70% 的所有陸地物種，以及 96% 的所有海洋物種都滅絕，這時期被非正式地稱做「大滅絕」（great dying），以及「大規模滅絕之母」（mother of all mass extinctions）。它花了超過一億年的時間，在地球上進行生命的多樣化，再次達到前二疊紀的水準。

地球上這樣的大規模生命損失，有可能是被氣候變遷所引起的，雖然許多人相信這樣快速的變化很難以這種方式解釋。另一種說法是一場大災難，例如大型撞擊事件或火山噴發可能造成大規模生命損失，這種方式可能也會引發氣候變遷和地質上的災難。生物學家、地質學家和天文學家仍正在搜尋相關的線索。

二億五千萬年前的二疊紀滅絕，被看成是地球物種和生命多樣性的數量減少最多的時期。大峽谷雅瓦派點的景觀顯露出近二十億年的地球地質紀錄，可供詳盡研究。

參照條目　地球上的生命（約西元前三十八億年），恐龍滅絕撞擊（約西元前六千五百萬年），亞利桑那撞擊（約西元前五萬年）

西元前六千五百萬年

恐龍滅絕撞擊

路易・阿爾瓦雷茨（**Luis W. Alvarez**，西元 1911 年～西元 1988 年）
瓦爾特・阿爾瓦雷茨（**Walter Alvarez**，西元 1940 年生）

　　毀滅性地改變地球氣候和生物圈的大撞擊作用一直不受到重視，直到阿爾瓦雷茨父子檔地質團隊以及他們同事的發現以前。他們的確切證據顯示出，大型小行星撞擊地球可能和約六千五百萬年前的恐龍以及其他物種滅絕有關。發現的關鍵是遍布全世界的一層薄沉積物，當中富有稀有元素銥，所訂出的年份被定義為白堊紀和第三紀之間的邊界（經常簡稱為 K-T 邊界）。銥是鉑族金屬，在岩石礦物中經常與鐵在一起，當地球正在形成的時候，大部分的鐵（可能和銥）會沉在深層的地函和地核內，因此一個大規模分布的同時期富銥地殼沉積是相當不正常的。阿爾瓦雷茨假說表示，銥是來自一顆大型含鐵小行星，它撞擊地球後蒸發掉，劇烈改變氣候，並且在許多植物和動物物種造成浩劫。

　　這場撞擊將蒸發的岩石和塵埃揚起，並送進大氣層，引發大規模的火災，進一步增加的煤煙和煙霧將太陽遮蔽，長年降低全球的表面溫度。這個效應沒有像二疊紀、三疊紀滅絕那樣嚴重，但依賴太陽光以及光合作用生活的物種在 K-T 邊界大量死亡，摧毀了其他掠食者的食物鍊。有些物種如哺乳類和鳥類，能夠尋找或仰賴昆蟲、腐肉及其他非植物食物鏈，就不會受到這場事件的嚴重瓦解。當塵埃清除，這些存活者能夠趁虛而入，佔領它們之前無法佔領的地位。

　　恐龍被一場小行星撞擊給滅絕的想法是個假說，可以持續受到檢驗。其他地質學和氣候效應，例如一場嚴重的海面下降，或者火山岩的大規模噴發都可能發生在同一時間，但比假設的撞擊時間早，可能也會對足以毀滅如此多物種的環境條件有所貢獻。

藝術家筆下的大型小行星撞擊地球，標示出地質年代的白堊紀結束以及第三紀開始的準確時刻，約在六千五百萬年前。

參照條目　寒武紀大爆發（約西元前五億五千萬年），亞利桑那撞擊（約西元前五萬年），通古斯爆炸（西元 1908 年），舒梅克－李維 9 號彗星撞木星（西元 1994 年）

智人

　　智人在地球上出現的時間相當晚。根據非洲考古地點的判斷，最早出現的化石紀錄可以追溯到二十萬年前。化石證據顯示，智人和我們相近的次物種尼安德塔人出現在同一時期。根據紀錄，尼安德塔人約在三萬年前消失。

　　我們是在使用工具、語言、長時間記憶以及在得來不易的經驗上，優於其他物種而得以持續存活的一群人。我們的歷史和演化反映出一種對靈魂的無形滋養的好奇以及渴望，這可以解釋為什麼音樂、舞蹈和藝術是人類重要經驗的一部分。

　　我記得在觀看法國多爾多涅地區 17,000 年歷史的舊石器時代洞窟壁畫時，我對我們的祖先在為每日需求而長時間奮鬥之餘，還能有時間作畫而感到驚訝，但他們不僅畫動物、植物和日常生活中的事物，許多考古學家現在相信一些點、線，甚至是動物外型是代表了夜空的星座或其他一些特徵。果真如此，這不僅是地球上最古老的繪畫，還是這個世界最早的天文學家所繪製最古老的星圖。

　　人類物種的出現，可能不足以在天文史上註記為重要的里程碑。畢竟我們只是在一顆行星上的一個物種，這顆行星繞著一顆典型的恆星，而這顆恆星只是位於一個典型的螺旋星系內的尋常位置。我們的行星可能只是數十億個可以支持生命的其中一個，我們可能是這些恆星當中，無數有感情物種中的一種。但也可能我們是整個宇宙中唯一有智慧、有自我意識的高科技物種和文明，後者的可能性是卑微的、令人氣餒的，甚至可能是小小的惶恐。但它提醒著我們，我們的確應該慶賀出現這樣一個真正非凡的物種，能透過自己的成就，為這個宇宙提供一種了解自己的方式。

來自法國西南方著名的拉斯科洞窟的部分重建壁畫。當中描繪了一匹史前馬以及一些符號，一般認為可能代表了夜空中的恆星和星座。

參照條目　宇宙學的誕生（約西元前 5000 年），搜尋地外文明計畫（西元 1960 年），第一批系外行星（西元 1992 年），繞行其他太陽的行星（西元 1995 年），適合居住的超級地球？（西元 2007 年）

約西元前五萬年

亞利桑那撞擊

吉伯特（Grove Karl Gilbert，西元 1843 年～西元 1918 年）
巴林杰（Daniel Barringer，西元 1860 年～西元 1929 年）
舒梅克（Eugene M. Shemaker，西元 1928 年～西元 1997 年）

　　我們只要查看保存在我們月球古老且沒有空氣的表面上的後**重轟炸期**紀錄，便可以知道在地球歷史中，地球曾受到小行星和彗星撞擊的轟擊。但我們行星上的撞擊坑受到風和水的長期侵蝕，還有透過板塊和火山作用，使得海底持續更新，無怪乎陸地地質學家花了很長的時間才知道撞擊坑作用的重要性，那是地球、其他類地行星、月球和小行星上地質作用的撞擊坑所致。

　　針對這項認知，最理想的天然實驗室是亞利桑那州旗竿鎮東方的隕石坑（也被稱做巴林杰隕石坑，或代亞布羅峽谷隕石坑）。這個隕石坑約 3,900 英尺（1,200 公尺）寬和 557 英尺（170 公尺）深，一直到 1960 年代，地質學家還在熱烈爭論這個特徵的來源。1890 年代，吉伯特認為缺乏來自撞擊者本身的明顯碎片，意味著這個撞擊坑是火山噴發所形成的，吉伯特是月球上圓形坑撞擊起源的首次倡議者之一。在二十世紀初，採礦工程師巴林杰買下這個撞擊坑，並花了多年鑽挖他相信的一次撞擊事件的巨大鐵隕石，但一無所獲。最後，地質學家舒梅克（他曾研究美國政府在內華達州核子測試計畫所製造的坑洞）確認這個坑洞是一場撞擊的特徵，這主要根據所發現的石英礦物，其特殊形式只能在撞擊的高壓、高溫環境下形成，而不是火山。

　　自此之後，地球上超過兩百個撞擊坑被辨識出來，大多比隕石坑大，但保存狀況更糟。撞擊物理的實驗室和電腦研究顯示，隕石坑的撞擊者是一顆約 164 英尺（50 公尺）寬的富鐵小行星，以超過每秒 6 英里（10 公里）的速度飛行，在一場撞擊中，幾乎完全蒸發，這解決了撞擊坑四周找不到碎片的疑問。

從隕石坑邊緣看過去的景象，這是在亞利桑那沙漠中的一個洞，約四分之三英里（1.2 公里）寬，約在五萬年前，被行進速度超過每秒 6 英里（10 公里）的一顆富鐵小行星撞擊形成的。

參照條目　後重轟炸期（約西元前四十一億年），通古斯爆炸（西元 1908 年），舒梅克—李維 9 號彗星撞木星（西元 1994 年）

宇宙學的誕生

在希臘語中，kosmos 的意思是指「宇宙」，因此我們近代將 cosmology 代表宇宙的本質、起源和演化的研究。一般認為，社會的宇宙學是指他的世界觀或思考的方式，有關人類從何而來？為什麼會在此處？以及他們將去哪裡？在人類歷史中的各個文明透過編造故事、神話、信仰、哲學以及近代的科學，來創造以及豐富他們的宇宙學。

我們經常聽到（或讀到）有關人類如何經常觀看星星，或我們遠古祖先如何用各種方式對著天空沉思的陳腔濫調。儘管思索推敲是有趣的，但要了解史前人類真正在想些什麼是不可能的，因為（根據定義）史前歷史是沒有紀錄的。這就是為什麼能描繪或代表天文題材的最古老手工製品，是如此重要的原因之一：它們提供一些真實的資料，可以嘗試了解古時候人類是如何看這個宇宙。

一個文明思索天空現存最古老的證據是來自蘇美人，學者相信他們的部分星圖或簡陋天文儀器的碎片，可以追溯到 5000 到 7000 年前。即使來自這段時間的訊息片段不足，但仍顯露出蘇美人對太陽、月球、主要行星和恆星運動有相當程度的深入了解。或許這並不太意外，蘇美人建造了第一個城邦，

可以藉由整年非遷徙族群所栽種的作物來維持生活。他們知道閱讀天象可直接解釋成何時栽種、灌溉和收成，一個穩定的糧食來源給了他們時間來發明書寫、算數、幾何和代數。

蘇美人的宇宙學首次出現創造天體的神祇，一種由後來的巴比倫人、希臘人、羅馬人和其他宇宙學所繼承的慣例。蘇美人的宇宙學也明確支持多宇宙和多地球的非地球中心宇宙概念，這是一個與近代宇宙學思想相呼應的世界觀，真實的情形似乎是一個完全沒有中心，並且顯然充斥了許多地球的宇宙。

西元前 3300 年的一個古蘇美人星圖復原物，稱為尼尼微星圖，據信這是發現最古老的天文儀器和資料集。

參照條目　大霹靂（約西元前一百三十七億年），希臘地心模型（約西元前 400 年）

古老天文台 |

　　儘管古人已經清楚認知天象，但一直要到青銅器時代（約西元前 3000 年～西元前 600 年），才出現大型天文題材的歷史遺跡。當中最有名的是南英格蘭的史前巨大石柱群遺跡，這是全世界各處發現具有文化、宗教、和（或）天文重要性的古老石頭環狀物、墓地石堆和土木架構之一。

　　巨大石柱群的建造令人印象深刻，特別是用某種方式將 25 噸楣石放在 13 英尺（4 公尺）高度的 50 噸豎立柱石上。近代的經驗和模擬顯示，使用新石器時代和青銅器時代的工具和方法是可以建造這樣的架構，無需魔法或外星人的建築贈禮，但建造這樣空前的架構，它一定已經接近當時可用技術的極限了。

　　它也顯現一種令人敬佩的史前設計技藝，仔細檢查現場一些不同的石頭、柱石立孔、凹處、路徑和突起的方位，被考古學家解釋成天文台的證據，它被設計成一種巨大的日晷來標示季節的遷移，及冬至和夏至的特定日期。儘管遺跡是否被當成天文台使用的細節是熱門研究和爭論的課題，但在考古學家和天文學家之間仍存有明顯的一致性，那就是其結構的基本排列是跟著太陽和月球的軌跡。

　　史前天文台的其他例子，包括愛爾蘭的紐格萊（Newgrange）奇墓和蘇格蘭的梅肖韋（Maeshowe）古墓，它們的排列使得僅有冬至上升的太陽光能照在內部的墓碑；在葡萄牙，沿太陽排列的三石牌坊（trilithons）和通行石堆；以及西班牙米諾卡島上堆放的巨石台（taula stones）。建造這些非凡紀念碑的文明可能可以追溯到五千年前，沒有留下有關他們或他們傳統和信仰的書寫紀錄，但他們留下石頭和土地的永久紀錄，顯示他們多麼重視他們對天空的認知。

在南英格蘭的一些砂岩三石牌坊（巨石立起來的高度約 25 英尺 [8 公尺]）。上頭放置著平楣石，以及在史前巨石建造結構內圈裡頭的較小藍灰沙岩記號。

參照條目　埃及天文學（約西元前 2500 年）

埃及天文學

　　古夫大金字塔是古埃及文明非凡技術（以及勞工管理）的紀念碑。它們也是設計者天文技術的明證，在埃及 4500 年前的社會和宗教上扮演重要地位。

　　由於地球自轉軸緩慢地進動，或像陀螺轉動時的擺動，在西元前 2500 年，小熊座 α 星（勾陳一）不是北極星；的確如此，就像現今靠近天球南極的天空，在當時的天球北極沒有亮星。對法老王、占星家和平民而言，晚上的天空看起來是繞著一個渦旋般的黑暗洞，被想成通往天堂的門戶。在古老埃及，這個通道是在北邊地平面上方約 30 度的位置，因此金字塔被仔細地排向北方，有著一個小通風井從法老王主要墓室指引到外頭，直接指向通道的中心。如果是計畫在生後去會見造物者，為什麼不直接走向大門？

　　埃及占星家在發展相當複雜的曆法系統上也扮演重要的角色，這套曆法系統在金字塔建造時期就已經發展完備。一年的開始是定義在仲夏太陽剛升起前，最先看到天空中最亮恆星是天狼星（埃及語稱做索普代特 [Sopdet]），一年有十二個月，每個月有三十天，在一年的最後加上額外的五天當作祭祀或集會，成了一年三百六十五天。他們也知道在不同日期的仔細觀測和記錄恆星的位置，他們必須每四年再多加一天，我們稱為閏日，以維持他們的曆法和天上的各種運動一致。追蹤記錄一些亮星在黎明前升起的次數，以便決定主要宗教慶典的時間，也為尼羅河每年的氾濫做準備。

　　金字塔本身的外型可能甚至代表了古埃及宇宙學的一面，一些神話宣稱創世神亞圖姆和陸地一起住在三角錐體內，是從原始海洋出現的。

古夫大金字塔，法老王埋葬的地方，天文學上的指引者，導向位在天球北極的天堂通道。這是四千年來，全世界最大的人造結構。

參照
條目　古老天文台（約西元前 3000 年）

約西元前 2100 年

中國天文學

　　全世界的某些文化對天文學的興趣和使用，是被獨立發展出來的。根據在古時墓葬位址所保留的恆星和星座名稱的考古證據，中國天文學的根基就像其他更早的文明，可追溯到史前時期和青銅時期。早期中國人熟悉於觀察太陽、月球和恆星的循環和運動，每個主要朝代都會招募天文學家，發展以太陽和月球為基礎的曆法系統。他們非常勤奮且細心地進行天文觀測，謹慎地記錄天空變化的證據，包括日食和月食、太陽黑子、行星運動以及彗星或超新星的出現。今日的天文學家仍使用夏、商和周朝（約西元前 2100 年～西元前 250 年）中國天文學家所有的獨特紀錄，做為天文史的研究材料。

　　中國天文學家發展出準確觀測天象的新儀器，包括大型天球儀和渾儀，用作恆星和星座繪圖，以及追蹤行星和**客星**（例如彗星和新星）的運動和亮度。更複雜版本的儀器一直使用到十七世紀望遠鏡的引進，這些儀器發展出的中國行星運動理論和西方天文學家，例如**第谷**（Tycho Brahe）和**克卜勒**（Johannes Kepler），使用類似的方式所發展的理論並駕齊驅。

　　早期中國出現一些複雜的宇宙學模型，儘管某些模型視天空為無限的，並且有時是混沌的，但一些模型將天空看成一個圓蓋或天球（就像早期西方宇宙學）。早在西方開始流行之前，一些早期中國天文學家就已經推論，月球和其他天體是圓球狀的。這和普遍將地球視為平面的世界觀有著潛在的衝突，但這似乎不是個問題。因為早期中國天文研究所強調的是，仔細觀測宇宙或至少看起來是的宇宙（這和孔子儒家的普遍概念和實踐是一致的）。

1675 年南懷仁描繪的一位早期中國天文僧人，以及數個天文儀器，包括一架天球儀以及一架象限儀（前景）。

參照條目　中國人觀測「客星」（西元 185 年），看到「白晝星」（西元 1054 年），第谷的「新星」（西元 1572 年），行星運動三定律（西元 1619 年）

地球是圓的！

畢達哥拉斯（**Pythagoras**，約西元前 570 年～西元前 495 年）

我們就把它當成假說：地球是一顆以黑色太空為背景的美麗藍色大理石圓球。每個人都是居住在地表面上，沒有人受益於近代科技，能到外太空回望地球，但有人卻能提出地球可能是圓的、不是平的概念。這人是薩摩斯島的畢達哥拉斯，他是西元前六世紀來自希臘的哲學家、數學家以及兼職天文學家，並以他在幾何上的畢達哥拉斯定律聞名。

畢達哥拉斯和他的追隨者是根據各種觀測，提出圓球地球的間接論點。例如從希臘向南航行的水手說越向南航行，看到天空中的南方星座越高。沿著赤道以南的非洲海岸前往目的地的探險隊也說，太陽從北邊照耀，而不是南邊（就像在希臘一樣）。另一個重要證據是觀測月食：當滿月在相對於太陽，直接通過地球的後面時，地球的影子遮住了月球，可以清晰看見地球彎曲的影子。

有些爭論認為，畢達哥拉斯是否真的「發現」地球是圓球狀，或許他僅是坦率直言（且較有名）而已，因為地球是圓的，是早期希臘文明中受教育者的基本常識。不管怎樣，這個議題被兩百五十年後的**埃拉托斯特尼實驗所證**明，並且在近乎 2500 年後，太空人登上阿波羅 8 號任務，離開地球軌道，他們將太空中美麗的藍色大理石圓球的第一張壯麗照片分享給全世界。

上圖：在月食期間，地球彎曲影子投射在月球上，是圓球地球的的部分證據，就像這張 2008 年在希臘拍攝的照面。右圖：我們珍貴的藍色行星是一個岩石和金屬圓球，被一薄層的大氣以及液態水（在許多地方）所覆蓋，但對我們遠古的祖先來說，世界是圓的並不是那麼明顯。

參照條目 埃拉托斯特尼測量地球（約西元前 250 年）

希臘地心說

柏拉圖（**Plato**，西元前 427 年～西元前 347 年）
亞里斯多德（**Aristotle**，西元前 384 年～西元前 322 年）

　　古希臘建立了許多重要的遺產，深深地影響西方文明數千年。這些遺產包括來自兩位古典時期最重要的思想家，他們的教學和著作所衍生的宇宙世界觀：他們是數學家、哲學家柏拉圖以及他的學生亞里斯多德，亞里斯多德主導了當時大部分的藝術與科學。柏拉圖和亞里斯多德創造了近代西方哲學與科學的基礎，包括了物理學和天文學。

　　古希臘天文思想（以及廣義的科學）的基本焦點，是嘗試對觀測的現象尋求數學和物理的解釋，畢達哥拉斯很自然地從幾何和三角來找解答。柏拉圖使用幾何學將宇宙分成兩個領域：固定圓球狀的地球，以及層層套疊且穩定運動的圓球，這些圓球包括太陽、月球、已知的五顆行星和已知的恆星，它們都繞著不動的地球運轉。在地球和月球之間的塵世圓球區域是由基本元素土、水、氣和火所構成的，在以外的區域，亞里斯多德加上了以太（aether），他認為是構成容納恆星和行星的旋轉天球。

　　這個地心觀點是希臘宇宙學的主要特徵，此外，尋求對稱和簡單意味著天球應該以均勻圓形的方式運動，或者多個圓形運動的組合，這個闡述的方式和當時大部分的天文資料相符。但柏拉圖的模型不能解釋天上所有看到的運動，純粹圓形運動的概念，被羅馬帝國時期的埃及天文學家托勒密所擴展；但這概念要到十七世紀，被後繼的天文學家所質疑，當時哥白尼和克卜勒的觀測和理論工作才正式將地心模型束諸高閣。

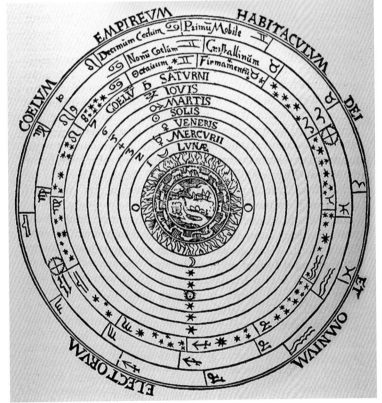

在文藝復興時期的宇宙地心天球模型描繪圖，外殼標示了「火般的天堂：神和選民的家園」。

**參照
條目** 地球是圓的！（約西元前 500 年），托勒密的《天文學大成》（約西元 150 年），哥白尼的《天體運行論》（西元 1543 年），行星運動三定律（西元 1619 年）

西方占星術

亞歷山大大帝（**Alexander the Great**，西元前 356 年～西元前 323 年）
托勒密（**Ptolemy**，約西元 90 年～西元 168 年）

　　占星術是一種信仰，相信人類和地上的事物受到某個人的生辰或者一生中關鍵時刻的太陽、月球、行星，以及恆星的運動和位置所影響，或被事先決定。在人類歷史中，大部分的文明都有一些這種形式的信仰。一些學者相信西方占星術的根源，可追溯到西元前 6000 年蘇美人最早的宇宙學紀錄，當時的祭司轉向天球尋求神蹟，以幫助他們確定神的旨意（見〈約西元前 5000 年／宇宙學的誕生〉）。但在古希臘宇宙學發展的時候，占星術轉變成我們今日所認定的模樣。

　　在巴比倫時期，祭司和國王嘗試從即將來到的收成季節、或可能發生的戰爭、或一些隆重事件，乃至於非常個人的事業，來了解上天所代表的角色，這被希臘人轉換成占星術：推知出從國王到平民的個人占星術，其事件範圍從歷史重大意義到一般世俗事件。發展天文學的關鍵力量是亞歷山大大帝，一位曾受教於亞里斯多德的希臘國王，曾掌管從北非到地中海和中東的廣闊王朝。亞歷山大在埃及的

亞歷山大圖書館建立了全世界第一流的學習中心，此處是占星術最早開始實行的地方。

　　經過幾個世紀，尤其是受到埃及天文學家托勒密的影響，建立了古典的黃道十二星座，以及定義在天文學到醫學、動物學的所有科學中，行星的基本功能和角色。托勒密的地心說以及占星術驅使的宇宙學，影響和主導西方天文思想超過一千三百年。

　　占星術的信念是一種簡單的想法，可以在近代世界裡捨棄，但報紙仍有每日的占星術專欄，許多人仍成群地找上近代的占星家（或到占星術的網站），尋求忠告以及對他們未來所謂的預言。也許它全是和趣味有關，但在人類本質上，一定存有某些東西，渴望宇宙中某種可理解的秩序。

希臘占星女神教導天文學家托勒密如何使用星座盤和大型渾儀觀測天空，這是西元 1515 年舒漢（Erhardt Schön）的圖示。

參照條目　宇宙學的誕生（約西元前 5000 年），希臘的地心說（約西元前 400 年），托勒密的《天文學大成》（約西元 150 年）

約西元前 **280** 年

太陽為中心的宇宙

阿里斯塔克斯（**Aristarchus**，約西元前 310 年～西元前 230 年）

柏拉圖和亞里斯多德的地心模型，深入了古希臘人對宇宙的想法。為何不是如此呢？每個人都看到太陽、月球和恆星繞著地球轉，學者們增加了其他無法反駁的支持證據：月球的月相變化和它繞行地球是一致的，如果地球繞著它自己的軸旋轉，為什麼沒有東西被拋離地面？沒有一顆恆星顯示任何可觀測的視差，或者相對於其他恆星有位置的偏移，如果地球是在它的軌道上運動，視差和偏移應該發生，很明顯地球是宇宙的中心，搞定！

但仍有抱持懷疑態度的人和無神論者存在，最早有紀錄的人是天文學家和數學家阿里斯塔克斯，來自希臘薩摩斯島，他藉由肉眼對太陽和月球的詳細觀測，以及嘗試以地心說脈絡解釋，挑戰受尊敬的希臘同事近乎兩百年來的常識。他的方法受限於肉眼的敏銳度，但仍能夠從幾何計算推算出太陽最少比月球遠二十倍（實際是四百倍）。因為太陽和月球在天上的視角直徑大約相同，他推算太陽的直徑一定最少比月球直徑大二十倍，並且是地球直徑的七倍，因此根據他的理由，太陽的體積比地球的三百倍還大（實際是約一百萬倍）。如此大的太陽被像地球一樣小的行星所約束著，而不是相反的情況，對他來說，這是荒謬的。很自然地，他進一步推廣這個概念，地球和其他行星是繞著太陽，並且恆星是如此地遙遠，以致於無法觀測到視差，阿里斯塔克斯的宇宙比之前任何人所描述的宇宙更大的多。

就像大多數革命性概念一樣，阿里斯塔克斯的日心宇宙概念受到大多數同儕的嘲笑和鄙視，兩百五十年後，他的概念被托勒密地心說的傳授和著作有效地摧毀，但阿里斯塔克斯已經埋下了存疑的關鍵種子，一直到十六世紀才得以萌芽。

阿里斯塔克斯的西元前三世紀原稿片段拷貝，當中計算太陽、地球和月球的相對大小，用來協助支持他的日心宇宙概念。

參照條目　地球是圓的！（約西元前 500 年），希臘的地心說（約西元前 400 年），埃拉托斯特尼測量地球（約西元前 250 年），托勒密的《天文學大成》（約西元 150 年），哥白尼的《天體運行論》（西元 1543 年）

埃拉托斯特尼測量地球

柏拉圖（Plato，西元前 427 年～西元前 347 年）
阿基米德（Archeimedes，西元前 287 年～西元前 212 年）
埃拉托斯特尼（Eratosthenes，約西元前 276 年～西元前 195 年）

希臘至少在畢達哥拉斯時期就已經廣泛接受地球是圓的這一事實，但地球真實尺寸的估計南轅北轍。柏拉圖估計地球的周長約44,000英里（70,000公里），這相當於直徑14,000英里（22,000公里）；阿基米德估計周長約34,000英里（55,000公里），直徑10,900英里（17,500公里）。為了更精確的測定，同時是數學家、天文學家，和亞歷山大第三任圖書館館長的埃拉托斯特尼，設計了一套簡單的實驗，將地球當成一架巨大的日晷。

埃拉托斯特尼得知南埃及西尼城在夏至正午的時候，立在地上的竿子沒有投射出任何影子，太陽幾乎就在正頭頂上（位在天頂）。他也知道在他的故鄉，北埃及的亞歷山大，夏至正午時，立在地上的竿子會投射（短）影子，他做了些測量，決定出太陽在亞歷山大城是在天頂向南略偏 7 度，這相當於一個圓周的五十分之一，他猜測地球的圓周長約是亞歷山大城和西尼城之間距離的五十倍，兩座城之間的距離約 5,000 古尺長（古尺長是古埃及和希臘的測量單位）。他估計地球的圓周長約 250,000 古尺長，或 25,000 英里（40,000 公里），測量牽涉到形形色色的不確定性和假設，假設 1 古尺長約 175

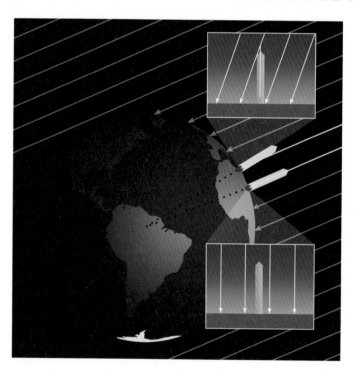

碼（160 公尺），這產生的周長約 25,000 英里（40,000 公里）。

埃拉托斯特尼一般被認為是地理學之父，事實上他也創造了「地理學」一詞，因此他似乎是第一位準確決定出地球尺寸的人，他的方法也是簡單準確實驗的驚人範例。阿基米德曾對槓桿有過一段話：給我一個支點，我將可以移動地球。埃拉托斯特尼可以輕易地回覆：給我一些棍子和影子，我將可以測量地球。

圖示埃拉托斯特尼測量地球圓周長的簡單方法。一根在西尼（下方插圖）的垂直竿子在夏至正午沒有影子，但在亞歷山大（上方插圖）的相同竿子投射出影子，顯示亞歷山大離西尼是一個圓的五十分之一。

參照條目 地球是圓的！（約西元前 500 年），希臘的地心說（約西元前 400 年），太陽為中心的宇宙（約西元前 280 年）

星等

依巴谷（**Hipparchus**，約西元前 190 年～西元前 120 年）

一些恆星是亮的，其他則是暗的，每個人仰望晴朗的夜空可以判定，但直到西元前二世紀中葉，沒有人嘗試量化多亮才算亮，或多暗才算暗。第一位這樣做的是希臘天文學家和數學家依巴谷，也是被認定為產生第一個綜合星表的人。

依巴谷決定用星等的尺標來指定恆星的亮度，從 1 等（針對二十顆最亮的恆星）到 6 等（肉眼可見的最暗恆星），在尺標中，他決定恆星的每一級距是前一級距亮度的一半，近代天文學家仍然使用這樣的亮度尺標，雖然有些不便。在十九世紀中葉，星等系統被重新定義，星等的五個級距相當於亮度的一百倍（因此每一級距是下一級距亮或暗 2.5 倍）。這個尺標被擴展超過六個級距，並且亮星織女星的亮度被定義為 0 等，非常亮的恆星、行星、月球和太陽都是負星等；非常暗的恆星，只能以全世界最先進望遠鏡才能看到，將最大的亮度極限推到 30 等。似乎很奇怪，越暗的恆星有較高的星等，但天文學家必須使用這個系統，一個超過兩千一百年的系統。

除了定義測量恆星亮度的方法，依巴谷也發明了三角學、發現地球自轉軸的進動，以及獲得亮星當時相對位置（天文測量學）的精確量測。為彰顯他的恆星估測技術，一座 1989 年的軌道太空天文測量學衛星以他命名。

右圖是哈柏太空望遠鏡拍攝的球狀星團 NGC6397，最亮的恆星星等約 +10 等。上圖顯示的是這個富恆星場域的部分區域，在中心的昏暗紅點是拍攝過最暗的紅矮星，是 +26 等。

參照條目 托勒密的《天文學大成》（約西元 150 年），目睹仙女座（西元 964 年），球狀星團（西元 1665 年），恆星的自行（西元 1718 年）

第一台計算器

約在西元前一世紀末，一艘攜帶了許多古希臘手工藝品的羅馬船隻，不幸在希臘安提基瑟拉島外的地中海沉沒。兩千年後的 1901 年，潛水夫湊巧遇上船難地點，在這些手工藝品中發現可能是全世界最古老計算器的受損殘骸，現稱之為安提基瑟拉儀（Antikythera mechanism）。

剛開始考古學家認為這儀器可能是機械鐘，因為有數十個小齒輪。憑它本身的條件，應該是一個令人驚訝的發現，因為這個手工藝品被認為和十七世紀歐洲的機械鐘相當。但經過數十年的清洗和進一步研究，發現這個儀器不僅是鐘。它看起來像是一個複雜的機械天文計算器和算曆，可以用來預測日月食，並顯示月相，它是一台設計精良以及建造最古老（1500 年前）太陽系儀，太陽系的類發條星象儀模型的範例。

在許多層面上，有關這台儀器的發現是令人印象深刻。它們顯示一個古希臘人對行星運動的非常準確和詳細知識，包括月球在每個月行進速度的些微變化。這個運作無誤的機械結構啟發了許多類似儀器的建造，而且這個小巧的尺寸也暗示了它們是可攜帶式的。

我們習慣於技術進展以及科學發現是與近代世界相關連，或許它不應該如此令人訝異地學習到，相同的東西在古希臘羅馬時期出現是真實的。儘管如此，從一件手工藝品既粗糙又衝突的發現證據，可以想見一個技術進步遠超過我們之前所想像的文明。

上圖：1901 年在古希臘船難地點出土的一片現存的殘骸。右圖：根據仔細研究和分析嚴重受損的殘骸，而在最近重建的安提基瑟拉儀。

參照條目　古代天文台（約西元前 3000 年），找尋復活節（約西元 700 年）

儒略曆

凱薩大帝（**Julius Caesar**，西元前 100 年～西元前 44 年）

就像其他尋求與天空協調一致的過往文明，羅馬曾發展出一套與天文強烈關連的曆法系統。他們原先在西元前八世紀所設計的曆法系統，是持續混亂的來源。部分原因是由於，它是從希臘和之前文明的片段拼湊而成的。例如，一年有十個月，每個月三十或三十一天，一年總共 304 天，為補足繞行太陽真實行程的剩餘六十一天，被當成冬天而被刻意隱瞞。後來做了些調整，增加兩個新冬月（一月和二月），但每年總共仍只有 355 天。為了讓曆法和季節一致，偶爾會由高階祭司增加一個閏月，但一年增加額外的天數，其動機通常是任意的，並且是具政治性的。這種狀況變得更糟，一般的羅馬人對現在是何日、何年或何月都弄不清楚。

事實上，羅馬曆法系統是如此地混淆，以致於凱薩大帝在西元前 49 年獲取政權後，下令改革，讓曆法與太陽的運動更加密切配合，而不是配合人們的事務。十二個月當中的一些月份增加天數，使得一年的總天數達到 365 天。他裁定每四年要多一個閏日，放在二月的最後一天，使得一年的平均長度為 365.25 天，接近太陽年的 365.242 天。凱薩大帝的曆法改革從西元前 45 年的一月一日生效（對羅馬人而言，是羅馬建基後 709 年），這是在祭司將西元前 46 年的天數延長到 445 天，累積的問題解決之後。

儒略曆正常運作了很久，因為每年只和真正的太陽年相差 0.008 天（約 11 分鐘）。但到了十六世紀，每年的 11 分鐘總計在曆法年和太陽年之間產生明顯的偏差，因此有了進一步的**格里曆**革新，使得曆法和季節同步。

古羅馬曆法有時被刻在石塊上，就像這個大理石的版本，顯示四月到九月的天名和占星術符號。

參照條目 埃及天文學（約西元前 2500 年），格里曆（西元 1582 年）

托勒密的《天文學大成》

托勒密（**Ptolemy**，約西元 **90** 年～西元 **168** 年）

約有七百年的時間（大約是西元前 300 年～西元 400 年），埃及的亞歷山大圖書館是全世界的學術中心。我們現今稱頌為數學、天文學或其他領域的先驅者，以及多數著名的希臘和羅馬學者要不造訪過或在該館工作過，也都曾審查過數十萬份手卷和書籍的收藏。當中的一本是古典天文學最著名的書——《天文學大成》（*Almagest*），約在西元 150 年由埃及數學家和天文學家托勒密（Claudius Ptolemaeus [Ptolemy]）所出版。

托勒密是我們現今所謂的全方位科學家，他精通不同的天文儀器，並且進行重要的觀測。但他的強項似乎是挑選和整合之前八百多年的前人研究，整合出一個宇宙的全新廣泛視野並放入單一著作內。《天文學大成》有十三篇獨立章節，包括托勒密地心宇宙學的詳細描述、擴展一些原由柏拉圖、亞里斯多德和其他人提出的觀點、以及描述一種以小圓路徑（本輪）的行星軌道，但整體上行星是以地球為中心的較大圓形路徑（均輪）繞行。這個系統是複雜的，但基本上所有的恆星和行星僅以完美的圓球或圓形路徑行進，一個符合可用資料的美麗和對稱，呼籲托勒密要滿足於完美造物者的作品。

這本書也包括他所謂的隨筆草稿，可以計算行星和恆星的升起和沉落，章節涵蓋太陽、月球和行星的一般運動，日月食、進動以及觀測工具和方法。一份超過一千顆恆星的大量（當時）星表也在其中，這是根據依巴谷的星表和恆星星等系統。

很不幸地，托勒密的太陽系全方位觀點是錯誤的，但因為它在描述和預測天空中的運動仍是相當優良，《天文學大成》和宇宙地心描述仍是超過一千多年天文訊息的可靠來源。

It is made of 3. pea-ces, beyng 4. square: As in the Picture where A. F. is the first peace or rule. A.D. The seconde. G.D. the third rule. E. The Foote of the staffe. C.F. The Plumrule. C.B. The ioyntet, in which the second & thirdRulers are mo-ued. K.L. The sighte ho-les. I. The Sonne. H. The Zenit, or ver ticall pointe. M. N. The Noone-stead Lyne.

PTOLOMEVS.

1559 年的木刻，描述托勒密用視差尺觀測太陽、月球和恆星的高度，這些都描述在《天文學大成》內。

參照條目 希臘地心說（約西元前 400 年），西方占星術（約西元前 400 年），太陽為中心的宇宙（約西元前 280 年），星等（約西元前 150 年），哥白尼的《天體運行論》（西元 1543 年），第谷的「新星」（西元 1572 年），行星運動三定律（西元 1619 年）

中國人觀測「客星」

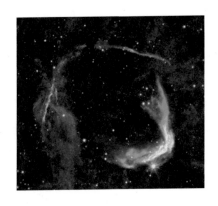

　　古代中國天文學家是一絲不苟的天空觀察者。就如史學家所說的，因為官方的中國天文研究通常是由皇家指派的文官幹部所主導，而不是個別的學者，他們比羅馬、希臘或巴比倫人和之前的人都更有系統和完備地普查天空中的變化，因此當在天空中有新的事件發生，中國人會注意到並記錄這項觀測，並會成為皇家的記載，使得許多資料都被保留下來。

　　一項最好的例子，就是在 185 年突然出現在南天，他們稱做「客星」（guest star）的現象，這個現象被中國天文學家當成值得注意的事件，而被記錄在現存的東漢（西元 25 年～西元 220年）文獻中。

　　雖然沒有手繪，但從客星位置的描述以及約六個月逐漸變暗的事實中，使得近代天文學家相信中國人做了第一次的超新星爆炸的紀錄。近代光學、電波和 X 射線望遠鏡陸續觀測該位置，顯示一個半球形的氣體雲，稱為 RCW 86，看起來是一個超過 1800 年前的一場恆星爆炸後的擴張殘骸。

　　許多其他的客星被記載在至今仍保存下來的古代中國天文繪圖中。最有趣的一些描繪顯示物體有個明亮的圓形頭部，以及一條或多條羽毛狀或釘子狀的尾巴，這些物體被中國人認為是「掃帚星」，現在被認為是有著長長的氣體和塵埃尾的明亮彗星。事實上，中國天文學家在西元前 240 年、西元前 12 年以及西元 141 年、西元 684 年、和西元 837 年觀察明顯的彗星，所有的紀錄都似乎是同一顆彗星的觀測，最終在 1682 年被辨識為七十六年週期的哈雷彗星。早期中國天文學家仔細且有條理的天空觀察和紀錄保存，被證明是史學家和天文學家研究的豐富寶貴資料。

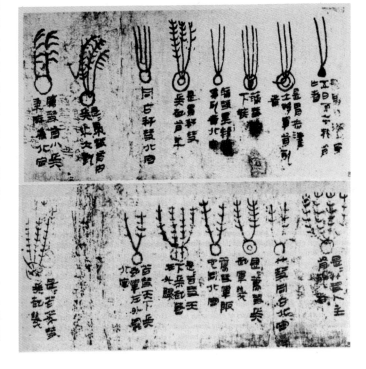

上圖：185 年超新星爆炸殘骸的現今觀測。
右圖：改變外貌的數個彗星的古代中國人繪圖，被記錄在竹簡當中，這是涵蓋從西元前 2400 年到西元前 300 年的中國歷史紀錄。

參照
條目　中國天文學（約西元前 2100 年），看到「白晝星」（西元 1054 年），哈雷彗星（西元 1682 年），米切爾小姐的彗星（西元 1847 年），通古斯爆炸（西元 1908 年）

《阿里亞哈塔曆書》

阿里亞哈塔（**Aryabhata**，西元 476 年～西元 550 年）

　　就像其他早期文明一樣，印度的天文學根基與宗教的發展有非常密切的關連。天文知識形成早期曆法系統的基礎，為印度宗教上的觀測建立年代，或季節性栽種與收成。就像西方世界一樣，神職人員和早期天文學家記錄太陽、月球和恆星位置所使用的儀器，隨著時間進展而發展出更複雜的宇宙學體系，來解釋和預測天空中的各種運動。在印度對天文學發展持續貢獻的最早期偉大思想者，是數學家和天文學家阿里亞哈塔。他是印度在數學和天文學上現存最古老著作《阿里亞哈塔曆書》（*Aryabhatiya*）的作者，約在西元 500 年出版。

　　阿里亞哈塔以詩句的形式將數學總結地寫在《阿里亞哈塔曆書》內，包括方便使用在三角計算的新正弦表。在《阿里亞哈塔曆書》的天文段落中，阿里亞哈塔解釋日月食是來自地球或月球影子的邏

輯結果，而不是天空中的惡魔所造成的。使用他新研發的一些球面三角學計算和日月食測量，他計算出地球的圓周，準確度小於真實數值的 0.2%，對 750 年前**埃拉托斯特尼**估計地球圓周長來說，有了很大的改進。

　　或許阿里亞哈塔思想中最具革命性觀點的，是他宣稱地球不是固定在太空中，而是繞著它自己的軸旋轉，且天球上的恆星才是固定在太空中。阿里亞哈塔時期的印度宇宙學是地心說，阿里亞哈塔自己的行星位置計算是依賴軌道和本輪。這部分類似托勒密《天文學大成》所記載的，但他是第一位提倡行星是橢圓形軌道、而非圓形軌道的人。在《阿里亞哈塔曆書》的一些建議顯示，阿里亞哈塔相信以太陽為中心的宇宙，學者在解釋這原始語言和意義上是有爭議的。但就像希臘阿里斯塔克斯的情形，在印度，這種激進的日心概念需要花數千年的時間才被接受。

位在印度浦那天文與天文物理跨校研究中心的數學家暨天文學家阿里亞哈塔雕像。

參照條目 太陽為中心的宇宙（約西元前 280 年），埃拉托斯特尼測量地球（約西元前 250 年），托勒密的《天文學大成》（約西元 150 年）

找尋復活節

賈羅的比德（**Bede of Jarrow**，約西元 672 年～西元 735 年）

世界上有許多宗教節慶不在固定的日子，而是和季節、月相、特定恆星升起，或一些天文事件有關的特別節日及假日。這表示負責事先決定這些事件日期的祭司、僧侶或其他宗教領袖，通常受到最新的天文學和（或）數學訓練，或至少是一般的訓練。

基督徒慶祝耶穌復活的復活節曆法時間，或許是全世界每年日期不同的假日中最令人感到困惑的。理論上，復活節是在春分後滿月的第一個星期天，但實際上，預測滿月或春分的日期是如此困擾，以致於中世紀天文學家發明一種特殊名詞，來計算每年的復活節日期：復活節計算表冊。

早期中世紀使用許多型態的計算表冊，每一種都給予復活節不同的日期。在八世紀初，一位來自諾桑比亞王朝（在現今的北英格蘭和蘇格蘭地區）的僧侶賈羅的比德，提出一套標準化的計算表冊，被記載在他流傳的《時間和測量時間》（*On Time and · On the Reckoning of Time*）一書。比德的計算表冊和他所受的天文教育，使他發現每經過 532 年復活節的日期就會重複，這當中有 19 年月球週期和 28 年太陽週期。這個每年最重要的基督教節日終於能夠被預測。

比德的計算表冊和他做為歷史學家和神學家的高超本領，為他掙得聖比德的暱稱。他的寫作也影響整個中世紀，因為它們釐清了大範圍太陽、月球和潮汐曆法的計算。他甚至涉獵地球年齡的計算，根據《創世紀》一書，算出是在西元前 3952 年，和十七世紀盎格魯大主教烏舍爾（James Ussher）所估計的西元前 4004 年相去不遠。

靠近英格蘭賈羅泰恩隧道的部分公眾繪圖，描繪中世紀基督僧侶和天文學者賈羅的比德。

參照條目　希臘的地心說（約西元前 400 年），儒略曆（約西元前 45 年）

早期阿拉伯天文學

哈巴士（**Habash al-Hāsīb**，約西元 770 年～西元 870 年）
花拉子米（**Muhammad ibn Mūsā al-Khwārizmī**，約西元 780 年～西元 850 年）
巴塔尼（**Muhammad ibn Jābir al-Harrānī al-Battānī**，約西元 858 年～西元 929 年）
比魯尼（**Abū ar-Rayhān al-Bīrūnī**，西元 973 年～西元 1048 年）

　　許多近代天文學和數學的語言以及方法論，可以直接追溯到中世紀伊斯蘭教國家，一場長達數世紀藝術與科學天才和創造力爆發。這段時期的歐洲科學發展是停滯不前，因此基本上，阿拉伯世界成為希臘羅馬的天文學和數學遺產的繼承人。

　　在許多早期阿拉伯天文學家和數學家當中有重要新貢獻的是花拉子米，他發現近代代數學（al-jabr，阿拉伯語是「完整」的意思），並且發展出計算太陽、月球和行星位置的新方法；哈巴士是對月球直徑和距離以及太陽直徑做出最佳估算的人，並且將他的觀測結果編成《天體和距離之書》（*The Book of Bodies and Distances*）；巴塔尼將托勒密《天文學大成》的結果更加精緻化，並且發展出新方法為新月出現的時間計時；比魯尼發明新的天文儀器和觀測方法，並且和一群阿拉伯天文學家假設，太陽系的日心模型可以和地心模型一樣符合當時的觀測數據。的確如此，這些和其他中世紀伊斯蘭天文學家的工作，影響了文藝復興的西方天文學家，例如第谷、克卜勒、哥白尼和伽利略，並且最終丟棄托勒密的地心模型，採取日心的宇宙觀。

　　此外，幾乎所有著名的早期伊斯蘭天文學家和數學家，都和世界一流的研究團隊合作，有些甚至是全世界第一個國營觀測站和研究機構系統。這種合作環境促使阿拉伯科學家在天文學和其他領域完成重要進展，是現今大多數科學進行方式的基礎。

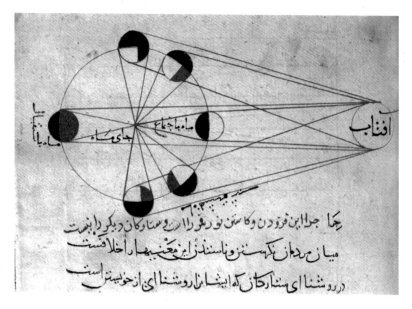

取自《天文典》的占星學插畫，比魯尼描繪的是月球不同的相。

參照條目　希臘地心說（約西元前 400 年），太陽為中心的宇宙學（約西元前 280 年），托勒密的《天文學大成》（約西元 150 年），目睹仙女座（西元 964 年），實驗天文物理學（約西元 1000 年），哥白尼的《天體運行論》（西元 1543 年），第谷的「新星」（西元 1572 年），伽利略的《星際信使》（西元 1610 年），行星運動三定律（西元 1619 年）

目睹仙女座

蘇菲 （'Abd al-Rahmān al-Sūfī，西元 903 年～西元 986 年）

　　另一位來自阿拉伯世界的早期重要天文學家，是波斯（現今的伊朗）的蘇菲。就像大部分中世紀的天文學家，蘇菲了解古典希臘天文學和宇宙學的主要觀點，包括托勒密的《天文學大成》，他都翻譯成阿拉伯文。他和其他學者試圖擴展托勒密的想法，並綜合來自早期阿拉伯天文學的新觀測和理論，他的成果出版在約西元 964 年的《恆星之書》（The Book of Fixed Stars）。

　　蘇菲的書是四十八個已知古希臘星座內恆星的詳細星圖，使用的恆星資料來自托勒密《天文學大成》內的較老星表，以及依巴谷的星等系統，但用了他及其他較新恆星亮度和顏色的資料加以更新或修正。《恆星之書》的每一個星座內的亮星都是用阿拉伯名稱；我們至今仍使用許多這些恆星名稱，包括天鷹座 α 星、獵戶座 α 星、天鵝座 α 星、獵戶座 β 星和天琴座 α 星。

　　蘇菲書中的一個段落專門描寫仙女座和雙魚座，他稱之為在主要恆星間的小雲彩。雖然他可能從來不知道，我們普遍相信蘇菲做了仙女座星系的第一次觀測記錄，這是離我們銀河最近的螺旋星系（約兩百萬光年的距離）。仙女座星系也被稱做梅西耳天體 31，幾乎比滿月的八倍還大些，但它非常地暗，因此需要絕佳的視力和耐性才能偵測到。蘇菲也是首次偵測到其他暗星團、星雲和雲狀物的人，包括在南天的一個銀河的暗橢圓伴星系，以及在五百五十年後被稱做大麥哲倫星雲的天體。因為它被顯著地標記，並且在 1519 年麥哲倫航行全世界之後，在全歐洲非常出名。

上圖：插圖顯示來自蘇菲於西元 964 年出版的《恆星之書》中，部分仙女座和雙魚座的繪圖。右圖：仙女座星系的近代數位天文照片，用 NASA 星系演化探測衛星的紫外光儀器所拍攝的。

參照條目　托勒密的《天文學大成》（約西元 150 年），早期阿拉伯天文學（西元 825 年），梅西耳星表（西元 1771 年）

實驗天文物理學

海什木（**Abū 'Alī al-Hasan Ibn al-Haytham**，西元 965 年～西元 1040 年）
比魯尼（**Abū ar-Rayhān al-Bīrūnī**，西元 937 年～西元 1048 年）

古希臘學者曾在科學上有顯著的哲學或理論興趣，特別是在天文學上。相反地，在中世紀阿拉伯型態的天文學和數學更注重於發明新儀器或方法，獲取新的觀測和使用資料來發展新方法，以滿足宗教或社會需求。這種思考的方式是新穎的：觀察、記錄、分析、解釋、假設、重頭再來一次。它被證明是有效的，基本上它是近代科學方法的根基。

用這個新穎的專注觀察方法來認識宇宙的起源，可以追溯到一小群來自第一個千禧年交替之際、著名的阿拉伯和波斯數學家。一位是穆斯林物理學家和數學家海什木，專長於眾多領域，是實驗和關鍵檢測的主要理論擁護者，而不是仰賴沉思或自然哲學（他是托勒密的批評者）。他在《光學》（*Book of Optics*）著作中寫到，「我們的目的應該是和諧的，不是反覆無常的，我們所要做的是尋求真理，不是為見解提供證據。」

約在同一時期，另一位自然科學和社會科學專家、波斯學者比魯尼，他在天文學和其他領域上專長於類似的實驗法，也引進像是重複實驗的新做法，以及在推導結果上，無規和系統性誤差的分析。「無論得自何種來源，我都不會躲開真理」，這是他寫在科學百科經典《天文典》（*kitāb al-qānūn al-masādī*）中的一句話。

在許多方面，海什木、比魯尼以及許多中世紀如此博學之人，是全世界最早的科學家。他們熱衷於各種領域的觀測和發現，對無法驗證以及本質可自我批判的所謂真理存疑，這種特性一直適用於科學家長達一千多年。

阿拉伯天文學家研究天空的中世紀歐洲印刷，取材自對西元前一世紀西塞羅的《小西庇阿的夢》一書的評論。

參照條目 地球是圓的！（約西元前 500 年），托勒密的《天文學大成》（約西元 150 年），早期阿拉伯天文學（約西元 825 年）

馬雅天文學

　　不只有史前和中世紀天文學被歐洲人或亞洲人研究及實踐。許多天文傳統也出現在中美洲，最少可追溯到西元前 2000 年的一些複雜且進步的當地文明，例如馬雅文明、奧爾梅克文明、托爾鐵克文明、密西西比文明和其他相關文化。來自這些文明的文字紀錄少有保留下來，部分是因為許多紀錄遺失，或在後來歐洲人征服期間遭到損壞。

　　馬雅文明（在西元前 2000 年～西元 900 年期間達到顛峰）雖然只有保留四本有用的書籍，但仍可用來了解這個曾經主宰中美洲文化的科學知識水準。當中的一本來自馬雅歷史後期，就在與歐洲人接觸前不久，被稱做《德勒斯登抄本》（Dresden Codex，以它現今被存放的位置命名）。它提供絕妙且予人啟發的證據，馬雅天文學曾達到與希臘、阿拉伯和其他早期社會相當的先進和複雜水準。

　　《德勒斯登抄本》有部分歷史和部分神話，但它大部分是一系列詳細的天文星表，以及太陽、月球、金星和其他已知行星運動的預測。在解譯了雕像和數字符號之後，考古天文學家判定七十四頁的示意表追蹤了金星循環（每 584 天重複上升和落下的模式），以及月球循環（每 25,377 天重複 857 次滿月）。當馬雅人認知到他們的各種重複性日月食週期表，比巴比倫和希臘同伴更加準確時，這些表也被用在預測日月食上。他們似乎也能準確預測月球和行星合（conjunction）。在天空中的這些週期性知識能到達如此高的準確程度，一定需要幾個世紀的徹底、審慎觀測，以及複雜的儀器協助，一旦馬雅人發現這些週期，這些表基本上可以用來長期預測天象。

　　馬雅人要用這些資訊做什麼用？大部分仍是個謎，但歷史學家已經確認出幾個宗教、農業、社會、甚至是軍事事件與傳統，和他們天文衍生的曆法系統緊密相關。

《德勒斯登抄本》第 49 頁的部分，這是來自馬雅人已知僅存的三本書之一，描繪金星和月球女神伊希切爾的出現和消失循環。

參照條目　埃及天文學（約西元前 2500 年），中國天文學（約西元前 2100 年），希臘地心說（約西元前 400 年），早期阿拉伯天文學（約西元 825 年）

看到「白晝星」

在中世紀末，這個星球上的一些社會發展出成熟的或初期的天文學家和數學家社群，他們已經將目光轉向天空。當 1054 年，一顆新星意外出現在天空的金牛座位置時，其中的許多社會都注意到了。

中國天文學家首次在 7 月 4 日記錄了「客星」的出現，他們的觀測被波斯人、阿拉伯人、日本人和韓國人所證實，這事件甚至被美洲土著阿那薩吉人記錄在岩石繪畫上。此時歐洲人仍陷在黑暗時期，似乎沒有紀錄這事件。中國觀察者在白晝看到這顆新星長達 23 天，在晚上看了 653 天，直到它完全變暗。在最大亮度時，估計約是 -6 到 -7 星等，除了太陽和月球外，比天上的任何天體還亮。

我們現在知道，中世紀天文學家觀察到的是一顆超新星。一顆離地球約 6300 光年的大質量恆星，劇烈且災難性地爆炸，它是將核融合反應的燃料用盡，然後自我塌縮，進一步釋放出大量的萬有引力能量，將恆星外層以幾乎是 10% 的光速吹進太空。在超新星變暗 650 多年之後，十八世紀天文學家首次偵測到螃蟹外觀的游離氣體發射星雲，這氣體是被爆炸的衝擊波所加熱的。在 1960 年末，電波天文學家發現這顆恆星原先的壓縮核心已經變成高速旋轉（每秒 30 轉）的中子星，或稱脈衝星（Pulsar），約只有 12 英里寬，但質量約是太陽的 1.5 到 2 倍。早期天文學家的詳細紀錄，幫助建立之前對超新星、發射星雲和中子星之間不明的關連。

上圖：插圖顯示一幅阿那薩吉人的岩石繪圖，描繪一隻手掌、新月和 1054 年的新「客星」。右圖：哈柏太空望遠鏡的蟹狀星雲馬賽克圖，來自一場在 1054 年被中世紀天文學家目睹的劇烈超新星爆炸，游離氣體殘骸擴展了 6 光年寬。

参照條目　太陽的誕生（約西元前四十六億年），中國天文學（約西元前 2100 年），中國人觀測「客星」（西元 185 年），核融合（西元 1939 年），脈衝星（西元 1967 年）

約西元 1230 年

《天球論》

薩克羅包斯考（John of Sacrobosco，西元 1195 年～西元 1256 年）

西歐從黑暗時期緩慢浮現的時間，和十一世紀末全世界第一所大學（在波隆那和牛津）的創辦一致。當更多高等學習的研究院成立時，被當成學生教科書的學術著作需求也會增加。在中世紀西歐的印刷書籍是昂貴且難處理的，因此只有在特定領域的少數標準教材才會被大量製造。

在西歐使用的第一本天文學標準教材，是一本稱做《天球論》（De Sphaera）的小冊子，由英國僧侶和天文學家薩克羅包斯考在 1230 年所出版的。薩克羅包斯考在巴黎大學授課，並且是托勒密宇宙學的堅定信仰者。大部分的《天球論》是《天文學大成》的摘要和回顧，但也增加了來自更近代的阿拉伯天文學概念和發現，以及實驗天文物理學的初步領域，這些都比中世紀歐洲天文學先進很多。

除了托勒密的回顧外，《天球論》也包含了定義天球和圈（似乎嘗試用來當作學生學習如何使用渾儀的輔助）的繪圖，亮星以及太陽升起落下時間和情況的回顧，還有利用托勒密的本輪和均輪模型來描述太陽和行星的運動。薩克羅包斯考清楚表明，地球是一個圓球體，並且對日月食提供正確的解釋。

如果有中世紀暢銷書排行榜，《天球論》應該蟬聯上榜數百年。在十三到十五世紀之間，許多版本都是靠手謄寫（現存數百本手稿）。1472 年首次出現印刷版，在接下來兩百年印刷了超過九十版次。歷史學家描述，一直進入十七世紀，《天球論》都是大學天文學課程必讀的書籍。

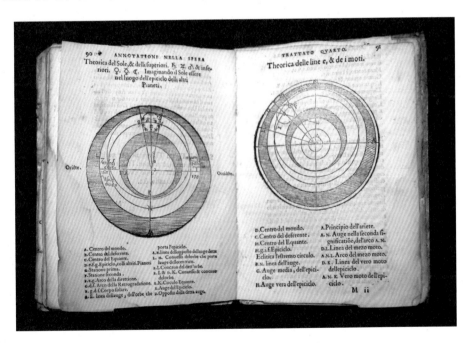

來自薩克羅包斯考的天文學教科書《天球論》。此為十六世紀版本的 90 頁和 91 頁，描述托勒密的地心說宇宙模型。

參照條目　托勒密的《天文學大成》（約西元 150 年），早期阿拉伯天文學（約西元 825 年），實驗天文物理學（約西元 1000 年）

大型中世紀天文台

圖西（Nasīr al-Dīn al-Tūsī，西元 1201 年～西元 1274 年）
旭烈兀可汗（Hülegü Khan，約西元 1217 年～西元 1265 年）
烏魯伯格（Ulūgh Beg，西元 1394 年～西元 1449 年）

我們很容易將天文台當成近代的發明，在高山上的巨大半球形建築，配有巨型望遠鏡和高科技電腦設備；但將天文台當成研究機構，以及一種給天文學家團隊分享使用的設備，可追溯其根源到分別建立在中世紀伊斯蘭世界和中國的第一批天文台。

在當時最主要的天文台是在伊朗西北區的馬拉給天文台（Maragheh Observatory），這是 1259 年由蒙古統治者旭烈兀可汗（成吉思汗的孫子）所建立的，並由他的皇家天文學家和數學家納西爾·艾德丁·圖西管理。馬拉給擁有超過四萬本書籍的圖書館，圖西領導一個天文學家和學生的團隊，完成行星運動和地球進動的觀測和計算，結果被後來的哥白尼和其他人使用，成為新日心宇宙學的關鍵訊息。約在同一時期，旭烈兀之兄忽必烈可汗建立了中國第一座的告成天文台。早期元朝（西元 1279 年～西元 1368 年）天文學家在該處做了很多太陽和行星的觀測，並使用一座巨型石製日晷來量測時間，並且更準確地決定一年的長度。受到馬拉給（曾被地震摧毀）的驅使，1420 年帖木兒天文學家和數學家烏魯伯格在撒馬爾罕建立了一所大學和天文台，也就是在現今的烏茲別克。撒馬爾罕天文台後來改名為烏魯伯格天文台，包括了早期天文設備，例如星盤、渾儀和一個巨型石製六分儀／子午線圈，半徑 131 英尺（40 公尺），刻畫在山腰，是當時同型最大的一個，可以用來準確測量太陽和恆星的位置。烏魯伯格的天文學家更新了托勒密和蘇菲的星表，可用以解釋進動，能夠準確一致地預測日月食和其他天空的事件。

上圖：位在中國的告成天文台，建立於 1276 年。右圖：位在撒馬爾罕的烏魯伯格天文台，其巨型地底子午線圈遺址，6 英尺（2 公尺）寬。

參照條目　托勒密的《天文學大成》（約西元 150 年），早期阿拉伯天文學（約西元 825 年），目睹仙女座（西元 964 年），哥白尼的《天體運行論》（西元 1543 年）

早期微積分

瑪達瓦 （**Mādhavan of Sangamāgramam**，約西元 1350 年～西元 1425 年）
尼拉坎哈 （**Nīlakantha Somāyaji**，西元 1444 年～西元 1544 年）

中世紀印度的天文研究，最初建基在阿里亞哈塔和其他數學家、天文學家的早期發現和手稿；並因類似喀拉拉邦天文和數學學院的專屬研究、以及教學團體的創立而蓬勃發展，這些團體是在十四世紀由數學家瑪達瓦所創建的。

瑪達瓦和後繼的喀拉拉邦數學家，像是尼拉坎哈發展出來的數學方法，剛開始根據幾何學和三角學來估計行星的運動，後來是靠新發展的技術，使用函數的組合，為複雜曲線和數學外形建立模型。這些外形有拋物線、雙曲線和橢圓，他們在橢圓上的成果被證明可用在天文學上，因為他們能顯示阿里亞哈塔的早期推測是正確的：行星的路徑可以用橢圓軌道來描述。在喀拉拉邦發展的新數學方法專注在函數列上，是微積分的早期版本，比牛頓等科學家發展歐洲的微積分早了兩百多年。

尼拉坎哈的大作《阿利耶毗陀論》（Aryabhatiyabhasya，一本對《阿里亞哈塔曆書》的評論）約在1500 年出版。當中進一步證明，一顆自轉的地球和一個部分日心的太陽系統，是可以提供更準確的方式符合行星的軌道。在他的模型中，水星、金星、火星、木星和土星都繞著太陽公轉，但太陽繞著地球轉。和十六世紀丹麥天文學家第谷所採用的模型類似，尼拉坎哈模型的部分觀點也和 1543 年波蘭天文學家哥白尼所提的完整日心宇宙學相一致。

喀拉拉邦學院以及一般的印度數學和天文學的貢獻，可能被之前的西方世界給低估了，現今似乎很清楚，他們應該被列為巨人的肩膀，支持後來哥白尼、牛頓和其他人的發現。

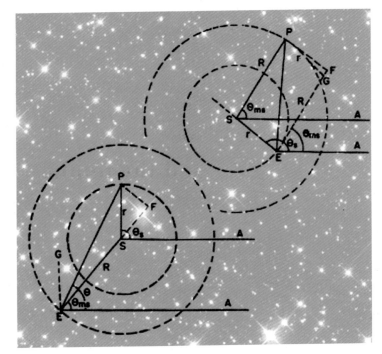

來自活躍在十四世紀到十六世紀間、西印度喀拉拉邦學院數學家的行星軌道計算，該計算符合太陽系的日心模型。這幅圖片顯示近代印度物理學家重建喀拉拉邦學院天文學家所使用的幾何學的例子。

 參照
條目　地球是圓的！（約西元前 500 年），《阿里亞哈塔曆書》（約西元 500 年），哥白尼的《天體運行論》（西元1543 年），第谷的「新星」（西元 1572 年）

哥白尼的《天體運行論》

哥白尼（**Nicolaus Copernicus**，西元 1473 年～西元 1543 年）

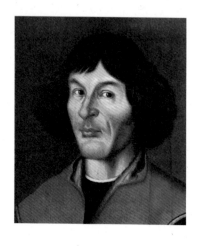

　　將近一千年的停滯不前之後，西歐的文藝復興是一場藝術、音樂、文化和科學的真正甦醒。隨後波隆那、牛津、劍橋、巴黎、帕多瓦和其他地區的大學建立，例如薩克羅包斯考等受教育的神職人員引進在黑暗時期阿拉伯、中國、和印度學者在天文學上的發展（以及重新引進希臘和羅馬的成就），讓歐洲科學繁盛的舞台搭建完成。

　　首先，站上這舞台的文藝復興時期科學家是哥白尼。他是波蘭天主教教士（他的叔父是一位主教，也是他的贊助者）、醫師、律師、經濟學者以及兼職天文學家。做為一位波蘭西北方弗龍堡的社區領導人，哥白尼認為許多法律、管理和經濟方面的責任是他微不足道的職業；但他也花時間進行天文觀測以及分析資料，閱讀古典和當代的天文文獻，沉思一些他從克拉科夫和波隆那作學生時曾有的問題，也就是他認為**托勒密《天文學大成》**中那極度複雜的地心行星軌道模型。

　　到了 1514 年，他倡導了另一種典範的基本輪廓，太陽固定在中心的太陽系，地球和其他行星繞著自己的軸自轉，並且繞著太陽公轉，月球則是繞著地球轉。但一直到 1543 年他過世前沒多久，他才出版他的理論《天體運行論》（*De Reroltionibus Orbium Coelestium*）。或許有些意外，這本書和他的日心理論在當時沒有引起太多興趣或爭論。在花了超過五十年的時間，加上第谷、克卜勒、伽利略（和伽利略的望遠鏡）支持性的觀測和解釋下，使得《天體運行論》開始廣為認知成宇宙學中的「哥白尼革命」。

上圖：不知名畫家畫的哥白尼肖像（1580）。
右圖：來自塞拉里烏斯 1600 年的《和諧大宇宙》星圖中的哥白尼太陽系模型圖示。

參照條目　太陽為中心的宇宙（約西元前 280 年），托勒密的《天文學大成》（約西元 150 年），《天球論》（西元 1230 年），早期的微積分（約西元 1500 年），第谷的「新星」（西元 1572 年），伽利略的《星際信使》（西元 1610 年），行星運動三定律（西元 1619 年），牛頓的萬有引力和運動定律（西元 1687 年）

第谷的「新星」

第谷（Tycho Brahe，西元 1546 年～西元 1601 年）

對十七世紀之前的天文學家而言，獲得天體運動的肉眼最佳觀測，代表了需要最好的儀器以及好眼力。除了一些中國天文學家，很少人能認知到大量、一致性、系統的天空觀測對強化他們資料正確性的價值。或許在以「蠻力」降低測量行星運動的誤差這方面，最好的歐洲實踐者是文藝復興天文學家、丹麥貴族第谷。

第谷在十多歲看到日食時（西元 1560 年），燃起了他對天文的熱情。他的家族財富和關係允許他追求這份熱情，並建造世界級的觀測設備。他將自己浸淫在宇宙學中，但他不認同托勒密的地心理論和哥白尼的日心看法。他對出現在 1572 年的新彗星和新恆星

（第谷用的是新星）的詳細觀測，讓他深信恆星並非固定不動。它們和行星並非在托勒密和哥白尼系統所假設的透明水晶球內移動，第谷的宇宙模型與來自喀拉拉邦學院的尼拉坎哈類似：地心和日心的混合體。除了地球外，其他行星都繞行太陽，太陽和月球繞行地球。

第谷使用最好的儀器和將近數十年的連續資料，為高品質的行星運動觀測設下了標準。他的測量是被理論學家所渴求的，他對合作者也有經過特別挑選，最終挑選了克卜勒做為合作的對象。當他了不起的資料引導出克卜勒行星運動定律的發現時，第谷或許不自覺地保有他的不朽。第谷完全是個古怪的人，在一場對決中，失去部分的鼻子，並用一個銅或銀的假鼻子取代，他在五十四歲的一場會議中過世。

上圖：這張近代 X 射線和紅外線假色照片顯示正在膨脹的圓球殼游離氣體，這是第谷和其他天文學家在 1572 年發現的超新星殘骸。右圖：來自丹麥國家博物館的第谷肖像。

參照條目 太陽為中心的宇宙（約西元前 280 年），早期微積分（約西元 1500 年），哥白尼的《天體運行論》（西元 1543 年），伽利略的《星際信使》（西元 1610 年），行星運動三定律（西元 1619 年）

格里曆

　　我們大多數認為一年有十二個月，或 365 天，我們對它並沒有想太多。雖然記得每四年情況會有不同，繞行太陽一次的時間約是 365.25 天，這就是為什麼西元前 45 年的**儒略曆**改革中，奉命在每四年增加 2 月 29 日當作閏日，讓凱薩曆法系統能和地球繞行太陽運動同步。

　　儒略曆假設春分點到下一次春分點是 365.25 天，結果是每年多了約 11 分鐘（真正的數值是 365.24237 天），這在羅馬帝國時期的影響不大；但 1500 年後，曆法日期從相同的太陽或季節日期偏移了超過十天，天文學家決定的春分從原先的 3 月 21 日變成 3 月 11 日。這表示復活節移回到冬天，天主教廷不喜歡這樣。修定是必須的，西元前 45 年的儒略曆也需要被改革。

　　羅馬天主教特倫托會議決定修改凱薩曆法，取代每四年（0.25）有一年是閏年，成為每 400 年（0.2425）有 97 個閏年，建立只有在每 100 年，並且可以被 400 除盡的才是閏年。因此 1700、1800、1900 年不是閏年，但 2000 年是閏年。他們仍要解決十天的偏移，因此儒略曆在 1582 年 10 月 4 日結束，新的「格里曆」由教宗格里哥利十三世於次日頒布實施，赦令為 1582 年 10 月 15 日。

　　近代的格里曆被今日廣泛使用，對地球軌道位置來說仍可正確到每 7600 年有一天誤差，足夠預測未來。但地球自轉隨時間些微變慢，這是因為潮汐摩擦造成，一天的長度緩慢變長。因此從 1972 年起，國際地球轉動及參考系統服務處（確實有這樣的服務！），不時增加正式的閏秒到世界原子鐘，使得它們和地球緩慢改變自轉，進而造成緩慢改變的視太陽時（apparent solar time）同步。

來自 1600 年的永久曆，一種機械式計算日子的儀器，用來預測當時新格里曆系統中，即將到來的節慶、假日和其他事件。背景圖是教宗格里哥利十三世於 1582 年宣布新曆的教宗詔書首頁。

參照條目 儒略曆（西元前 45 年），找尋復活節（約西元 700 年），《天球論》（西元 1230 年），地球加速自轉（西元 1999 年）

西元 1596 年

米拉變星

大衛‧法布里奇烏斯（David Fabricius，西元 1564 年～西元 1617 年）
強納森‧法布里奇烏斯（Johannes Fabricius，西元 1587 年～西元 1615 年）
赫沃達（Johannes Holwarda，西元 1618 年～西元 1651 年）

十六世紀的天文學家意識到，有時看起來正常的恆星會突然戲劇性地增加亮度，這就是第谷所稱的「新星」。但沒有人曾觀測到一顆恆星變亮、然後變暗、然後再次變亮和變暗。這就是荷裔德國牧師和兼職天文學家法布里奇烏斯，從他 1596 年以及 1609 年對鯨魚 o 星（也是已知的米拉星）的觀測所得知的。在 1638 年，荷蘭天文學家赫沃達發現，米拉星是一個週期（或脈衝）變星，週期約 330 天。

當法布里奇烏斯發現米拉時，它是一顆 3 等星，很快地（約一個月內）變暗到超過人類視覺極限的 6 等。之後天文學家用望遠鏡監測米拉星數年，看到它變亮到 2 等，然後變暗到 10 等，亮度的變化超過 1700 倍。現在我們知道米拉星是一顆脹大的紅巨星，比太陽大 350 倍。如果米拉星在我們太陽系內，它應該會延伸到火星的軌道！它的脈衝是正常低質量恆星演化到生命末期的階段性現象，已知有將近七千顆恆星如此顯示脈衝，週期從 100 天到 1000 天，它們通稱為米拉變星（Mira variables）。

米拉星在 1923 年被發現是一個雙星系統，有一個較小的白矮星相伴，稱做米拉 B 星。最近哈柏太空望遠鏡和錢卓 X 射線天文台影像顯示，米拉 B 星透過萬有引力，從米拉 A 星拉走氣體進入一個太陽星雲般的盤，它可能正在吸積行星。米拉星是一顆瀕死的恆星，但在死亡掙扎中，可能為新行星賦予生命。

法布里奇烏斯和他的兒子強納森，也是第一位系統觀測黑子的天文學家，透過觀測資料發現太陽會旋轉，就像物理學家克卜勒所預測的，有著約 27 天的旋轉週期。巧合地，也和米拉星有關，天文學家發現米拉星有類似黑子的星斑，可能和恆星外層的強磁場有關。

紅巨星米拉 A 星（右）和伴星米拉 B 星的藝術家概念圖，一顆小白矮星被一個從脈衝紅巨星抽離的氣體塵埃盤所圍繞。

參照條目　太陽星雲（約西元前五十億年），星等（約西元前 150 年），行星運動三定律（西元 1619 年），開陽－輔六合星系統（西元 1650 年），太陽閃焰（西元 1859 年），主序帶（西元 1910 年），太陽的末日（～五十至七十億年後）

布魯諾的《論無限宇宙和世界》

布魯諾（Giordano Bruno，西元 1548 年～西元 1600 年）

哥白尼在 1543 年倡議太陽系的日心觀點，並不被十六世紀的同儕所接受。雖然地球不是宇宙中心的想法和十六世紀羅馬天主教廷的經文不一致；但作為一位教廷牧師的哥白尼，從未因他的觀點而成為過多爭議的焦點，如果是其他人早就受到爭議了。

最早期且最多倡言哥白尼學說擁護者之一，是十六世紀末義大利哲學家、天文學家和多明尼加修士布魯諾。布魯諾是科學、宗教和自然哲學領域非正統與爭議性觀點的坦率擁護者。儘管不太知道任何特別的觀測、技術或發現，布魯諾仍相信一種遠比哥白尼所支持的、更加極端的非地心論形式。

在他 1584 年的《論無限宇宙和世界》（*On the Infinite Universe and Worlds*）一書中，布魯諾假設地球是無數個有居民的行星之一，這些行星是繞著無數個類似我們太陽的恆星。對教廷來說，提倡這種多重世界是嚴重的異端，布魯諾讓基督教理論的中心教條被無禮地降級成大規模的異端學說，例如在無限宇宙中上帝的非中心性。他因宗教法庭而逃離迫害超過十五年，但最終仍被逮捕、審判、定罪，並在 1600 年於羅馬受火刑焚燒。

我們易於將布魯諾傳奇化，使之成為科學的殉道者，為真理與教條體制對抗，特別是因為他的一些想法和宇宙學及多重世界被證明為正確時。但在他之前抱有與教廷不一致觀點的其他人，以及其他同時期的人（最有名的是伽利略）卻沒有受到嚴厲的災難。布魯諾之死可能和他的哥白尼觀點沒有太大的關連，而是源於他的對抗作風，以及直言不諱地指責權威和所謂的一般知識。

義大利雕塑家法拉利（Ettore Ferrari，西元 1845 年～西元 1929 年）的部分青銅浮雕，描繪布魯諾在 1600 年受到羅馬宗教法庭的審判。

參照條目　哥白尼的《天體運行論》（西元 1543 年），伽利略的《星際信使》（西元 1610 年），第一批系外行星（西元 1992 年）

第一批天文望遠鏡

哈里奧特（Thomas Harriot，西元 1560 年～西元 1621 年）
伽利略（Galileo Galilei，西元 1564 年～西元 1642 年）
利普塞（Hans Lippershey，西元 1570 年～西元 1619 年）
梅提斯（Jacob Metius，西元 1571 年～西元 1630 年）
楊森（Zacharias Jansen，西元 1580 年～西元 1638 年）

最普遍的迷思是義大利天文學家伽利略發明了望遠鏡。儘管他確實發明了前所未有的解析力天文望遠鏡是真的，並在 1610 年使用望遠鏡而有了一些發現，堅定建立了太陽系的日心本質。但望遠鏡本身的發明是在若干年前，而它的基本原理和零件可追溯至中古時期。

最早的望遠鏡被稱做折射儀器，因為他們使用凹和凸玻璃透鏡組合，將視野彎曲和放大（或變小，例如早期的顯微鏡）。西元前五世紀的埃及人知道彎曲透明表面可以放大影像，希臘和羅馬學者也知道這現象。玻璃透鏡（來自拉丁字「扁豆」的意思，因為扁豆的外形）被製成眼鏡來矯正不好的視力，被認為在十一世紀或更早的中國、阿拉伯世界就被發明了，它們在 1200 年代晚期被引進到西方世界。眼鏡製造在中世紀晚期和文藝復興的歐洲晚期，是一種廣泛使用的手藝。

在這樣的環境下，最少有三位荷蘭工匠和透鏡製造商可能在約 1604 年到 1608 年間，各自獨立發明我們稱做「望遠鏡」的儀器。利普塞、楊森和梅提斯都設計了簡單的套疊管（小望遠鏡，spyglass），含有兩片透鏡，產生小視野的 2 ～ 3 倍放大率。利普塞為他的版本申請荷蘭專利，因此他常被稱做望遠鏡的發明人，但真實的歷史仍是備受爭議的。簡單的小望遠鏡很快地在 1609 年歐洲販售。

當時設計變得相對簡單、且透鏡是容易獲得或磨製，像是伽利略、哈里奧特和其他的天文學家都開始修補和加強這項發明，並將它指向天際。伽利略做了一些增強放大率的版本，他在 1609 年末的望遠鏡約有 20 倍的放大率，使他看到從未有人觀測的天空細節，並永久地改變了天文學。

這幅十九世紀法國藝術家帝陶齊（Henry-Julien Detouche, 西元 1854 年～西元 1913 年）的繪圖，描述伽利略在 1609 年展示他發明的早期天文望遠鏡給威尼斯總督度那拖。

參照條目 第谷的「新星」（西元 1572 年），哥白尼的《天體運行論》（西元 1543 年），伽利略的《星際信使》（西元 1610 年）

伽利略的《星際信使》

伽利略（**Galileo Galilei**，西元 1564 年～西元 1642 年）

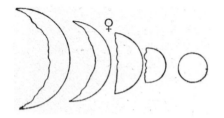

革命的開始經常源自於單一重要的突發事件。在科學革命的情況下（一場持續至今的運動），這個單一事件可以被認為是 1610 年出版的一本小冊子《星際信使》（*Stary Messenger*）。這本由文藝復興時期的義大利物理學家、數學家以及天文學家伽利略所出版的《星際信使》，改變了天文學史。

伽利略建造了當時第一架的天文望遠鏡，並用他的儀器史無前例地仔細觀測天空。他是看到並追蹤木星衛星的第一人，並且了解不是所有的行星都繞著地球。他是看到金星相的第一人，因此知道金星一定是繞著太陽，而非地球。他也是第一位知道月球有山脈、坑洞和山谷，並且不是完美的圓球。伽利略的觀測和他在《星際信使》中後續的解釋，是對亞里斯多德和托勒密地心宇宙學的直接反駁，並提供哥白尼日心宇宙學令人信服的證據。雖然不足以證明，但對伽利略來說這已經足夠了。

他持續用後續更強大的望遠鏡進行觀測，記錄行星盤面和特徵，將銀河分辨出無數顆密集在一起的恆星。他的望遠鏡允許他和其他同時期的人能夠確認並擴充他的研究，能看到暗到 8 等或 9 等的恆星，這比肉眼可見的還要暗 15 倍。

他在羅馬天主教廷獲得有力的支持，起初支持他的發現。但當布魯諾的死刑出現時，教廷終將把哥白尼學說視作威脅；儘管伽利略受到赦免，但仍被迫在生命的最後九年受到軟禁。

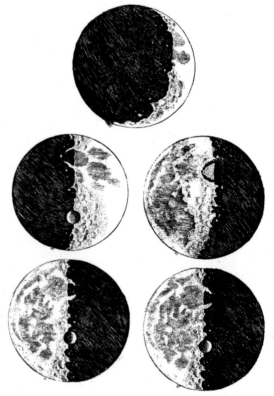

上圖：伽利略的金星相變化圖。右圖：伽利略在 1610 年的月球坑洞、山丘和其他特徵的手繪範例。

參照條目 星等（約西元前 150 年），哥白尼的《天體運行論》（西元 1543 年），布魯諾的《論無限宇宙和世界》（西元 1600 年），第一批天文望遠鏡（西元 1608 年）

西元 1610 年

木衛一

伽利略（Galileo Galilei，西元 1564 年～西元 1642 年）
馬里烏斯（Simon Marius，西元 1573 年～西元 1624 年）

當伽利略在 1610 年 1 月 7 日首次將望遠鏡對準木星時，他注意到他所描述的「三顆固定的星星，太小而完全不顯眼」。這些星星就在木星的旁邊（兩顆在一側，一顆在另一側），排成一條通過木星盤面中間的直線。當他在隔日看到四顆小星星，也一起排在同一條直線上時，想像他當時驚訝的模樣，一定很有趣！他連續幾個禮拜持續觀測，這些小恆星以相對行星而移動，他沒花太多時間就看出模式：它們是繞著木星公轉。

伽利略還發現了四個新世界，就是地球之外另一行星的第一批衛星。作為它們的發現者，他有權力為它們命名。一個政治上的精明舉動，他決定依他的贊助者科西莫二世德・麥地奇，將它們命名為麥地奇星。同時期的天文學家討厭這個想法，德國天文學家馬里烏斯宣稱在伽利略之前發現這些衛星，提議根據希臘神話命名為：依奧（Io，被宙斯誘惑的女神）、歐羅巴（Europa）、甘尼米德（Ganymede）和卡利斯多（Callisto）。伽利略討厭其他命名的選擇，最終稱之為木衛一到木衛四。天文學家使用這樣的命名方式到二十世紀，直到馬里烏斯更浪漫的命名方式被固定。然而為了彰顯它們的發現者，它們現今被統稱為伽利略衛星。

木衛一是四顆大衛星中最靠近木星的一顆，軌道週期約 42 小時，七項太空任務（先鋒 10 號和 11 號、探險家 1 號和 2 號、伽利略號、卡西尼號和新視野號）仔細地研究木衛一，顯示它的直徑 2,275 英里（3,660 公里），比月球大一點，令人訝異的石質密度，每立方公分 3.5 克。但最大的驚奇是探險家 1 號發現木衛一上有活火山，是衛星年輕表面覆蓋紅色、橙色和黑色硫矽熔岩，以及薄二氧化硫大氣層的原因。強烈的潮汐力造成木衛一表面的持續噴發，使它成為太陽系中火山活躍最強的世界。

上圖：伽利略在 1610 年 1 月 8 日當晚手繪木星四顆明亮衛星，木衛一的位置用紅色箭頭標示。右圖：最靠近木星的衛星木衛一照片，這是 NASA 伽利略號木星軌道者太空船在 1996 年所拍攝，背景是木星的雲。

參照條目　木衛二（西元 1610 年），木衛三（西元 1610 年），木衛四（西元 1610 年），光速（西元 1676 年），木衛一上的活躍火山（西元 1979 年）

木衛二

伽利略 （Galileo Galilei，西元 1564 年～西元 1642 年）
卡西尼 （Giovanni Domenico Cassini，西元 1625 年～西元 1712 年）

　　伽利略發現另一顆繞行木星的「小星星」，是木衛二歐羅巴（Europa），以曾是宙斯（羅馬天神朱比特的希臘版本）情人的一位公主來命名。伽利略曾在 1610 年 1 月 7 日把木衛一和木衛二看成同一顆星星，隔夜待它們分得夠開，才讓他分辨出兩個星體。

　　木衛二是伽利略衛星中第二靠近木星的，繞巨行星約三天半的時間。藉由監測木衛二，以及木衛一、木衛三和木衛四，伽利略發展出一種能準確預測它們行動的方式，並提議將它們食的相對位置和時間當成一種天然的天文鐘，以作為一種決定經度的方法。義裔法國天文學家卡西尼在 1681 年確認了伽利略的辦法，也成功地被探險家（如路易斯和克拉克）所採用。

　　七艘探訪木星系統的自動太空探測器的觀測顯示，木衛二是四顆大衛星中最小的一顆，直徑 1,950英里（3,140 公里），比月球小一點。行星本體的平均密度可被估計為質量（由物體改變多少太空探測器的軌跡決定）除以體積（從照片決定），木衛二的密度約每立方公分 3 克，可解釋這顆衛星大多是石質，即便它有一個冰凍的表面。

　　其表面被發現是非常地平滑、年輕（少有撞擊坑）、富紅色裂痕和條紋交錯，並破裂成許多板塊，看起來以構造地質般地相互移動。近看表面可聯想成冰海。的確如此，幾條線索指向深層液態海洋存在於相當薄的冰殼底下。木衛二是我們太陽系內另一個存有海洋的可能，受到潮汐能量的加溫以及免於木星的惡劣輻射，使得木衛二也可能是另一個存有生命的居住地。

上圖：伽利略在 1610 年 1 月 8 日當晚手繪木星的四顆明亮衛星，木衛二的位置用紅色箭頭標示。右圖：NASA 伽利略號太空船在 1998 年拍攝最小的一顆木星伽利略衛星——木衛二。

參照條目　伽利略的《星際信使》（西元 1610 年），木衛一（西元 1610 年），木衛三（西元 1610 年），木衛四（西元 1610 年），木衛二上有海洋？（西元 1979 年）

木衛三

伽利略（Galileo Galilei，西元 1564 年～西元 1642 年）
拉普拉斯（Pierre-Simon Laplace，西元 1749 年～西元 1827 年）

　　伽利略在 1610 年新發現的第三顆衛星，是木衛三甘尼米德（Ganymede），是依神話的王子、眾神的斟酒人、以及宙斯的愛人（木星衛星中唯一以男性人物）來命名。木衛三以略多於七天的時間繞木星一圈。當伽利略和其他天文學家研究**木衛一、木衛二**和木衛三的精確軌道時，他們注意到一些有趣的現象；木衛三每繞行一圈軌道，木衛二正好轉兩圈，木衛一則轉四圈，天文學家稱這些衛星是處在共振的狀態。

　　發現三顆伽利略衛星的 4:2:1 軌道共振，在數學家和物理學家之間掀起了小漣漪，他們嘗試了解和解釋這些共振是如何達成的。關鍵的解釋是由法國數學家和天文學家拉普拉斯所完成的，為彰顯他在這類三體問題的成就，便稱之為拉普拉斯共振。軌道共振可以在**主小行星帶和土星環**內產生帶隙，即使是最新發現處於軌道共振的**系外行星**，也是一樣的。

　　木衛三現今也被許多自動太空船詳細研究，顯示它是太陽系中最大的衛星，直徑 3,275 英里（5,270公里），甚至比水星還大。密度為每立方公分 1.9 克，表示相較於木衛一和木衛二，它主要是由相當高比例的冰所組成的。木衛三表面有較亮且較多富冰的凹槽和山脊，很有可能是過去地質活動所造成的，看起來比暗且較多嚴重撞擊的地區年輕。木衛三也是太陽系中唯一擁有自己（弱）磁場的衛星，表示內部可分化成地殼、地函和熔融狀鐵核心。或許更有趣的是，木衛三的磁場讀數、表面含鹽分礦物的出現、曾有水噴發並流入一些凹槽和山脊等證據，這全都與地底深層液態水一致（又一個海洋？）。

上圖：伽利略在 1610 年 1 月 8 日當晚手繪木星的四顆明亮衛星，木衛三的位置用紅色箭頭標示。右圖：NASA 探險家 2 號太空船於 1996 年在木衛三的馬賽克照片。木衛三是太陽系最大的衛星，較亮的區域是廣延的地質變形區域。

參照條目 伽利略的《星際信使》（西元 1610 年），木衛一（西元 1610 年），木衛二（西元 1610 年），木衛四（西元 1610 年），土星有環（西元 1659 年），拉格朗日點（西元 1772 年），柯克伍德空隙（西元 1857 年），木衛三的海洋？（西元 2000 年）

木衛四

伽利略（**Galileo Galilei**，西元 1564 年～西元 1642 年）

　　伽利略衛星中離木星最遠的是木衛四卡利斯多（Callisto），它是依希臘神話中另一位女神、也是宙斯的情人來命名的。如同木星其他主要的衛星一樣，它是在 1610 年當伽利略首次將他的**天文望遠鏡**指向這顆巨行星時，首度被發現。木衛四是木星四顆主要衛星中離得最遠的一顆，幾乎花十七天才完成一次公轉，或許由於離得較遠，它沒有參與**木衛一**、**木衛二**和**木衛三**的軌道共振。

　　對天文學家來說，在它們被發現之後超過三百五十多年間，是不太可能深入了解木衛四和其他伽利略衛星的。但從 1960 年代開始，利用來自地面望遠鏡的**光譜學**，使得探究它們的表面成分變得可行。木衛四、木衛三和木衛二被發現表面主要是水冰，木衛一則被發現是乾的，顏色與光譜顯示主要是有硫的存在。來自近期更多太空任務的光譜學，進一步顯示在木衛四和木衛三上有二氧化碳和二氧化硫的冰存在，而在三顆的冰衛星上，也有含水的硫酸鹽。

　　這些太空任務也可以測定木衛四的直徑（2,995 英里 [4,820 公里]，比**月球**大 25%）、密度（每立方公分 1.8 克，大部分是冰，以及一些岩石），和表面特徵的繪圖。木衛四是伽利略衛星中，受到撞擊最嚴重的一顆，保留了來自早期太陽系的**後重轟炸期**的巨大撞擊盆地，表示它是四顆當中最沒有內部活動或表面重塑的歷史；但來自 NASA **伽利略號木星軌道者**的資料顯示，在滿布傷痕的冰殼底下可能存有一層液態水（某種海洋）。木衛四沒有像其他衛星一樣，受到來自它們共振軌道交互作用的潮汐加熱，或靠近木星的潮汐影響。但無論如何，引起木衛四次表面海洋的熱源仍是一個待解之謎。

上圖：伽利略在 1610 年 1 月 8 日當晚手繪木星的四顆明亮衛星，木衛四的位置用紅色箭頭標示。右圖：NASA 伽利略號木星軌道者太空船在 2001 年獲得的完整木衛四照片，是木星的第四顆伽利略衛星，表面布滿撞擊。

參照條目　後重轟炸期（約西元前四十一億年），第一批天文望遠鏡（西元 1608 年），木衛一（西元 1610 年），木衛二（西元 1610 年），木衛三（西元 1610 年），光譜學的誕生（西元 1814 年），木衛二的海洋？（西元 1979 年），伽利略號繞木星（西元 1995 年），木衛三的海洋？（西元 2000 年）

西元 1610 年

發現獵戶座星雲

佩雷斯克 （**Nicolas-Claude Fabri de Peiresc**，西元 1580 年～西元 1637 年）
惠更斯 （**Christiaan Huygens**，西元 1629 年～西元 1695 年）
梅西耳 （**Charles Messier**，西元 1730 年～西元 1817 年）

宇宙充滿了原子和分子，有時會以新奇、美麗的外表形成氣體、塵埃和岩石。天文學家搜尋和編目宇宙的方法之一，是找到某些地方，這些地方的氣體和塵埃是如此地溫暖和稠密，以致於它們能真正在黑暗中發光。這些地方就是星際雲，是已死和瀕死恆星的一小撮呈星雲狀的絲狀殘骸，同時也是新年輕恆星胚胎的繭和溫床。

當恆星在新星或超新星事件中死亡，它們會噴發出外層的氫、氦和其他物質到太空中。這些噴發殘留物經常游離在鄰近恆星的能量、或噴發它們的爆炸間。在星際雲中的游離氣體會發光和熱，使得它們可以被天文學家用光譜儀和大型望遠鏡觀測，並描繪其特性。

天空中最著名的星際雲是獵戶座星雲（Orion Nebula），肉眼可見的模糊斑點，就在獵戶座腰帶三顆恆星的下方。儘管一些考古證據表示，古代馬雅天文學家曾注意到這個星雲；但首次觀測並紀錄獵戶座星雲的，卻是 1610 年的法國天文學家佩雷斯克，然而他卻從未公開報告；直到後來在 1656 年的惠更斯和 1769 年的梅西耳才又「重新發現」了。

近代觀測顯示，獵戶座星雲是離我們最近的星際雲，只有 1,340 光年遠，它的成分相當複雜，包括氫、一氧化碳、水、氨、甲醛和簡單氨基酸的前身。

星際雲也是新生恆星的誕生地，當氣體和塵埃團塊在自己的萬有引力下，緩慢地吸積和塌縮。似乎我們太陽系以及我們鄰近的其他太陽系，是從巨大氣體塵埃的太陽星雲誕生的。這就像獵戶座星雲，是形成自前世代的局部恆星。

哈柏太空望遠鏡拍攝部分獵戶座星雲的馬賽克照片。完整的星雲約 24 光年寬，可能含有 2,000 倍的太陽質量，有足夠的氣體和塵埃形成超過 1,000顆新恆星。

參照
條目　太陽星雲（約西元前五十億年），目睹仙女座（西元 964 年），看到「白晝星」（西元 1054 年），第谷的「新星」（西元 1572 年），光譜學的誕生（西元 1814 年）

行星運動三定律

克卜勒（**Johannes Kepler**，西元 1571 年～西元 1630 年）

　　儘管有相當程度的重疊，今日天文學家大致依其特徵可分成觀測學家（主要是收集來自望遠鏡或太空任務的資料）以及理論學家（主要是發展模型或理論，來解釋已有的觀測）。中世紀的天文學家（以及占星學家）大部分是觀測學家，也涉獵理論；理論天文學主要被認為是哲學家的領域，而非物理學家的。

　　文藝復興時期的德國數學家、占星學家和天文學家克卜勒改變了這個典範，可以被認為是全世界第一位理論天文物理學家。克卜勒在他的探索中，使用其他人的資料（特別是**第谷**和**伽利略**）發展出單一的宇宙統一理論。身為虔誠的教徒，克卜勒相信上帝是以一種優雅的幾何藍圖來設計這個宇宙，而這個藍圖也可以透過仔細的觀測而被推論出來。

　　克卜勒相信**哥白尼**的日心宇宙學，也相信一個以太陽為中心的太陽系，與聖經中的內容完全一致。克卜勒的《新天文學》（*New Astronomy*，西元 1609 年）將火星和其他行星的軌道描述成橢圓形，而非圓形（第一定律）；並且堅稱行星以某種形式改變速度，當它們在相同時間內繞行時，會掃過相同的面積（第二定律）；之後在《世界的和諧》（*Harmony of the Worlds*，西元 1619 年）中，他表示行星的軌道週期平方和離太陽的平均距離三次方成正比（$P^2 \propto a^3$；第三定律）。透過克卜勒的耐心和堅持，他所尋找的世界和諧最終被揭示出來。

　　克卜勒的定律並沒有被廣泛地領會，直到觀測學家在日月食和行星凌當中確認了他們的準確計時預測（預測是正確的），並且到了 1687 年的牛頓，我們才得知克卜勒早已發現萬有引力定律的必然結果。

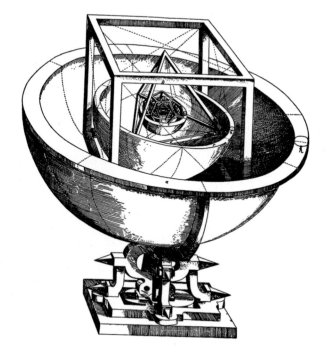

上圖：不知名藝術家於 1610 年所畫的克卜勒肖像。右圖：在克卜勒《世界的奧祕》（1596）中的一幅插圖，顯示他試圖將已知行星軌道符合完美固體的外形（例如四面體、立方體、八面體、十二面體、二十面體），他努力找尋當中的神聖完美。

參照條目 哥白尼的《天體運行論》（西元 1543 年），第谷的「新星」（西元 1572 年），伽利略的《星際信使》（西元 1610 年），牛頓萬有引力和運動定律（西元 1687 年）

金星凌日

西那 （Abū 'Alī ibn Sīnā，西元 980 年～西元 1037 年）
克卜勒 （Johannes Kepler，西元 1571 年～西元 1630 年）
霍羅克斯 （Jeremiah Horrocks，西元 1618 年～西元 1641 年）

天文學家將「凌」（transit）描述成，站在一個觀察者的角度看一個天體從另一個天體前通過的事件。例如日食，就是月球通過太陽盤面的凌日。伽利略和其他天文學家利用伽利略衛星通過木星盤面的凌，來精煉軌道的預測，並且推算地球上觀察者所在的經度。

克卜勒了解到某些在地球特定觀察者位置的金星凌日，如果這樣的凌日可以在不同的位置被觀測，視差和三角幾何學可用來決定地球到太陽的距離（以天文單位為基準）。根據阿里斯塔克斯、托勒密和阿拉伯天文學家估計的天文單位（地球到太陽的距離），是比到月球距離遠二十倍（或者約五百萬英里 [八百萬公里]）。但金星凌日是罕見事件（每一世紀少於一次），因為金星軌道相對於地球軌道是偏斜數度。

波斯天文學家西那於 1032 年觀測到一次的金星凌日。克卜勒則預測到 1631 年的金星凌日，也差點錯失 1639 年的金星凌日。1631 年的事件無法在歐洲被觀測到，但英國天文學家霍羅克斯採用更新的計算，成功預測並記錄了 1639 年 12 月 4 日的金星凌日，利用這個資料估計天文單位約為六千萬英里（九千六百萬公里）。雖然他的計算還是比真正的數值（九千三百萬英里 [一億五千萬公里]）少了 35%，但霍羅克斯很快算出太陽系比以往測量的大兩百五十倍。

庫克船長（James Cook）前往大溪地島觀測 1769 年的金星凌日，他得到更精確的天文單位結果。近代天文學家以及數百萬民眾，也觀測了 2004 年 6 月 8 日和 2012 年 6 月 5 日的兩次金星凌日（一直要到 2117 年才有下一次）。NASA 的火星探險漫遊者號從火星表面觀測火衛一和火衛二的行星凌；系外行星搜尋者使用地面望遠鏡和人造衛星，例如 NASA 克卜勒號任務已經在其他太陽系偵測到行星凌。

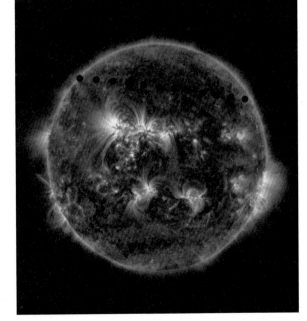

2012 年 6 月 5 至 6 日，來自 NASA 的 SDO 太空船的一系列金星凌照片，行星周圍的昏暗環是來自太陽光通過金星大氣的散射光。

參照條目　馬雅天文學（約西元 1000 年），伽利略的《星際信使》（西元 1610 年），行星運動三定律（西元 1619 年），光速（西元 1676 年），火衛二（西元 1877 年），火衛一（西元 1877 年），第一批系外行星（西元 1992 年），克卜勒號任務（西元 2009 年）

開陽－輔六合星系統

里奇奧利（**Giovanni Riccioli**，西元 1598 年～西元 1671 年）

早期的依巴谷、托勒密和蘇菲星表，標註了許多在天空中看起來非常靠近的亮星。當中最有名的是北斗七星斗柄末端第二顆的一對亮星，命名來自阿拉伯天文學家（中國天文學家分別稱為開陽和輔），通常稱做「馬和騎士」。這兩顆星約相距五十分之一度，作為肉眼視力的測試，你能分辨馬和騎士嗎？

對早期天文學家來說，是無法知道這樣的恆星對是有真正的關連，或只是巧合地靠近而已。直到有了望遠鏡，才可能分辨出真正的多星系統。伽利略似乎發現開陽是一顆雙星，有一顆較暗的伴星（開陽 B），距離只有 14 秒弧（一秒弧是三千六百分之一度），這需要望遠鏡才能發現。但伽利略並沒有公開他的發現，或許因為開陽 A 和 B 沒有視差偏移，這是他所期望能證明的哥白尼日心理論（他和其他人認為，這些恆星比他們真正的位置還要靠近地球）。最終開陽被發現為第一顆雙星，歸功於義大利天文學家里奇奧利，他於 1650 年發表有關開陽 A 和 B 的資料。

然而開陽系統的結果更是有趣，1889 年的天文學家發現開陽 A 是一個分光雙星，它本身是有一個伴星的雙星，只能靠分析合併後的光譜而偵測出來。之後在 1908 年，開陽 B 也被發現是分光雙星，開陽是四顆恆星的雙－雙系統，開陽的肉眼伴星「輔」也在 2009 年被發現是一顆雙星。現今的證據顯示，開陽和輔可能是相互受到萬有引力束縛，這讓開陽－輔系統成為六顆相關連且相互繞行的六合星系統！這對於居住在單星系統的我們來說，似乎太不可思議了，但據估計在星系中的恆星有 60% 是多星系統的成員。

上圖：雙星開陽（較亮）和輔，這個恆星系統在北斗七星斗柄的中間位置。右圖：科幻小說很早就認知在雙星系統中的行星，會有出現雙日落的可能，就像這裡描繪的電影《星際大戰：曙光乍現》的塔圖因星。

參照條目　星等（約西元前 150 年），托勒密的《天文學大成》（約西元前 150 年），目睹仙女座（約西元 964 年），哥白尼的《天體運行論》（西元 1543 年），伽利略的《星際信使》（西元 1610 年）

土衛六

惠更斯 （**Christiaan Huygens**，西元 1629 年～西元 1695 年）

　　1610 年伽利略的《星際信使》（*Starry Messenger*）宣稱發現四顆木星衛星、金星的相以及月球上有山脈和山谷，激起了無與倫比的驚嘆，也在十七世紀的天文學家間煽動了某種「太空競賽」。如果這種發現能由伽利略相對簡易的望遠鏡達成，更大的望遠鏡將可以被期待帶來怎樣的新驚奇呢？很快地，更大型望遠鏡開始進一步地延伸到了天空。

　　土星繞行太陽的距離幾乎是木星距離的兩倍，因此那裡的太陽光比木星上的太陽光少三倍。因此這並不太意外，直到 1655 年的望遠鏡，才足夠靈敏到可以偵測反射自土星衛星的微弱太陽光。這項發現是由荷蘭天文學家惠更斯，使用自己設計的望遠鏡所完成的，惠更斯稱這個新衛星為「土星衛星」。一直到 1847 年它才被命名為泰坦（土衛六），並作為希臘神話故事來命名之後的七顆土星衛星。

　　近代觀測土衛六的探險家號和卡西尼號任務顯示，它是一個奇特且唯一的世界，土衛六是太陽系中第二大的衛星，寬 3,200 英里（5,152 公里），比水星還大。土衛六的密度是每立方公分 1.9 克，這表示它有一個冰和石質的內部。而且它是唯一有厚層大氣的衛星，是氮和甲烷煙霧的稠密混合，遮蔽並造成無法觀看衛星表面。因為土衛六的表面溫度 90K（絕對溫度），表面壓力比地球高 50%，太陽光在氮—甲烷大氣中造成的碳氫化合物，可能以液體的形式存在。的確，卡西尼軌道者的雷達繪圖曾發現，土衛六表面有液態乙烷或丙烷的河流與湖泊。

　　在缺乏氧氣的狀況下，土衛六的環境是不利有機化學的。它是一個天文生物學的熱點，是太陽系中，在生命造成我們大氣富氧之前，研究早期地球可能樣貌的最佳場所。2005 年，第一艘登陸另一個衛星世界的探測器被送往土衛六，這項成功的任務被適切地命名為惠更斯號。

土星盤面雲霧瀰漫的自然色外觀，由 2009 年 NASA 卡西尼土星軌道者所拍攝，在土星後方是冰狀衛星土衛三。

參照條目　第一批天文望遠鏡（西元 1608 年），伽利略的《星際信使》（西元 1610 年），惠更斯號登陸土衛六（西元 2005 年）

土星有環

惠更斯（**Christiaan Huygens**，西元 1629 年～西元 1695 年）
卡西尼（**Giovanni Domenico Cassini**，西元 1625 年～西元 1712 年）
馬克士威（**James Clerk Maxwell**，西元 1831 年～西元 1879 年）

在所有奇觀之中，伽利略是第一位在 1610 年用望遠鏡瞥見土星的人。透過普通的天文望遠鏡，這顆行星看起來是圓形盤面，在兩側有兩個被看成是「耳朵」的亮斑。經過數年，這個特徵的本質在伽利略剩下的歲月當中，都仍舊是未解之謎。

1659 年，荷蘭天文學家惠更斯將他威力更強的望遠鏡指向土星，成為第一位辨識出這個「耳朵」是一個環繞土星盤或「薄平環」的人。1675 年，義裔法國數學家和天文學家卡西尼發現，環當中還有暗空隙（現稱做卡西尼環縫），並暗示這些環實際上是一系列的個別窄環。天文學家和數學家認為這些環是固體盤，直到蘇格蘭物理學家馬克士威猜測，這些環一定是由大量單獨粒子所構成的，因為固體環應該會被萬有引力和向心力給撕扯得四分五裂。

馬克士威的推測被 1980 年代的探險家 1 號和 2 號飛掠（穿越）土星環所證實，再加上卡西尼土星軌道者顯示，這些環是成千個別小環的複雜結構，小環則是由無數個尺寸小至塵埃、大至房子的純水冰「粒子」所組成的，其中夾雜著不純的矽酸鹽塵埃以及可能的簡單有機分子。主環是 174,000 英里（280,000 公里）寬，但令人驚訝的是，比 328 英尺（100 公尺）還要薄的厚度。環當中的「空隙」不是真正的空隙，而是被跟著繞行的小衛星的萬有引力交互作用、而大量耗盡的區域。行星科學家還在爭論土星環的起源和年齡，它們是原生的？還是年輕的、僅在數億年前，來自一顆冰狀衛星的災難性崩解而形成的？

上圖：一幅 1659 年來自惠更斯《土星系統》的土星和土星環手繪。右圖：來自 1996 年（底部）到 2000 年（頂部）哈柏太空望遠鏡的合成土星照片，依照我們看土星環偏斜的角度，從側向到更加傾斜。

參照條目 土星（約西元前四十五億年），第一批天文望遠鏡（西元 1608 年），伽利略的《星際信使》（西元 1610 年），土衛三（西元 1610 年），柯克伍德空隙（西元 1857 年），探險家號遇上土星（西元 1980、1981 年），卡西尼號探索土星（西元 2004 年）

大紅斑

虎克（Robert Hooke，西元 1635 年～西元 1703 年）
卡西尼（Giovanni Domenico Cassini，西元 1625 年～西元 1712 年）

當十七世紀科學家虎克和卡西尼將他們的早期天文望遠鏡指向木星時，他們首先注意到的是一個在行星南半球的圓形紅色汙點。他們很難想像，他們正在追蹤一個類似颶風的巨型風暴系統，比地球大兩倍以上，可連續攪動三百五十多年，或許還更久。

天文學家和行星科學家已經從近代的望遠鏡和太空任務，詳細研究木星的大紅斑。對於大氣科學家來說，大紅斑是一個持續逆時鐘旋轉的大氣渦旋。風暴旋轉的縮時照片顯示，它自轉一圈需要六個地球日（約十四個木星日），沿著風暴地帶邊緣的最高速度約每小時 270 英里（每小時 430 公里），而風暴地帶和木星大氣的其他帶狀地帶相互作用。

大紅斑比周圍的木星大氣冷，因為它的風暴雲比周圍的雲約高 6 英里（10 公里）。如果我們能以某種方式穿過該區域的木星大氣層，我們應該看到類似一個巨大緩慢轉動的雷砧雲在薄霧上升起，強勁的噴流吹向大紅斑的北方和南部，看來似乎提供能量而使得風暴維持在同一緯度上。儘管紅斑大小在過去數十年不知怎麼地減小，卻沒人知道它還將持續肆虐多久。

大紅斑為何是紅色也是個謎。不同的假說表示顏色是由大氣層氣體，或含有硫、磷或有機分子所造成的。其實天文學家觀測，紅斑的顏色在過去數十年有所變化，從紅變成棕、黃，甚至白色。了解大紅斑的起源和顏色，以及木星其他有趣的大氣圖樣顏色，是行星科學研究中的熱門領域。紅斑起源和未來之謎只會加深它多采多姿、螺旋雲狀的梵谷之美。

來自探險家 2 號太空探測器的木星大紅斑照片，依比例相較之，這個風暴系統的寬度可以超過兩顆並列的地球。

 參照條目　木星（約西元前四十五億年），第一批天文望遠鏡（西元 1608 年），伽利略的《星際信使》（西元 1610 年），木星上的先鋒 10 號（西元 1973 年），伽利略號繞行木星（西元 1995 年）

球狀星團

艾赫（**Johann Ihle**，約西元 1627 年～西元 1699 年）

恆星的形成，來自巨大氣體塵埃雲的萬有引力塌縮。天文學家發現，這些雲氣通常大到讓許多恆星可以從單一雲氣或緊密的一群雲氣當中形成，導致多重恆星系統的產生，以及較強的恆星形成特別集中在某個區域，例如螺旋星系臂。一些星際雲，特別是在早期宇宙，看起來似乎質量很大，大到可以讓數十萬顆恆星非常靠近地形成在一起。當這些鄰近恆星間的萬有引力交互作用把它們拉近在一起、而形成一個圓球體時，所有的恆星都繞著同一個萬有引力中心旋轉（並且可能是一個黑洞），這些恆星集合的結果稱做球狀星團（globular clusters）。

第一個球狀星團的觀測報告是在 1665 年，來自德國郵局官員、熱心的業餘天文學家艾赫的望遠鏡。艾赫觀測到一個稠密的恆星星團，是現今梅西耳星表的 M22，或者稱人馬座星團。M22 是肉眼可見的昏暗 5 星等小斑點，艾赫和其他十七世紀的天文學家能夠用他們的天文望遠鏡，顯示這個小斑點是一團無數顆緊密靠近的恆星星光。

至今發現超過一百五十個類似 M22 的緊密亮球狀星團，繞著我們**銀河**的中心旋轉，是不完全球狀恆星暈和星團的一部分，這些星團比星系盤面上發現的典型恆星還要年老。其他星系也有發現球狀星團暈，很明顯地，通常在星系形成過程中，暈的形成是早期的重要階段。球狀星團暈從星系中心向外延伸到很遠的位置，天文學家猜測當一些星系相互擦身而過或和其他星系有交互作用時，萬有引力會讓星團相互交換。

球狀星團內的恆星會比在「一般」空間的恆星，更常與鄰近恆星有交互作用，也因此天文學家並不相信球狀星團是找尋穩定且適居行星的理想場所。無論如何，有關這些古老恆星群的許多部份仍屬未知。

球狀星團 NGC 6093 或 M80 的哈柏太空望遠鏡照片。這個星團離我們約 28,000 光年，內含數十萬顆恆星，都受到之間的萬有引力吸引而束縛在一起。

參照
條目　第一顆恆星（約西元前一百三十五億年），銀河（約西元前一百三十三億年），太陽星雲（約西元前五十億年），星等（約西元前 150 年）

土衛八

卡西尼（**Giovanni Domenico Cassini**，西元 1625 年～西元 1712 年）

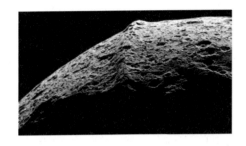

木星衛星與土星衛星在 1610 年及 1655 年相繼被發現後，引發了十七世紀末天文學家尋找衛星的熱潮。太陽系的第六顆新衛星，由多產的義裔法國數學家、天文學家卡西尼在 1671 年發現。奇怪的是，卡西尼只有當這顆新衛星在土星的西側時才能觀測到。直到 1705 年，卡西尼終於在土星的另一側發現它，而當時它比平時暗了六倍。

這顆衛星（土衛八）在 1847 年依神話的希臘泰坦族人「伊亞佩特斯」（Iapetus）而命名。卡西尼與其他人猜測土衛八類似我們的月球，由於同一個面朝向它的母行星而被潮汐鎖定。因此，土衛八的半面總是朝向運動的方向（暗的前導側），另一半面總是面向後頭（亮的尾隨側）。

土衛八的奇異雙色表面，被 1980 年代探險家號任務的近距離接觸而確認。它測量出這個衛星的直徑約 930 英里（1,500 公里），密度約每立方公分 1.1 克（冰的密度是每立方公分 1 克）。更仔細的研究和卡西尼號軌道者任務的近距離飛掠顯示，土衛八有一個古老、且受嚴重撞擊的表面，以及一個赤道脊，這使得衛星看起來像一顆胡桃形狀。

卡西尼號軌道者的觀測，協助解決了木衛八的雙色表面之謎。因為前導半球比較暗，比尾隨半球溫暖些。冰從固體蒸發成氣體，留下一個原本在冰裡頭的較暗矽酸鹽或有機汙染物質的絕熱層或殘留物；冰蒸氣則在溫度較低的尾隨半球上，重新凝結成較乾淨、較亮的冰。但仍有未解之謎，像是一開始前導側較暗的原因。作為土星昏暗外環來源的鄰近衛星——土衛九，可能是上述之謎的兇手：土衛八的前導側，可能是在早期進入土衛九的環塵埃時被染黑的。

上圖：一個高 12.4 英里（20 公里）的山脊，原因不明地環繞木衛八大部分的赤道區域。右圖：在木衛八北極區的一張天然色照片，是較亮物質和較暗物質的交接區域，由 NASA 卡西尼號軌道者太空船在 2004 年 12 月所拍攝的。

參照條目　木衛一（西元 1610 年），木衛二（西元 1610 年），木衛三（西元 1610 年），木衛四（西元 1610 年），土衛六（西元 1655 年），木衛九（西元 1899 年）

土衛五

卡西尼（**Giovanni Domenico Cassini**，西元 1625 年～西元 1712 年）

義大利天文學家卡西尼早期是波隆那大學的教授，1671 年搬到法國後成為國王路易十四統治下的巴黎天文台台長。卡西尼在法國的學術生涯非常成功，包括發現土衛八，是十五年來首次發現太陽系的新衛星。這位法國新公民繼續努力，在 1672 年發現土星的另一顆新衛星，根據希臘神話中眾神的母親，命名為「瑞亞」（Rhea，土衛五）。

土衛五繞行土星，比土衛六近 50%。它的發現位置靠近土星盤的耀眼強光，卡西尼作為一位十七世紀末的觀測者，以及他在望遠鏡和光學技術上的改良，此即其非凡本領的明證。但是對於土衛五，除了它的軌道週期（四天半）和其他基本的軌道特徵外，我們所知甚少。一直要到 1970 年代，發明一種裝配在望遠鏡上的光譜學方法後，進而詳盡觀測土衛五的表面，和多數土星其他衛星的反射太陽光和熱輻射，天文學家才能確認這些天體主要是由水冰所構成的。

這並不太意外，探險家 1 和 2 號在 1980 年和 1982 年飛掠過土星系統，顯示土衛五有一個非常亮的表面，反射率超過 50%，和冰狀成分一致。最近，有更多來自卡西尼號土星軌道者關於土衛五的光譜學研究，確認了土衛五的冰狀本質。

土衛五的古老表面完全布滿了圓形撞擊坑和盆地，這是在太陽系的四十五億年歷史中，高速小行星、彗星，或其他小衛星撞擊土衛五所致。在土衛五上的一些新撞擊存有一些證據，包括有亮輻射狀線條的全新撞擊坑，一些撞擊坑可能來自塵埃大小到卵石大小的赤道殘骸量，這些偵測存於卡西尼任務的資料中。如果進一步的資料和分析能夠確認，土衛五可能是太陽系中，唯一擁有自己環系統的衛星。

上圖：來自 2005 年 11 月，卡西尼號軌道者的土衛五照片。右圖：NASA 卡西尼號土星軌道者號所拍攝的驚人照片，在 2010 年 3 月以土星環為背景的土衛五。

參照條目 土衛八（西元 1671 年），探險家號遇上土星（西元 1980、1981 年）

光速

羅默（Ole Christensen Røemer，西元 1644 年～西元 1710 年）
惠更斯（Christiaan Huygens，西元 1629 年～西元 1695 年）

在歷史中，光的本質一直受到爭議。希臘哲學家亞里斯多德、歐幾里得和托勒密相信，光從眼睛射出。因為我們一張開眼，就立刻看到遠方的物體，例如恆星。他們相信光必須以無限快的速度行進。十一世紀的科學家，例如穆斯林物理學家海什木和波斯學者比魯尼，根據一些早期的光學實驗，提議光的速度是有限的。這個爭論持續到十七世紀，像是克卜勒偏愛無限速度，而伽利略則偏愛有限速度，我們所需要的是關鍵性的測量。

第一個光速的估算，是由丹麥天文學家羅默完成的。他擴展了伽利略的原始構想，利用木星的衛星當作天文鐘，不是用來測量經度，而是用來測量光的時間。羅默觀測木衛一數百次的食，仔細為它從木星陰影內消失或重現定時，他注意到預測食的時間和觀測時間有系統性的變化：當地球接近木星時，發生的時間約早了 11 分鐘；而當地球遠離時，則是晚了 11 分鐘。

羅默推論，這個時間差是因為光的有限速度。他在荷蘭同事惠更斯的協助下，根據羅默對於食的觀測資料，估算光速約是每秒 137,000 英里（220,000 公里）。後來決定光速的真正數值，是根據十八世紀英國天文學家布拉德雷（James Bradley）所做更可靠的恆星像差測量，以及十九世紀邁克生—莫立（Michelson-Morely）的實驗。儘管這些數值比羅默的大了 35%，但羅默的洞察力以及常年的悉心觀測，使之成為光速可靠估計的第一人。

上圖：部分的羅默觀測日誌，記錄土衛一食的時間，可用來估計光速。右圖：2004 年 3 月的哈柏太空望遠鏡假色紅外線照片，顯示木衛一（中心）和木衛三（右）正在凌木星盤面。左邊是木衛三和木衛一的影子，木衛四（本身不在這張照片中）的影子在右上方。

參照條目 伽利略的《星際信使》（西元 1610 年），以太的末日（西元 1887 年）

哈雷彗星

哈雷（**Edmond Halley**，西元 1656 年～西元 1742 年）

　　彗星是偶發的，通常是太陽系如鐘錶般規律運行中戲劇化的闖入者。早期**中國天文學家**記錄它們是有著長尾巴的「掃帚星」，牛頓推測起碼有一些彗星是繞著太陽運轉的，儘管他沒有繼續驗證這個想法。

　　但這個想法很快地被牛頓的朋友、同事哈雷所採納，他是一位英國天文學家、地球物理學家及數學家。

　　哈雷觀測到一顆出現在 1682 年的亮彗星，之後透過歷史紀錄以及**牛頓定律**計算這顆彗星的軌道。他提出它和 1531 年以及 1607 年看到的是同一顆彗星，其間隔約 76 年，使得他預測這顆彗星應該在 1758 年返回。它的確回來了，儘管哈雷沒活著看它返回。天文學家為了彰顯他的成就，將這顆彗星命名為「哈雷彗星」（以下簡稱「哈雷」）。

　　在 1835 年和 1910 年的返回期間，有更多的近代望遠鏡和照片來研究這顆彗星。1986 年，前蘇聯的織女星號和歐洲的喬托號探測器曾接近哈雷的彗核，顯示它非常地小（約 9×5×5 英里 [15×8×8 公里]），花生米外形，多孔且凹凸不平（密度約每立方公分 0.6 克），並且黑得像是塊煤炭。明亮的冰噴流是由水、一氧化碳和二氧化碳所構成的，昇華自表面和內部，釋放出塵埃和有機分子，產生一條長長的尾巴。

　　哈雷是被發現的第一顆週期彗星。現今已知有近乎五百顆「短週期」彗星（少於兩百年）。大多數來自海王星外的**古柏帶**，但有一些彗星（包括哈雷在內）起初可能是來自遠方**歐特雲**的長週期彗星。天文學家發現，超過二十顆亮彗星被紀錄在西元前 240 年到西元 1682 年間，其實這些全是哈雷彗星之前的幻影。它下次到訪的時間，將是 2061 年的夏季。

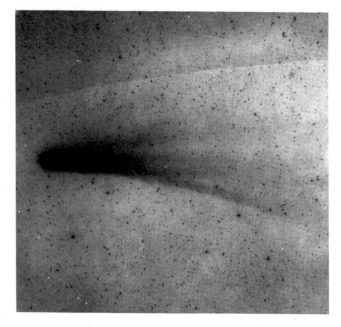

上圖：1986 年 3 月 13 日，歐洲太空組織的喬托號太空船拍攝的哈雷彗星彗核，從彗星周圍的髮氣體塵埃內部拍攝。右圖：1986 年 3 月 5 日毛那基天文台拍攝的哈雷彗星負片，這是在它最近一次週期中最靠近太陽的時候。

參照條目 中國人觀測「客星」（西元 185 年），牛頓的萬有引力和運動定律（西元 1687 年），奧匹克－歐特雲（西元 1932 年），古柏帶天體（西元 1992 年），海爾帕普大彗星（西元 1997 年）

土衛三

卡西尼（**Giovanni Domenico Cassini**，西元 1625 年～西元 1712 年）

　　義裔法國天文學家卡西尼在 1671 和 1672 年陸續發現土衛八和**土衛五**後，繼續使用巴黎天文台更複雜的望遠鏡搜尋更暗的衛星。1684 年，他用 100 英尺（30 公尺）長、沒有圓筒的高聳望遠鏡發現了土星的第四顆衛星。

　　這第四顆新衛星，最後依希臘泰坦族人和女海神忒堤斯（Tethys，土衛三）來命名。卡西尼發現，這顆衛星以近乎完美的圓形軌道靠近土星的赤道面（就像其他主要的衛星一樣，除了土衛八，它的軌道約有 15 度的傾斜），繞土星一圈略少於兩天。

　　1980 年與 1981 年探險家號飛掠土星系統的土衛三影像，顯示其直徑約為 670 英里（1,080 公里），是月球的 30%，有相當高的反射率和嚴重受撞擊的表面。高反射率與每立方公分 0.97 克的密度，和土衛三主要由水冰構成的想法相符。卡西尼號土星軌道者更進一步的仔細研究，確認了其表面的冰狀本質。

　　探險家號和卡西尼號的影像顯示，土衛三引人注目的冰狀地貌，包括被稱做奧德賽的龐大撞擊盆地（寬 250 英里 [400 公里]）以及巨大的伊薩卡峽谷（寬 62 英里 [100 公里]，深 1.8～3 英里 [3～5 公里]），其延伸長度約是繞土衛三一圈的 75%。伊薩卡峽谷本身受到嚴重撞擊且年代久遠，可能是在較暖的早期（就像木衛二和木衛三，受到潮汐加熱，過去可能是有海洋的衛星）、土衛三地殼歷經緩慢冷卻、膨脹和裂開的時候所形成的。

　　說來奇怪，天文學家在 1980 年代使用地面望遠鏡發現，土衛三是兩顆更小衛星（土衛十三和土衛十四）的「母星」。它們共享一個相同的軌道，就像木星的特洛伊群小行星，分別位於土衛三前後 60 度的拉格朗日點上。

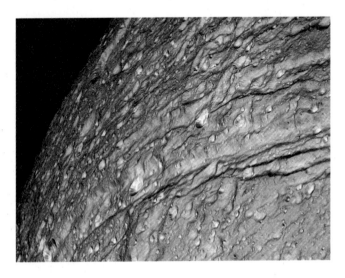

上圖：2009 年卡西尼號透過紅外線、綠光和紫外線濾光鏡捕捉到土衛三的彩色合成照。
右圖：NASA 卡西尼號軌道者太空船在 2005 年 9 月拍攝的土衛三，顯示在被稱做伊薩卡峽谷的冰狀地殼，有一個深 1.8～3 英里（3～5 公里）的巨大裂口。

參照條目 木衛二（西元 1610 年），木衛三（西元 1610 年），土衛八（西元 1671 年），土衛五（西元 1672 年），土衛四（西元 1684 年），拉格朗日點（西元 1772 年），木星的特洛伊群小行星（西元 1906 年），探險家號遇上土星（西元 1980、1981 年）

土衛四

卡西尼（**Giovanni Domenico Cassini**，西元 1625 年～西元 1712 年）
威廉・赫歇爾（**William Herschel**，西元 1738 年～西元 1822 年）
約翰・赫歇爾（**John Herschel**，西元 1792 年～西元 1871 年）

天文學家卡西尼使用當時全世界最好的望遠鏡，陸續發現土星的土衛八、土衛五，和土衛三。他在 1684 年使用巴黎天文台的高聳望遠鏡，找到他所發現四顆土星衛星的最後一顆（高聳望遠鏡有 136 英尺 [41 公尺] 長，約是當時所能設計出來最長的望遠鏡）。

卡西尼把他發現的四顆衛星命名為「路易之星」（Sidera Lodoicea），藉此榮耀他的捐助者及天文台的資助者法國國王路易十四。但卡西尼所提議的名字並不為其他天文學家所採用，反而採用 1847 年的新方案，這是由英國天文學家約翰・赫歇爾依照希臘泰坦族人的方式，命名土星當時已知的七顆衛星。當中包括他父親威廉・赫歇爾發現的兩顆，因此卡西尼的第四顆新衛星被命名為「狄俄涅」（Dione，土衛四），祂是阿芙羅黛蒂的母親。

探險家號和卡西尼號太空任務的近代探索顯示，土衛四是一個冰雪覆蓋的世界，直徑約 695 英里（1,120 公里），和土衛三的大小相當。土衛四的表面古老且被嚴重撞擊，但一些區域的撞擊坑比其他地區少。這表示土衛四有些部分可能在早期歷史中被重新鋪蓋表面，或許是噴發自溫暖內部的液態水火山，將較年輕的冰岩漿沉積在較老的表面上。土衛四的密度比多數土星衛星還要高（約每立方公分 1.5 克），這意味著它內部有較多的岩石，來自這些岩石物質的放射性加熱可以提供熱源，將內部的水融化，驅使早期水冰的火山作用。

在土衛四尾隨側（軌道運動方向的另一側）的探險家號照片中，可以看到纖細亮條紋被顯示在卡西尼號的影像中，是由一些不明的構造過程所形成的數百公尺高的冰狀峭壁。

上圖：在這張 2006 年 7 月卡西尼號照片中，亮冰狀峭壁在土衛四尾隨半球上產生條紋。右圖：2005 年 10 月在 NASA 卡西尼號土星軌道者的照片上，冰狀土衛四似乎漂浮在土星非常薄的環上，在背景的土星上可見土星環的影子。

| 參照條目 | 土衛八（西元 1671 年），土衛五（西元 1672 年），土衛三（西元 1684 年），土衛一（西元 1789 年），土衛二（西元 1789 年） |

黃道光

卡西尼 （**Giovanni Domenico Cassini**，西元 1625 年～西元 1712 年）
尼古拉‧法蒂‧丟勒 （**Nicolas Fatio de Duillier**，西元 1664 年～西元 1753 年）

　　經驗豐富的業餘星空觀察者都知道，觀看完整華麗夜空的最佳方式，就是在一個清晰沒有月亮的夜晚，走到一個遠離城市燈火、孤立黑暗的觀察場所。即便如此，天空也不是完全黑暗的，除了數以千計的可見恆星，以及**銀河**的瀰散光輝外，通常還可以看到另一種昏暗的光輝，特別是在太陽下山後的西邊，或太陽升起前的東邊。這道光輝稱做黃道光（zodiacal light），因為它看起來像是一道白色的帶子，或者來自地平面、遠離太陽的昏暗螺線，大致上是沿著一條跟著黃道星座路徑的線條。這條線也被稱做黃道，也就是太陽的赤道面，太陽系內大多數行星的軌道面。

　　伊斯蘭天文學家把黃道光視為「偽黎明」，並了解它的行為以及對真正決定日升或日落的影響，這是決定每日祈禱時刻的重要依據。許多文藝復興期間的天文學家，包括在 1683 年觀測到這道發亮條紋的卡西尼，都相信它只是太陽大氣層的延伸。為什麼它只沿著太陽赤道面發光，至今仍是個謎。

　　瑞士數學家丟勒是第一位提出解釋、並被證明是正確的人，他曾在巴黎天文台為卡西尼工作，並提出這個光輝是粒子反射太陽光所造成的。近代光譜學和太空偵測證實了丟勒的假說，顯示黃道光是太陽光反射行星際塵埃粒的結果，塵埃粒的測量尺寸從數百分之一到數百微米（人的頭髮寬度約 100 微米）。由於吸收太陽光，這些顆粒緩慢地螺旋進入太陽（這個效應稱做坡印廷─羅伯遜阻力，由二十世紀初的物理學家發現），它們一定會有持續的來源來補充。天文學家相信，這些塵埃來自彗星與小行星之間的偶而碰撞（大部分是在或接近赤道面上的小行星），為宇宙塵埃提供了源源不絕的來源。

2009 年 9 月，從智利帕瑞納看到黃道光的白色光輝照片，這是靠近歐洲南天天文台的甚大望遠鏡（VLT）的所在地。

 參照條目 銀河（約西元前一百三十三億年），主小行星帶（約西元前四十五億年），哈雷彗星（西元 1682 年）

潮汐的起源

牛頓（Isaac Newton，西元 1643 年～西元 1727 年）

在人類歷史中，沿岸族群和航海文明會注意到一天兩次的海水漲落（即潮汐）。巴比倫和希臘天文學家知道潮水高度和月球的軌道位置有關，並且認為它們是透過類似的超自然作用力掌管行星的運動。早期阿拉伯天文學家認為，潮汐是受到海水溫度改變的影響。但尋求支持日心說的伽利略卻提出，潮汐是在地球繞日期間來自海洋的擾動。

第一位提出潮汐起源正確解釋的，是英國數學家、物理學家及天文學家牛頓，他將潮汐與地球、月球和太陽作連結。在其他事情上，牛頓正在研究解釋克卜勒行星運動定律的廣義理論，並在 1686 年發展出萬有引力理論和運動定律的基本輪廓。牛頓假設月球和太陽都對地球施以強萬有引力（反之亦然），他的突破性發現是，作用於地球薄流體海洋「殼」的萬有引力（並非地球的自轉或軌道運行），幾乎完全是潮汐的主要原因。而這已經被證實，並經由太空時代的觀測所強化。

月球的萬有引力吸力將深水海潮提高約 20 英寸（50 公分），太陽的潮汐效應約只有它的一半。

潮汐高度在淺水區可以上升十倍以上，在任何特定海岸位置的潮汐是太陽與月球位置的函數，也是局部海底深度與海岸線形狀的函數。地球和月球突起的固體部分也與萬有引力潮汐吸引有關，振幅通常是海潮的一半。在地月系統中，固體和液體變形所消散的能量稱做潮汐摩擦，結果會造成地球自轉逐步減慢，每一世紀約數毫秒。而且月球將以每一世紀約 13 英尺（4 公尺）的距離，緩慢遠離地球。

月球、地球和太陽都受到萬有引力作用而相互關連，這樣的連結被牛頓爵士所發現。每一個對其他星體施以的強萬有引力吸引力者，都和它們的質量成正比，它們之間的距離平方成反比，地球海洋的流體本質允許這些作用力以潮汐的方式表現出來。

參照條目 行星運動三定律（西元 1619 年），牛頓萬有引力和運動定律（西元 1687 年）

西元 1687 年

牛頓萬有引力和運動定律

牛頓（Isaac Newton，西元 1643 年～西元 1727 年）

阿里斯塔克斯所開啟、提議將地球從宇宙中心位置移出的科學革命，藉由一些科學反骨者持續進行了兩千年，例如阿里亞哈塔、比魯尼、尼拉坎塔、哥白尼、第谷、克卜勒和伽利略等人。這場科學革命在英國牛頓的研究上達到了最高點。牛頓是數學家、物理學家、天文學家、哲學家和神學家，被廣泛視為全人類史上最具影響力的科學家之一。

牛頓同時是實驗家也是理論學家，他在這兩個領域都出類拔萃。他在光學上發展新的概念和工具，包括第一個使用鏡片取代透鏡的天文望遠鏡，這項設計用了他的名字（牛頓式望遠鏡）；在理論的領域，使用之後近代物理的基本原理，以及自己獨力發明的新數學領域——微積分；牛頓發現克卜勒的**行星運動定律**是一種作用力的自然結果，這個作用力存在於任兩個質量之間，隨著之間的距離平方遞減（也就是 $1/r^2$ 行為）。他稱這個作用力為 gravitas（拉丁語是「重量」的意思），我們現在稱它為重力（萬有引力），並且這個 $1/r^2$ 行為就是牛頓的萬有引力定律。

牛頓在這個基礎上建構並推導出他的三個著名運動定律：（1）物體靜止或運動，除非有外力作用，仍保持原有的靜止或運動；（2）質量為 m 的物體受到作用力（F），會根據 F = ma，以一個速率加速（a）；（3）物體之間的作用力和反作用力是大小相等並且方向相反。牛頓在 1687 年的《自然哲學的數學原理》一書中發表這些劃時代理論，現在被簡稱為《原理》（*principia*）。牛頓的萬有引力和運動定律摧毀了任何殘餘的地心說，超過兩百多年來，成為行星軌道最可靠的解答，直到愛因斯坦表示，它們只是一個更大理論（廣義相對論）的分支為止。一個最常被引用的科學謙卑範例，就是牛頓曾寫道，「如果我能看的更遠，那是因為我站在許多巨人的肩膀上」，的確是如此。

上圖：牛頓的反射望遠鏡複製品，1672 年製作。右圖：1856 年的牛頓古老版畫。

參照條目　太陽為中心的宇宙（約西元前 280 年），《阿里亞哈塔曆書》（約西元 500 年），早期阿拉伯天文學（約西元 825 年），早期的微積分（約西元 1500 年），哥白尼的《天體運行論》（西元 1543 年），第谷的「新星」（西元 1572 年），第一批天文望遠鏡（西元 1608 年），伽利略的《星際信使》（西元 1610 年），行星運動三定律（西元 1619 年），愛因斯坦「奇蹟年」（西元 1905 年）

恆星的自行

哈雷（**Edmond Halley**，西元 1656 年～西元 1742 年）

英國天文學家哈雷因為發現**哈雷彗星**的週期返回，而成了最有名的人。但他也研究其他方面的天文學，包括比較恆星相對於早期天文學家記錄的位置，這是為了找到最靠近太陽的恆星，並決定它們的絕對距離。

對大多數天文學史而言，恆星都被假設是水晶體或固體天球的固定居民，球體繞著地球轉，或看起來是旋轉，如同在下方的地球自轉。偶而出現的超新星或彗星（客星），會使我們對固定天球的概念存疑，但不會去反駁它。

哈雷仔細比較 1718 年的亮星和西元前二世紀依巴谷記錄的位置，提出了這樣的證明，在一千八百五十年間，三顆亮星（天狼星、大角和畢宿五）相對於背景星有顯著的移動。哈雷計算他所稱的「自行」，也就是屬於恆星本身的，而不是視差所形成的感知運動，最大自行的恆星相當接近於太陽。確實，上述的三顆恆星僅約 9、37 和 65 光年遠。像是比鄰星（4.3 光年）和巴納德星（6 光年，於 1916 年美國天文學家巴納德發現），接近太陽的恆星會有更大的自行運動（巴納德星已知最大的自行，每年移動超過 10 秒弧 [0.003°]）。

哈雷和其他恆星的天文測量學先驅（位置的測量）幫助我們了解，夜晚看到頭頂的恆星球只是一種投影，一種實際無法想像的廣延三維空間的投影。所有的物體都相對於其他物體運動，就像哈柏在二十世紀所發現的一樣，整個空間實際上是隨著時間增大，宇宙是動態的，如果我們有足夠耐性觀察的話。

September 16, 1999
March 30, 1999
October 6, 1996

Neutron Star RX J185635-3754
Hubble Space Telescope • WFPC2

鄰近（200 光年遠）中子星自行運動的影像，這是由哈柏太空望遠鏡從 1996 年到 1999 年所拍攝的。

參照條目 星等（約西元前 150 年），托勒密的《天文學大成》（約西元 150 年），哈雷彗星（西元 1682 年），哈柏定律（西元 1929 年）

天文導航

第谷（**Tycho Brahe**，西元 1546 年～西元 1601 年）
牛頓（**Isaac Newton**，西元 1643 年～西元 1727 年）
博得（**John Bird**，西元 1709 年～西元 1776 年）

在第一批**天文望遠鏡**發明以前，從古代到中世紀的天文學家只能使用以肉眼觀測的儀器，例如渾儀、天球儀和星盤，來建立天體的地平緯度和方位角（天文學家分別稱做赤經和赤緯），以及天體在天空間的相對距離。對於高解析測量的渴望，意味著像是星盤這類的圓形儀器應該要被建造得非常大且笨重。於是天文學家和儀器製造者開始使用僅有半圓的片段，不僅可維持精確度，又可以減少儀器的尺寸。

四分之一圓（四分儀）的測量儀器，開始出現在十六世紀中。第谷發明了可置放在坐臺或外框橫跨六分之一圓的六分儀，這些儀器即使在望遠鏡發明和量產後，也仍持續提供卓越的測量位置精準度。而八分之一圓的八分儀，則出現在十八世紀。

有外框的四分儀、六分儀和八分儀是放置在地上的精密儀器，但若把它們放在需要更高準度的海上，就不夠實用了。在可移動的平台上，小型、靈活和操作簡易是必要的。牛頓曾提出，使用兩片鏡子（就像他的反射望遠鏡的設計）來修改四分儀；英國儀器製造者博得，在 1757 年結合牛頓的雙鏡片設計，建造了一個六分儀的可攜帶版本。基本上，許多近代六分儀都模仿了這個十八世紀的設計，還加上高功率光學元件以及複合材料。

令人振奮的是，即使在我們電腦化以及全球定位系統的時代，今日許多水手仍被要求了解，如何使用六分儀來處理基本的天文導航。

上圖：1890 年，美國海洋與地理調查所使用的可攜式六分儀，這是根據博得原始六分儀所設計的。右圖：1673 年，波蘭天文學家赫維留斯（Johannes Hevelius）和他太太伊莉莎白正在使用天文六分儀。

參照條目　中國天文學（約西元前 2100 年），西方占星學（約西元前 400 年），大型中世紀天文台（西元 1260 年），第谷的「新星」（西元 1572 年），第一批天文望遠鏡（西元 1608 年）

行星狀星雲

梅西耳（**Charles Messier**，西元 1730 年～西元 1817 年）
威廉‧赫歇爾（**William Herschel**，西元 1738 年～西元 1822 年）

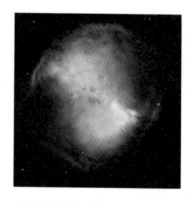

十七世紀望遠鏡的發明，以及十八世紀在望遠鏡尺寸和偵測昏暗天體能力的顯著改進，使得在啟蒙時代的天文學家有了驚人的新發現。不只是昏暗的恆星、就連全新的天體種類都變得清晰可見。最大的類別包括模糊不清的廣延光斑塊，類似恆星間固定不動的昏暗雲氣，天文學家稱做星雲（nebulae，單數是 nebula），拉丁語是「雲」的意思。

古代和中世紀天文學家曾記錄一些亮星雲，例如**獵戶星雲**和一個位在**仙女座**的星雲。仙女座星雲後來被二十世紀天文學家認定為一個獨立的星系。哈雷曾在 1715 年出版一個星雲列表，然而十八世紀星雲觀測的繼承者是法國天文學家梅西耳，他更發展出一套超過一百個星雲的明確列表。

梅西耳曾在 1764 年注意到一種星雲，以編號 M27 天體為代表。這種擁有圓形、模糊不清外觀的 M27 和類似的天體，在望遠鏡時代看起來像是巨大的行星，使得英國天文學家赫歇爾將它們稱做「行星狀星雲」（planetary nebulae）。

不幸的是，這樣的名稱選擇被固定了，近代光譜學觀測卻顯示這些天體與行星毫不相干。反倒是這些行星狀星雲顯示出龐大、膨脹發光的熱氣體殼，從瀕臨恆星生命晚年的紅巨星噴發出來。典型的行星狀星雲寬度可以超過一光年，它們的白熱光發射自游離的碳、氧、氮，和其他比氫、氦更重的元素，這些物質產生自恆星塌縮的過程。就其本身而論，行星狀星雲是宇宙循環計畫的一部分，將氫和氦轉成較重元素，最終形成生命。

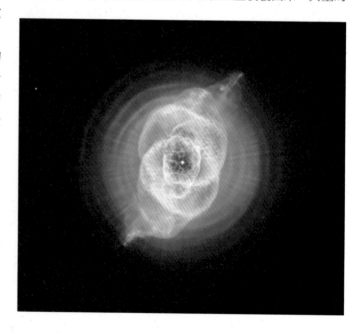

上圖：啞鈴星雲（梅西耳的 M27），1998 年來自智利歐洲南方天文台的照片。右圖：1994 年來自哈柏太空望遠鏡的貓眼星雲（NGC 6543）照片，這是正在死亡的恆星擺脫其外層時、產生多層行星狀星雲的絕佳範例。

參照條目 中國人觀測「客星」（西元 185 年），目睹仙女座（約西元 964 年），看到「白晝星」（西元 1054 年），米拉變星（西元 1596 年），發現獵戶座星雲（西元 1610 年），梅西耳星表（西元 1771 年），太陽的末日（～五十至七十億年後）

梅西耳星表

梅西耳（**Charles Mesier**，西元 1730 年～西元 1817 年）
梅尚（**Pierre Mechain**，西元 1744 年～西元 1804 年）

　　法國人梅西耳，在小時候親眼目睹了令人興奮的天文事件，例如 1744 年的大彗星和 1748 年的日食，因而對天文產生終生的興趣。他的觀測熱情使得他在巴黎獲得一份工作，也就是法國海軍官方天文學家的倉庫職員，這是一份可以使用位於克呂尼酒店屋頂的天文台的工作。

　　梅西耳有足夠的時間觀測，並且在一個巴黎前工業革命的良好觀測地點，該地點的夜空非常黑暗。他早期對搜尋彗星充滿熱情，他是首先確認哈雷彗星會在 1758 ～ 1759 年間回歸的天文學家之一。在搜尋期間他又發現另一顆彗星，和一個位於金牛座類似彗星的光點。但不像真正的彗星，這個光點相對於恆星是沒有移動的，他對這個光點做了註記。

　　在他搜尋彗星長達十年的時間裡，他持續碰到一個又一個模糊的雲狀星雲，他以字母 M 為首為其編號，後頭則接上一組數字。有些星雲（像是在 1665 年發現的 M22）他可以勉強辨識出一個由許多恆星緊密聚集的圓形星團（後來稱做球狀星團）；其他像是有一個長條外形的 M31，之前曾被認為是在**仙女座**的大星雲。多數是由梅西耳第一位親自發現和描述的天體。到了 1771 年，他的收集已經累積到 45 個天體，他在法國科學院的期刊上發表了他的「星團和星雲表」。到了 1781 年，他和他的同事梅尚（Pierre Méchain，未來的巴黎天文台台長）累積更多，最後他們的星表包含了 103 個天體。

　　1781 年之後，二十世紀的天文學家比當年的梅西耳和梅尚又多發現七個天體，使得近代梅西耳天體的數量達到 110 個，這些天體現今被辨識為**星團、行星狀星雲、分子雲和星系**。一些業餘天文學家和天文俱樂部，在春季的「梅西耳馬拉松」活動中，嘗試觀測全部 110 個天體，這樣的活動或可激發兒童對天文的熱情也說不定！

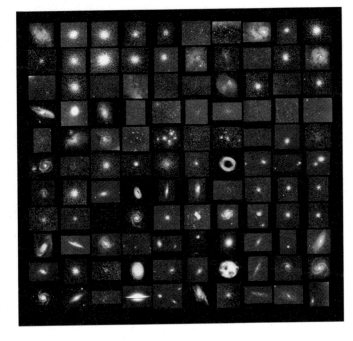

全部 110 個梅西耳天體的編纂表，收集自學生為太空探索與發展而拍攝的照片，以及位在默東巴黎天文台的觀測成果。

參照條目 目睹仙女座（約西元 964 年），球狀星團（西元 1665 年），行星狀星雲（西元 1764 年）

拉格朗日點

牛頓（Isaac Newton，西元 1643 年～西元 1723 年）
拉格朗日（Joseph-Louis Lagrange，西元 1736 年～西元 1813 年）
拉普拉斯（Pierre-Simon Laplace，西元 1749 年～西元 1827 年）

　　根據牛頓在 1687 年出版的《原理》（*Principia*），他將克卜勒的行星運動定律擴展成萬有引力和運動定律，因此建立了可靠的架構，使得天文學家、物理學家和數學家可以在這個架構下開始了解，行星、衛星和彗星是如何在天空中運動，並且它們為什麼這樣運動等複雜細節。牛頓定律當中最富挑戰性的應用是所謂的三體問題，牛頓的公式可以很容易被應用來理解主宰兩個物體運動的萬有引力效應，例如地球和月球，或太陽和地球，但當理論學家引進第三個物體的萬有引力效應時，計算就變得非常棘手。

　　首先成功解決三體問題的一個特例，是法國數學家拉格朗日。他在 1772 年預測任何一個三體系統中，當中兩個物體質量較大、第三個質量較小時，會存有五個特殊的位置，物體之間的萬有引力會在此達到平衡，這些位置現在被稱為「拉格朗日點」（Lagrange points）。拉格朗日的預測被二十世紀特洛伊小行星的發現所證實，這些小行星被「困在」日木系統的 L4 和 L5 拉格朗日點上。

　　法國數學家拉普拉斯在 1799 年創造了「天體力學」（celestial mechanics）這個名詞，用來描述研究複雜太陽系運動的物理和數學。三體問題的拉格朗日解變得相對簡單，因為它假設一個小物體受到其他兩個質量較大物體的交互作用，其中一個是以圓形軌道繞著另一個轉。天體力學延伸了拉格朗日的發現，最終著手應付更普遍三體問題。確實，二十一世紀的研究人員，通常使用高速電腦來解決更複雜的多體問題，這是一種大量單一物體（行星、衛星、和小行星；環的粒子；甚至是宇宙塵埃顆粒）的牛頓運動，透過電腦追蹤以便了解、解釋和預測，我們太陽系內的複雜運動情形。

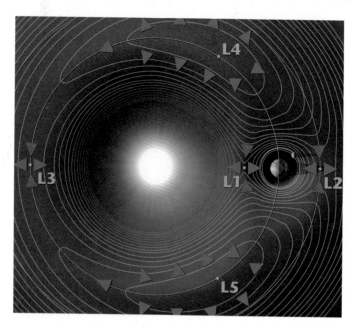

在太陽－地球－月球系統中的萬有引力等位線圖（白線），以及五個特殊的拉格朗日點（從 L1 到 L5），這個位置的作用力是平衡的。這張影像並沒有按照比例（L2 約離地球僅 932,000 英里 [150 萬公里]，太陽是在另一個方向的 100 倍距離）。

參照
條目　　木衛三（西元 1610 年），行星運動三定律（西元 1619 年），牛頓萬有引力和運動定律（西元 1687 年），木星的特洛伊小行星（西元 1906 年）

西元 1781 年

天王星的發現

威廉・赫歇爾 （**William Herschel**，西元 1738 年～西元 1822 年）

綜觀整個人類歷史中，沒有人在 1781 年以前發現行星。除了地球之外、肉眼可見的五顆行星，是從史前時代就已經知道的。隨著**天文望遠鏡**的發明，伽利略、惠更斯和卡西尼都發現了新的衛星，卻沒有發現新的行星。

第一位發現全新行星者，其榮耀歸於英國音樂家、天文學家赫歇爾。赫歇爾的音樂技巧讓他對天文和光學產生興趣，並在結交了英國皇家天文學家馬斯基林後，開始製造他自己的望遠鏡。

1781 年 3 月，赫歇爾觀測到一顆 6 等星的廣延（不像恆星）天體，他的第一個反應是「他發現了一顆彗星」。他追蹤、報告它的位置，使得其他天文學家能夠在 1783 年確認，它的確是一顆在超過土星的 19 天文單位位置繞行太陽的行星。赫歇爾並非第一位看到這顆行星的人，但卻是第一位辨識出它真是一顆行星的人。他依國王喬治三氏之名為這顆行星命名為「喬治之星」，但如同之前的天體名字，由贊助人的名字來賦予都無法成定案。後來天文學家依天空中的希臘之神，將之命名為「天王星」（Uranus）。

近代望遠鏡的觀測和 1986 年**探險家 2 號**太空偵測器的飛掠顯示，**天王星**是一個冰狀的巨行星（密度為每立方公分 1.3 克），是地球尺寸的 4 倍以及質量的 15 倍。大氣層遠比木星和土星不活躍，但氫和氦還是相當的多。它的藍綠色澤是因為甲烷、以及覆蓋上如地球大小的冰狀岩石核心。天王星偏斜一側，因此似乎是在打滾，而不像繞著它自己的軸自轉。已知有二十七顆衛星，包括五顆大型的冰狀世界（兩顆是由赫歇爾所發現）。1977 年，**天王星的薄暗環**被發現，這是由於環在通過天王星時，看到星光一亮一滅的閃爍現象。我們在 2007 年穿過這些環的平面，而此刻天文學家正忙於研究這第七顆行星上的春季時期。

上圖：赫歇爾的 7 英尺（2.1 公尺）望遠鏡，在 1781 年被用來發現天王星。右圖：凱克 2 號在 2007 年 3 月 28 日拍攝天王星的合成影像。

參照條目　海王星（約西元前四十五億年），天衛三（西元 1787 年），天衛四（西元 1787 年），天衛一（西元 1851 年），天衛二（西元 1851 年），天衛五（西元 1948 年），發現天王星的環（西元 1977 年），在天王星的探險家 2 號（西元 1986 年）

天衛三

威廉・赫歇爾（William Herschel，西元 1783 年～西元 1822 年）
卡洛琳・赫歇爾（Caroline Herschel，西元 1750 年～西元 1848 年）
約翰・赫歇爾（John Herschel，西元 1792 年～西元 1871 年）

在 1781 年發現天王星之後，英國天文學家赫歇爾使用後續更大的望遠鏡，持續觀測這顆行星。更佳的技術、審慎的觀測，加上他妹妹卡洛琳的協助，使得他在天王星和土星四周發現新的衛星。

赫歇爾在 1787 年初的同一晚，發現兩顆衛星繞著天王星。藉由監測它們的運動，以及假設（就像木星和土星當時已知的衛星）這些衛星是在靠近這顆行星的赤道面上繞行，赫歇爾和其他天文學家能夠很快地推論，天王星自轉軸的偏斜（天文學家稱為傾角）和其他行星大大不同。天王星偏斜在一側，傾角約 98 度。一顆行星的傾角是季節形成的原因，地球的傾角是 23.5 度，造成我們熟悉的冬季、春季、夏季和秋季，以及在南北兩極長達半個月的極地白天和夜晚。在天王星及其衛星，則是整個北半球和南半球面臨長達四十二個地球年的極地白天和極地夜晚！這是由於極端傾斜所導致的極端季節。

赫歇爾並沒有為他發現的兩顆天王星衛星命名，反而是由他的兒子、也是著名天文學家約翰・赫歇爾為這些衛星及後來的衛星命名。他選擇來自莎士比亞和蒲柏劇作裡頭的角色，將天王星兩顆最亮衛星中的一顆命名為「提泰妮婭」（Titania，天衛三），它是莎士比亞《仲夏夜之夢》中的仙后。

探險家 2 號在 1986 年遇上天王星時顯示，天衛三是一個受到嚴重撞擊的世界，約 980 英里（1,577 公里）寬（約是月球一半大小）。並且發現它的密度約每立方公分 1.7 克，天文學家現在推論其內部既有岩石也有冰。最近的望遠鏡光譜學觀測顯示，其表面同時有水和二氧化碳冰，就像在木星的冰衛星木衛四和木衛三一樣。或許天衛三上最令人迷惑的特徵，是巨大的峽谷和陡坡（在行星命名法中分別為 chasma 和 rupes）橫切星球表面。這些巨大的峭壁可能是冰凍的殘骸，而這殘骸是在天衛三結凍時，曾是液體的地殼和內部劇烈膨脹及斷裂所形成的。

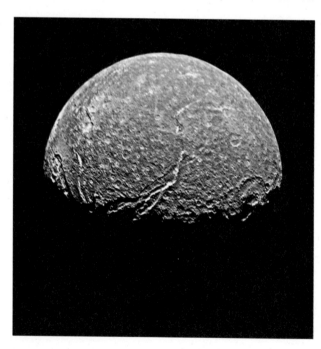

探險家 2 號在 1986 年 1 月 24 日取得的天衛三高解析照片，在右邊的大型撞擊坑稱做葛簇特；中間亮條紋是墨西拿峽谷，長 932 英里（1,500 公里）。

參照條目　天王星的發現（西元 1781 年），木衛四（西元 1787 年），光譜學的誕生（西元 1814 年），天衛一（西元 1851 年），天衛二（西元 1851 年），天衛五（西元 1948 年），在天王星的探險家 2 號（西元 1986 年）

天衛四

威廉・赫歇爾（**William Herschel**，西元 1738 年～西元 1822 年）
約翰・赫歇爾（**John Herschel**，西元 1792 年～西元 1871 年）
拉塞爾（**William Lassell**，西元 1799 年～西元 1880 年）

英國天文學家威廉・赫歇爾在 1787 年初的一個晚上，發現天王星的兩顆新衛星。這兩顆衛星都非常昏暗（約 14 星等，或者比天王星本身約暗 1500 倍），而且靠近行星的強光也不易觀測。

赫歇爾的英國天文學家同事拉塞爾，在 1851 年發現天王星的另兩顆衛星，他決定依照慣例將他和赫歇爾的衛星，命名為天王星 1 號到 4 號。但在 1852 年，拉塞爾向赫歇爾的兒子、英國天文學家約翰・赫歇爾詢問這些遙遠新世界適當名稱的建議時，約翰將他父親發現的兩顆新衛星中較暗的一顆，命名為「奧伯龍」（Oberon，天衛四）。這是根據莎士比亞《仲夏夜之夢》的仙王來取名，和他父親的另一發現——仙后泰妮婭成了很好的呼應。

天衛四是天王星系統五顆大衛星中離得最遠的一顆，軌道週期約 13.5 天。近代望遠鏡的光譜學顯示，其表面主要由水冰所組成，較暗和較紅處很可能是簡單的有機分子所造成的，就像那些產自於甲烷、或其他含碳冰受到太陽高能輻射的曝曬。天衛四是天王星衛星中最紅（雖然並不是很紅）的一顆。

我們對這顆小世界所了解的地質和內部所有資訊，都是來自探險家 2 號在 1986 年短暫飛掠天王星系統時的成果。天衛四是 945 英里（1,520 公里）寬，和天衛三差不多大；密度約是每立方公分 16 克，比天衛三略低，但仍顯示有明顯的岩石內部。天衛四是所有天王星衛星中受到撞擊最嚴重的一顆，幾乎到了飽和的狀態（新的撞擊坑抹除掉舊的撞擊坑）。即便如此，一些深峽谷切割了冰地殼，或許也暗示了一個較溫暖、活躍的古老歷史。

上圖：來自探險家 2 號的天衛四高解析照片，顯示出這顆衛星自然略紅的色彩。右圖：古德比製作的威廉・赫歇爾版畫，背景是雙子座，那是他在 1781 年發現天王星的位置。

 參照條目 天王星的發現（西元 1781 年），天衛三（西元 1787 年），天衛一（西元 1851 年），天衛二（西元 1851 年），天衛五（西元 1948 年），在天王星的探險家 2 號（西元 1986 年）

土衛二

威廉·赫歇爾（**William Herschel**，西元 1738 年～西元 1822 年）

英國天文學家赫歇爾，並不滿足於只將越來越大型的望遠鏡對準最新發現的天王星，他還將目光放到搜索土星周圍的新衛星上。在 1789 年 8 月，也就是他六十歲過後沒多久，他如願以償發現土星的第六顆衛星。他的兒子約翰依希臘神話巨人，將之命名為「恩克拉多斯」（Enceladus，土衛二）。

經過數個世紀的望遠鏡觀測，除了軌道週期（1.4 天）、非常地亮（幾乎 100% 反射太陽光），以及看起來和土星 E 環有關之外，土衛二顯示出很少的訊息。土衛二的光譜學證據顯示，上頭有非常細緻紋路的水冰。

1980 年、1981 年的探險家號飛掠及開始於 2004 年的卡西尼號土星軌道者任務顯示，這個奇特有趣小世界的真實本性。它只有約 310 英里（500 公里）寬，但仍顯示出太陽系中非常多樣的地質樣貌。土衛二的一些區域被嚴重撞擊且年代久遠，但其他地區則幾乎沒有受到撞擊，且地質上一定非常年輕。有些地方有很深的溝槽、陡峭的山脊，或銳利的溝紋，指出有明顯構造性作用力的痕跡。

但最令人興奮的發現，是來自土衛二南極區的活躍水蒸氣羽狀煙。卡西尼號探測器曾飛過這些羽狀煙霧，顯示當中包含了少量的氮、甲烷、二氧化碳，甚至有丙烷、乙烷和乙炔。這些顯示土衛二正在將冰和有機分子排到太空，好像是一顆巨大彗星，而不是行星的衛星。

是什麼驅動土衛二上（以及內部）的所有活動呢？它的密度是每立方公分 1.6 克，表示有一些石質物質，因此它可能是在放射性加熱當中。就像木衛一、木衛二和木衛三，它也受到潮汐加熱，因為和土衛四有軌道共振。卡西尼號資料指出，一個含鹽份的液態水層（海洋）可能潛伏在冰地殼下頭，天文生物學家正在密切注意中。

上圖：卡西尼號拍攝新月狀的土衛二影像，以及它的羽狀和噴射狀水蒸氣。右圖：NASA 卡西尼號軌道者拍攝的土衛二照片，顯示嚴重和輕微的撞擊平原、槽溝、山脊，以及靠近南極的藍冰虎皮條紋，該處發現活躍的水冰噴出口和間歇泉。

參照條目 木衛二（西元 1610 年），木衛一（西元 1610 年），木衛三（西元 1610 年），土星有環（西元 1659 年），土衛四（西元 1684 年），土衛一（西元 1789 年），探險家號遇上土星（西元 1980、1981 年），卡西尼號探險土星（西元 2004 年）

土衛一

威廉・赫歇爾 （William Herschel，西元 1738 年～西元 1822 年）
卡洛琳・赫歇爾 （Caroline Herschel，西元 1750 年～西元 1848 年）
約翰・赫歇爾 （John Herschel，西元 1792 年～西元 1871 年）

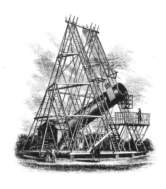

在發現土衛二後沒多久，威廉・赫歇爾再次挖到土星的寶，他於 1789 年 9 月發現土星的第七顆衛星。在那時，這顆最新的衛星是最靠近土星的一顆，軌道週期少於一天。威廉的兒子約翰・赫歇爾後來依據希臘泰坦神話的一名巨人，將之命名為「彌瑪斯」（Mimas，土衛一）。

赫歇爾藉由他創新的望遠鏡設計，偵測出靠近亮行星的暗衛星，這個設計可以收集來自遙遠來源的空前大量光子。例如，土衛一和土衛二的發現，都是憑藉長 40 英尺（12 公尺）反射望遠鏡完成，主鏡的直徑 4 英尺（1.2 公尺）是當時全世界最大的望遠鏡。

土衛一的望遠鏡光譜學顯示，它有一個覆蓋絕大部分表面的水冰，就像所有其他的土星衛星，除了土衛六。直到探險家號和卡西尼號太空船的抵達、並獲得實地觀察的影像和資料前，我們對土衛一所知甚少。其影像顯示土衛一是一個小世界，直徑只有約 250 英里（400 公里，比月球的八分之一還小），密度剛好比每立方公分 1.2 克少一些，顯示原始冰質的內部。天文學家相信，土衛一非常接近可能是最小的天體，這樣的天體可以透過自有萬有引力，形成一個圓球形狀。實際上，土衛一是明顯的橢圓狀（赤道比兩極寬了 10%），這是因為鄰近土星的強萬有引力拉扯所造成的。

土衛一被嚴重撞擊過，但並不是非常地均勻。峽谷和裂縫的出現代表了在遙遠的過去，可能藉由構造的作用力或冰火山而重新塑造衛星的表面。土衛一上最有特色的面貌是單一的巨大撞擊坑，幾乎有月球直徑的三分之一，賦予了土衛一獨特的「死亡之星」外貌。

上圖：赫歇爾著名的 40 英尺（12 公尺）望遠鏡，曾用來發現土衛一和土衛二。右圖：2010 年 10 月 NASA 卡西尼號土星軌道者拍攝的土衛一照片。大型撞擊坑（80 英里 [130 公里] 寬）佔據了衛星的半球，依土衛一的發現者被命名為「赫歇爾」。

參照條目 土星有環（西元 1659 年），土衛八（西元 1671 年），土衛五（西元 1672 年），土衛八（西元 1671 年），土衛四（西元 1684 年），土衛二（西元 1789 年），探險家號遇上土星（西元 1980、1981 年），卡西尼號探索土星（西元 2004 年）

來自太空的隕石

克拉德尼（Ernst Chladni，西元 1756 年～西元 1827 年）
必歐（Jean-Baptiste Biot，西元 1774 年～西元 1862 年）

　　儘管我們視有時從天上掉下來的岩石為理所當然的，但對於大部分的人類歷史來看，像這樣的概念還是都被簡單地當成狂想。許多古代且當地的文明知道，一些特殊石頭會有特殊磁性、或高濃縮的鐵金屬。但事實上，一直到十八世紀末、十九世紀初，才推論出這些石頭是來自**主小行帶**和近地小行星的地外樣本。

　　德國物理學家克拉德尼在 1794 年指出，這類特殊岩石是來自外太空的碎片，包括 1772 年在俄國克拉斯諾亞爾斯克市附近發現、被稱為古橄鐵鎳隕石群（Pallas Iron）的富金屬大型樣本。這個想法被認為是荒謬的，許多科學家相信這些岩石是火山作用或閃電轟擊所造成的。到了十九世紀初，才能藉由詳細的實驗室測量這些岩石。1803 年，一次壯觀的流星雨後沒多久，在萊格爾鎮附近發現了數千顆岩石，法國物理學家、數學家必歐分析了岩石的化學成分，認為它們不屬於任何已知的地球岩石，證明了克拉德尼的假說。這類岩石就是現在所謂的隕石，隕石的科學領域就此誕生。

　　科學家現在收集了超過三萬顆來自世界各地的隕石，許多來自荒蕪的沙漠或南極的冰雪地區，這些地方都相當容易注意到從天而降的奇特岩石。大部分掉到地球的岩石（86%），是由簡單的矽酸鹽礦物和微小球狀顆粒（隕石球粒）所組成，被認為是凝結自**太陽星雲**的首批物質，是小行星的建構基石，最終會變成行星。約 8% 是沒有隕石球粒的矽酸鹽，火山岩的樣本來自大型小行星、月球和火星之前地質活躍的地殼。僅 5% 是由鐵和鐵鎳（類似克拉德尼和必歐原本研究的岩石），是現已粉碎的古老小行星核以及微行星碎片，在太陽系猛烈的早期歷史中，它們是長得足夠大，並在被撞擊破壞之前，可以分化成核心、地函和核心。

一顆普通的小型（14 盎司 [408 克]）球粒隕石，2008 年在沙烏地阿拉伯靠近東部省的魯卜哈利沙漠多卵石表面發現的，黑色表面是一層薄融化殼，在岩石短暫通過地球大氣層時燃燒所造成的。

參照條目 暴烈原太陽（約西元前四十六億年），主小行星帶（約西元前四十五億年），亞利桑那撞擊（約西元前五萬年）

恩克彗星

卡洛琳・赫歇爾（Caroline Herschel，西元 1750 年～西元 1848 年）
恩克（Johann Encke，西元 1791 年～西元 1865 年）

Caroline Herschel

儘管過去數十年中，在建立從事科學的性別平等上已經有長足的進步，但從古至今，天文觀測與發現的歷史還是由男性所主導。打破這些「老男孩俱樂部」的首位女性先驅，是英國天文學家卡洛琳・赫歇爾，她是天王星發現者威廉・赫歇爾的妹妹。

卡洛琳是傑出的聲樂家，年輕時常和哥哥參與演奏會。她在天文上的興趣似乎是和威廉一起開始的，當威廉開始花更多時間在望遠鏡製造和觀測時，她成了固定班底的助理。她熟練於天文計算，而且作為一位鏡子拋光師和望遠鏡工程師，她的名聲也超越她的哥哥。1782 年，在她哥哥的鼓勵下，她開始了自己的觀測生涯。

卡洛琳主要專注在搜尋彗星，生涯中也發現了八顆彗星。她在 1795 年發現的彗星，於 1819 年被德國天文學家恩克確認為，當時已知的第二顆週期彗星（在哈雷彗星之後）。恩克彗星在天文學家當中仍享有名氣，因為它有已知的週期彗星中最短的週期，只花 3.3 年繞行太陽一圈。就其本身而論，因為它相當頻繁出現，也是被仔細研究的彗星之一。

卡洛琳也出版了一本重要的 1798 年星表，以及共同發現 M110，一個仙女座星系的伴星系。她被公認為是當時最有成就的女性天文學家，並是第一位被選為皇家天文學會榮譽會員的女性（得要再過八十年才讓女性成為正式會員）。在一個長期由男性把持的領域，作為一個技術高超的觀測者，她令人印象深刻，並且成為女性追求科學生涯的楷模。

上圖：卡洛琳在 1829 年的畫像。右圖：恩克彗星和它的岩石殘骸碎片尾的紅外影像（長對角帶），這是由 NASA 史匹哲太空望遠鏡在 2005 年所獲得的，水平帶狀是彗星小岩石冰核上的噴流所發射出來的塵埃和氣體。

参照
條目　哈雷彗星（西元 1682 年），梅西耳星表（西元 1771 年）

穀神星

比薩（**Giuseppe Piazzi**，西元 1746 年～西元 1826 年）

　　十八世紀末，天王星和十多顆太陽系新衛星的發現，激勵了天文學家更仔細的搜尋星空和編排星表目錄。這些天空繪圖者當中，最一絲不苟、有條不紊的是巴勒莫天文台的義大利僧侶、數學家和天文學家比薩。在 1789 到 1803 年間，比薩監督巴勒莫星表的編排，這是一個約八千顆恆星的普查。

　　1801 年 1 月 1 日，在他的編排目錄工作中，比薩注意到一顆靠近鯨魚座頭部的昏暗恆星（8 等）不曾出現在之前的星表。他在接下來數個晚上觀測這顆恆星相對於一顆固定恆星的運動，認為他可能發現了一顆彗星，但缺乏任何類似彗星的彗髮以及彗尾，使他懷疑這可能是「更精彩的東西」。

　　的確，比薩和其他人的後續觀測，在 1801 年年底發現了一顆類似恆星的天體，只不過是像行星一般繞著太陽運轉，軌道位於火星和木星之間（接近 2.7 天文單位），比薩稱它為「柯瑞斯 · 費迪南多」（穀神星，Ceres），是依羅馬穀物女神和他的贊助者西西里的國王費迪南多三世來命名。天文學家當時不確定如何為穀神星分類，它太小、太暗而不成行星，但很明顯不是恆星、彗星、或衛星。1802 年天文學家威廉 · 赫歇爾創造了小行星一詞（「類恆星」的意思），來描述穀神星以及當時新發現的智神星。

　　近代望遠鏡觀測顯示，穀神星是**主小行星帶**中最大的一顆，直徑約 590 英里（950 公里），密度

約每立方公分 2 克，顯示內部可能富含冰。因為穀神星足夠大，可以藉由自身的萬有引力，形成圓球狀，現在的天文學家將它歸類成矮行星（就像**冥王星**一樣）。我們對這個星球所知甚少，但當 NASA 黎明號任務在 2015 年抵達穀神星後，將會了解更多訊息。

　　在 2012 年中葉，天文學家已經定出超過五十萬顆小行星的軌道，隨著更詳細的普查發現更昏暗的天體，這個數字將會更多。太陽系充滿了許多小型的行星！

哈柏太空望遠鏡在 2003 年 9 月拍攝矮行星穀神星的照片。

參照條目　主小行星帶（約西元前四十五億年），灶神星（西元 1807 年），發現冥王星（西元 1930 年），冥王星降級（西元 2006 年）

西元 1807 年

灶神星

歐伯斯（**Heinrich Wilhelm Olbers**，西元 1758 年～西元 1840 年）
高斯（**Carl Friedrich Gauss**，西元 1777 年～西元 1855 年）

　　1801 年發現**穀神星**之後，很快地在 1802 年又發現第二顆小行星智神星（Pallas），然後在 1804 年發現了第三顆婚神星（Juno）。德國天文學家歐伯斯直接和當中的兩次發現有關。1801 年底，他很快就在預測位置附近重新找到穀神星，並在 1802 年發現以及命名智神星。歐伯斯白天是物理學家，晚上是天文學家，他提出說，像穀神星和智神星這樣的小型行星，可能是一顆現今已經被摧毀的行星的殘餘碎片，這顆行星當初一定位在火星和木星之間。

　　歐伯斯著手搜尋更有可能的行星碎片，1807 年他發現第四顆小行星。數學家高斯計算出它的軌道，並依羅馬貞潔的爐灶女神命名為維斯塔（灶神星，Vesta）。高斯發現，就像穀神星、智神星和婚神星，灶神星的軌道位在現在稱的**主小行星帶**，範圍從 2.1 到 3.3 天文單位，其中心位置約在 2.7 天文單位。天文學家現在知道，穀神星、智神星、婚神星和灶神星佔了主小行星帶整個質量的 50%；或許並不意外，在十九世紀初的天文學教科書中，它們通常被歸為新行星，今天我們會稱它們為矮行星。

　　灶神星是主小行星帶中最亮的小行星，從地面觀測、太空望遠鏡、以及 NASA **黎明號任務**顯示，它的直徑約 330 英里（530 公里），岩石密度每立方公分 3.4 克，而由於兩個巨大撞擊盆地挖鑿了小行星南極，成了被壓扁的外形。光譜學資料顯示，小行星看起來曾經熔化過，並且分化成核心、地函和火山地殼，很像一顆類地行星。來自古銅鈣無球隕石、倍長輝長無粒隕石和古銅無球粒隕石這類的隕石，可能正是灶神星的樣本，或許就是被巨大南極撞擊事件給撞擊出來的。

　　2011 至 2012 年間，在繞行灶神星長達一年的軌道任務中，黎明號任務提供了有關灶神星地質、成分和歷史的急需細節，並且顯示這顆小行星是一顆古老的過渡天體（部分小行星和部分行星的原行星）的現存稀有範例。灶神星是了解像是地球的類地行星如何形成的重要連結。

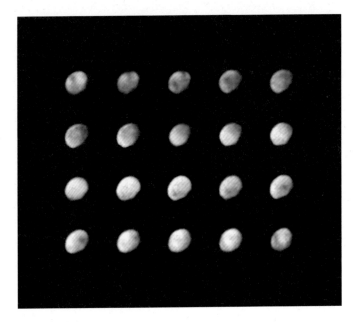

灶神星的多面向，2007 年 5 月哈柏太空望遠鏡在灶神星 5.3 小時快速旋轉所拍攝的照片，南極的一個大型撞擊坑使得灶神星有一個蛋形的外形。

 參照條目　主小行星帶（約西元前四十五億年），穀神星（西元 1801 年），在灶神星的黎明號（西元 2011 年）

光譜學的誕生

牛頓（Isaac Newton，西元 1643 年～西元 1727 年）
沃拉斯頓（William Hyde Wollaston，西元 1766 年～西元 1828 年）
夫朗和斐（Joseph von Fraunhofer，西元 1787 年～西元 1826 年）

　　1672 年，**牛頓**的實驗顯示太陽光不是白光或黃光，而是由許多色光所構成的，可以分開成一個光譜，因為它們通過一個物體時，例如三稜鏡，會有些微不同的折射。牛頓的實驗被其他人廣泛地重新實現和發展，包括英國科學家沃拉斯頓，他在 1802 年首次觀測部分的太陽光譜，當中顯示出謎樣的暗線。

　　科學家需要一種工具和方法，來了解這些暗線，以及它們產生在太陽光譜的準確位置。1814 年德國光學家夫朗和斐發展了這樣的工具，稱做分光鏡。這是一種特別設計的三稜鏡，使用一種被稱做光譜學的實驗技術，能夠測量線條的位置或波長。他用他的分光鏡，在太陽光譜中觀測了超過 500 條暗線，天文學家仍稱這些為夫朗和斐線。1821 年他用一種光柵取代三稜鏡，做出更高解析度的分光鏡，同時發現亮星（例如天狼星）也有光譜線，而且和太陽的光譜線不同，由此建立起恆星光譜學。

　　到了十九世紀中，物理學家和天文學家能夠在實驗室重現這種暗線，方法是讓光經由不同氣體來

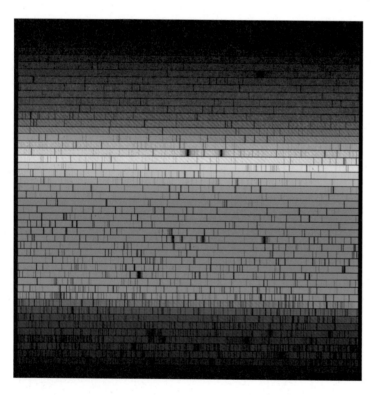

過濾。結果發現，這些暗線是不同原子元素吸收不同、非常窄且特定波長的光所造成的。光譜學立即變成測量遙遠光源的原子和分子組成的主要方法，例如太陽、行星大氣層、恆星，或星雲。無須直接觸碰到物體，我們所需要的是望遠鏡和一些光譜線測量儀器，或光譜儀。的確，來自地面和太空望遠鏡以及各種太空任務的光譜學，一直是近代天文學和太空探索的重要環節。

太陽的一系列高解析可見光光譜顯示出夫朗和斐線，這光譜來自於亞利桑那州基特峰國家天文台的麥克梅斯—皮爾斯太陽設備。在每一行的波長從左到右增加，從左下角的紫色光一直到右上角的紅光。

參照條目　牛頓的萬有引力和運動（西元 1687 年），光速（西元 1676 年），氦（西元 1868 年），皮克林的「哈佛電腦」（西元 1901 年）

恆星視差

白塞耳（Friedrich Wilhelm Bessel，西元 1784 年～西元 1846 年）
斯特魯維（Georg Wilhelm Struve，西元 1793 年～西元 1864 年）
韓德森（Thomas Henderson，西元 1798 年～西元 1844 年）

視差是指因為觀察者改變視點，而使物體看起來產生了移動。伸出一隻手指在你的面前，然後左右眼輪流眨眼，你的手指看起來會移動，因為視點的些微改變，這就是視差。

如果利用更大的視點改變，譬如地球軌道的直徑範圍，來進行類似的實驗，就有可能找出恆星間的視差運動，並推算出恆星離我們有多遠。早在阿里斯塔克斯的時代，甚至一直到第谷的時代，天文學家都沒辦法觀測到任何一個恆星的視差，這點也就被當成地球在宇宙中心靜止不動的證據。等到哥白尼的日心觀點建立起來，這項證據又被拿來說明恆星一定距離我們非常遙遠。但到底有多遠？

1838 年，測量恆星視差的最後競爭被德國數學家和專業恆星製圖家白塞耳拔得頭籌，他使用相隔六個月的觀測數據（當地球位在太陽的兩側），測量天鵝座 61 的視差為 0.314 秒弧（0.000084 度）。知道視點改變了 2 天文單位（1 億 8 千 6 百萬英里 [3 億公里]）之後，白塞耳估計天鵝座 61 的距離約 58 兆英里（93 兆公里），或者約 10 光年。

白塞耳的估計值非常接近現在接受的數值 11.4 光年。類似的視差發現，也在 1838 年由天文學家斯特魯維和韓德森發表，由此可估計出織女星（25 光年）和南門二（4.3 光年）的距離。南門二也是天空中最大自行的恆星之一，是已知最接近太陽的恆星系統，離我們約地球平均軌道距離的 272,000 倍。到頭來即使是最近的恆星，還是離得非常遠。

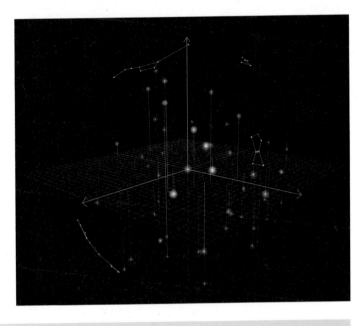

上圖，天文學家白塞耳 1898 年的版畫畫像。右圖：在太陽（中央）鄰近 16 光年內五十顆恆星系統的 3D 圖，每個網格是 1 光年，天鵝座 61 是在太陽上方的紅色恆星，南門二系統（最靠近我們的恆星）就在正下方，太陽的左邊。

參照
條目　太陽為中心的宇宙（約西元前 280 年），開陽－輔六合星系統（西元 1650 年），恆星的自行（西元 1718 年），白矮星（西元 1862 年）

第一張天文攝影

約翰‧德雷珀（**John William Draper**，西元 1811 年～西元 1882 年）
亨利‧德雷珀（**Henry Draper**，西元 1837 年～西元 1882 年）

　　十九世紀以前大部分的成功天文學家因為必要性因素，通常也是具天分的藝術家。因為對他們來說，記錄天文觀測的唯一方法是素描、繪圖，或者畫出他們眼睛所看到的。1839 年照相術發明之後，情況很快就有改變，隨著時間過去，新改良的攝影方法徹底改變了天文學。

　　早期照相方法是難處理、粗糙且危險的，法國發明家和藝術家達蓋爾（Louis Daguerre）和涅普斯（Joseph Niépce）發明的銀版照相程序，只要在濕銅板塗上銀，就可以產生相當清晰的影像，但這個程序需要攝影師接觸到水銀、碘或溴的有毒蒸氣。但成果令人印象深刻，法國政府在這項發明之後沒多久，就讓這套程序免費公諸於世。

　　美國醫生、化學家和照相師約翰‧德雷珀，很快地把銀版照相程序做了一些改良。他的科學興趣驅使他將設備對準天空，他從 1839 年到 1843 年，拍攝了一系列越來越高品質的月球銀版照相版。德

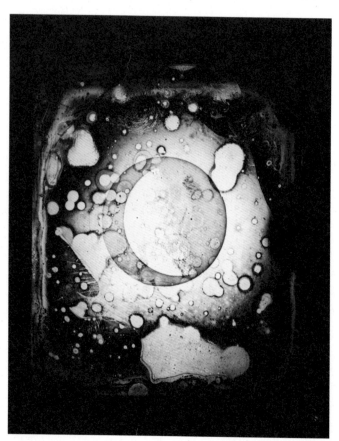

雷珀的月球照相版是有史以來第一張可辨識天體的照片，他被公認為天文攝影的發明者。

　　1870 年代，乾版技術的發明使天文攝影成為記錄影像和光譜的重要科學研究工具。約翰‧德雷珀的兒子亨利‧德雷珀繼續他父親在天文攝影的志業，將他的相機掛在大型望遠鏡上，在 1872 年拍攝到織女星的第一張照相光譜，1880 年獲得第一張獵戶星雲的照片。

　　底片最終取代了照相版，但類比照相技術在二十世紀中葉，達到靈敏度的極限。電子影像技術（主要是電荷耦合元件）在 1970 年代發展出來，如今已取代為科學界和消費者選擇使用的照相媒介。

1839 到 1840 年的冬季，約翰德雷珀在紐約拍攝近乎滿月的銀版照相，這是首次天文照相之一。德雷珀使用 3 寸（7.6 公分）透鏡將月球的影像對焦在鍍銀銅版上，並且必須讓影像固定在銅版相同位置長達 20 分鐘。

參照條目　發現獵戶座星雲（西元 1610 年），光譜學的誕生（西元 1814 年），天文學數位化（西元 1969 年）

西元 **1846** 年

發現海王星

勒維耶（**Urbain LeVerrier**，西元 **1811** 年～西元 **1877** 年）
伽勒（**Johann Galle**，西元 **1812** 年～西元 **1910** 年）
亞當斯（**John Couch Adams**，西元 **1819** 年～西元 **1892** 年）

在 1781 年天王星發現後的數十年間，天文學家小心追蹤這顆緩慢移動的行星的位置，精算它的軌道。有些人注意到，**牛頓萬有引力定律**的預測值和它在天空中的實際軌跡之間有些微差異，兩位特別有天分的理論學家，即英國天文學家亞當斯和法國數學家勒維耶，認為這些差異可能是另一顆天體的萬有引力造成的，一顆沒看到的行星。

勒維耶和亞當斯各自在 1845 年和 1846 年，對天王星的這個干擾者可能出現在天空的位置做出預測。亞當斯說服在劍橋的同事搜尋這顆行星，但他們只認出是恆星而已。

相反地，勒維耶的預測只限定在天空中很小的區域，他的同事德國天文學家伽勒在 1846 年 9 月 24～25 日晚上，在柏林天文台只花了數個小時就找到它，並且（經過數個晚上）確認它是第八顆行星。這個發現被認為是牛頓物理的勝利，法國數學家和政治家阿拉戈（François Arago）公布勒維耶「用他的筆尖」發現行星。勒維耶和伽勒並列為新行星的發現者，勒維耶選擇以羅馬的海神，將它命名為**海王星**（Neptune），這項發現再次加倍了太陽系的尺寸。

有著平均軌道距離 30 天文單位和 165 年的軌道週期，海王星的小視直徑和非常緩慢的運動，可以解釋為什麼許多早期的天文學家，包括伽利略可以觀察到天王星，但卻像亞當斯的劍橋同僚，只能辨識出一顆藍色恆星。海王星僅被 1989 年 8 月**探險家 2 號**飛掠的一次太空任務，做近距離的研究，提供科學家對這顆遠在太陽系遙遠邊際的美麗具風暴的藍色世界驚鴻一瞥。

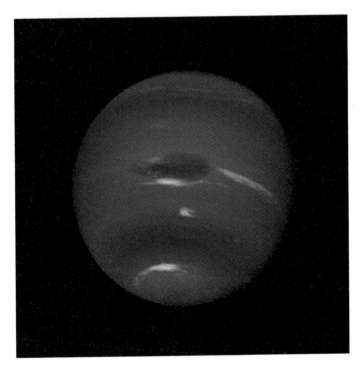

探險家 2 號太空探測器在接近這顆行星時所拍攝近乎完整的海王星照片。這裡看到的大黑斑靠近行星盤面的中心，被認為是一個大型漩渦風暴系統，類似木星的大紅斑。

 參照條目 海王星（約西元前四十五億年），牛頓萬有引力和運動定律（西元 1687 年），天王星的發現（西元 1781 年），海衛一（西元 1846 年），在海王星的探險家 2 號（西元 1989 年）

海衛一

約翰・赫歇爾（John Herschel，西元 1792 年～西元 1871 年）
拉塞爾（William Lassell，西元 1799 年～西元 1880 年）

　　1846 年秋海王星的發現，為衛星搜尋者提供了一個新目標，這是一個挑戰，因為海王星離太陽很遠。英國商人和業餘轉專業的天文學家拉塞爾，在發現海王星之後十七天發現了海王星的衛星。拉塞爾因啤酒釀造而賺了大錢，並用這些錢建造他自己的望遠鏡架座、磨他自己的鏡片，並且組裝成直徑 24 寸（61 公分）的牛頓式反射望遠鏡，在當時是全世界最大的可運作望遠鏡。當約翰・赫歇爾聽到發現海王星的消息，他建議拉塞爾使用他的望遠鏡搜尋繞行這顆新行星的衛星。

　　拉塞爾並沒有花太久，只搜尋了八天就找到衛星，並且是一顆奇特的衛星。追蹤它的軌道，會發現相較於太陽系內已知的其他衛星，它是倒著繞行（逆行）。尤有甚者，它的軌道非常傾斜於海王星的軌道面，嚴重到南北兩極有時幾乎是直指太陽，就像高度偏斜的天王星。拉塞爾沒有為他發現的衛星命名，天文學家後來同意用「特里同」（Triton，海衛一），希臘神話裡的海之信使、波賽頓（希臘語相當於海王星）之子。

　　在探險家 2 號 1989 年抵達之前，對遙遠的海衛一了解甚少，探險家號顯示它是一顆大（直徑 1,678 英里 [2,700 公里]）、且亮（70-80% 的反射率）的衛星，具有冰岩的密度（每立方公分 2.1 克）。更

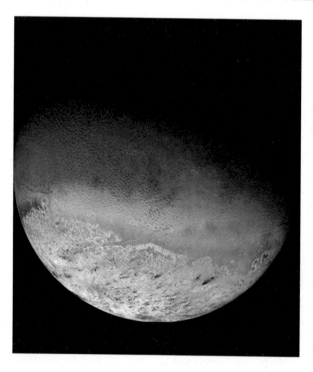

令人訝異的是，還發現一層非常薄的氮大氣以及和緩噴發的間歇泉，還有地質年輕的表面（少量的撞擊坑），看起來是透過冰火山作用持續重新覆蓋形成的。

　　最近發現海衛一是由氮、水和乾冰所構成的奇特地形，在地表上僅有絕對溫度 30 到 40 度，但可能受到內部的輻射熱而加溫。海衛一看起來是冥王星的雙胞胎，許多天文學家相信它可能是在古柏帶形成，然後以不知名的方式被海王星捕獲，進入傾斜且倒轉的軌道。

海王星的大衛星海衛一的假色照片，由探險家 2 號於 1989 年 8 月 25 日拍攝。這影像顯示海衛一明亮的南半球極冠，由氮和甲烷冰所構成，表面有山脊和裂痕交錯刻畫，以及帶有條紋的斑點，這是來自活躍的氮氣間歇泉噴發。

參照條目 冥王星和古柏帶（約西元前四十五億年），土衛一（西元 1789 年），發現海王星（西元 1846 年），發現冥王星（西元 1930 年），在海王星的探險家 2 號（西元 1989 年）

西元 1847 年

米切爾小姐的彗星

米切爾（**Maria Mitchell**，西元 1818 年～西元 1889 年）

　　即使英國天文學家卡洛琳・赫歇爾在十八、十九世紀之交，已經為有志於科學和天文學的女性開拓出一條路，但仍有一段時間，極少數的女性能夠成功追隨。的確，還要超過半個世紀的時間，才有第一位女性科學家進入天文學的學術生涯。

　　這位女性是米切爾，美國南塔克特人，她是高明的觀測天文學家和教育家。米切爾的父親在南塔克特島上創辦了一所學校，她在那裡協助教學，最後變成圖書館員，浸淫在科學和文學的工作，同時持續增強她觀測夜空的經驗。1847 年，她使用父親的小型天文台，觀測到一顆只能透過望遠鏡看到的昏暗彗星，這顆彗星被非正式地稱為「米切爾小姐的彗星」。

　　米切爾她的天文工作受到廣泛認可，她旅行到歐洲與其他天文學家會面，並接受獎項。最終獲得一份航海年鑑出版社的工作，負責計算金星的位置。她成為美國人文與科學院的第一位女性院士，以及第一位獲選美國科學促進會的女性。

　　就像她熱愛天文研究，她很顯然從未失去在南塔克特發展的教學熱誠。紐約富商瓦薩在 1865 年提供她一份教職，是在瓦薩資助的女子學院任教，她接受了，並且不僅成為瓦薩學院第一位教職員，也是全世界第一位女性天文學教授。她成為瓦薩學院天文台台長，並利用這套設備當作天文學生的教學工具，同時進行她自己的研究，像是太陽黑子，以及木星、土星和其他衛星的外觀改變。她在瓦薩教學了二十三年，並且訓練許多女性繼續追求科學生涯。在她過世後，成立了瑪麗亞・米切爾協會，以保有她的遺產，1908 年該協會開放了南塔克特的瑪麗亞・米切爾天文台，至今仍用於天文的教學與研究。

約 1865 年南塔克特歷史協會的彗星搜捕手米切爾的照片，同一個時期她成為全世界第一位女性天文學教授。

參照條目　恩克彗星（西元 1795 年）

光的都卜勒位移

都卜勒（Chiristian Doppler，西元 1803 年～西元 1853 年）
斐索（Armand Hippolyte Fizeau，西元 1819 年～西元 1896 年）
斯里弗（Vesto Slipher，西元 1875 年～西元 1969 年）
哈柏（Edwin Hubble，西元 1889 年～西元 1953 年）

　　大多數的人都熟悉救護車、或火車哨音、或賽車朝向我們且高速通過時，聲音上的劇烈改變。當車輛遠離，它的聲音明顯變成較低的音調，或較低的頻率，比當它朝向我們時還要低，這個改變稱做都卜勒效應（Doppler effect），以奧地利物理學家都卜勒命名。他在 1842 年首次提出一個概念，任何波動的觀測頻率，應該取決於波源和觀測者之間的相對速率差異。

　　1845 年，都卜勒提出的假說被一些聰明的聲波實驗證實了，這些實驗由荷蘭氣象學家白貝羅（C.H.D. Buys Ballot）完成，他雇用音樂家在一輛移動的火車上彈奏音符，然後固定不動的觀察者報告他們聽到音樂家靠近和遠離的音調。1848 年，法國物理學家斐索藉由注意恆星光譜的吸收譜線頻率的些微改變或位移，證明了都卜勒的假說如何應用到光波。

　　天文學家稱這種頻率的改變為都卜勒位移（Doppler shifts），頻率改變的大小和方向，可以用來決定天體相互靠近或遠離的速度。物體靠近我們，它們的光譜移動到較高的頻率，或較短（藍色）波長；相反的，物體遠離我們時，光譜是紅移。在 1860 年代，第一個準確的相對恆星速度被測量出來，並且在 1870 年代，可以偵測出地球繞行太陽的周年運動所造成的恆星都卜勒位移。在二十世紀初，美國天文學家斯里弗的觀測顯示，大多數的已知星雲（就像梅西耳星表內的星雲）是紅移的，或者遠離我們。不久之後，另一位美國人哈柏證實，許多星雲其實是離銀河很遠的星系，哈柏的研究工作直接導致膨脹宇宙的觀念以及**大霹靂**理論。

都卜勒效應的描繪示意圖：波動正發射自一個從右向左移動的來源。對觀察者，波源前方的波動被壓縮成較高頻率（較短波長，或較藍），波源後頭的波動有較長的波長（較紅）。

參照條目　大霹靂（約西元前一百三十七億年），梅西耳星表（西元 1771 年），光譜學的誕生（西元 1814 年），哈柏定律（西元 1929 年）

西元 1848 年

土衛七

威廉・旁德（**William Bond**，西元 1789 年～西元 1859 年）
拉塞爾（**William Lassell**，西元 1799 年～西元 1880 年）
喬治・旁德（**George Bond**，西元 1825 年～西元 1865 年）

　　在 1789 年威廉・赫歇爾發現**土衛一**之後的半個多世紀，沒有發現木星、土星或天王星旁的新衛星，但土星的第八顆衛星被兩組團體在 1848 年末的數天內分別獨立發現。美國威廉・旁德和喬治・旁德父子檔天文學家，顯然首先觀測到這顆新衛星；但卻是英國天文學家拉塞爾率先發表他的觀測，這項發現都歸功於這三位天文學家。就在一年前，約翰・赫歇爾發表了一份新觀測的手冊，當中他提議用希臘泰坦巨人族命名法為土星的衛星命名。拉塞爾為這方法背書，並且建議最新的衛星命名為許珀里翁（Hyperion，土衛七），希臘泰坦人克洛諾斯之兄，希臘語等同於土星。

　　我們對土衛七所知甚少，除非它行進到一個相當離心的軌道，也就是平均距離約 25 倍土星半徑（在土星環系統的外側）。直到探險家號在 1980 年代的飛掠，然後是**卡西尼號土星軌道者**任務在 2000 年代初飛越土衛七，我們對這顆衛星才有進一步認識。土衛七被證明是望遠鏡發現的第一個、且最大的不規則（非圓球形）衛星。太空任務的影像顯示，它是一個長條形狀的天體，約是 204×162×133 英里（328×260×214 公里），來自望遠鏡的最新光譜學顯示，它有一個類似**土衛八**黑色一側的表面，是由暗、偏紅的髒水冰所組成的。土衛七有一個不可思議的海綿狀表面，非常多的深撞擊坑以及鋒利邊緣的窪坑和峭壁是其特徵。衛星的完整一側被一個巨大的撞擊坑留下疤痕，撞擊坑有 75 英里（120 公里）寬，6 英里（10 公里）深，推測土衛七只是一個被巨大撞擊而分解的更大衛星的碎片。土衛七的密度僅有每立方公分 0.56 克，表示它主要是由非常多孔的水冰所組成。的確，天文學家認為土衛七的內部有 40 ～ 50% 是冰碎片之間的空隙。

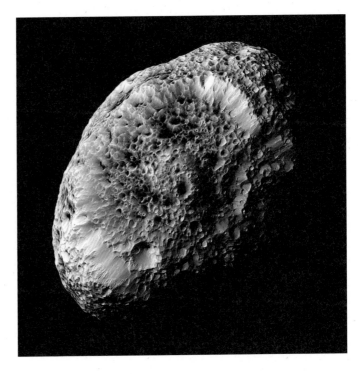

NASA 卡西尼號土星軌道者號於 2005 年 9 月所拍攝，不規則、幾乎海綿狀外觀的土衛七強化彩色照片。

參照
條目　土衛八（西元 1671 年），土衛一（西元 1789 年），土衛九（西元 1899 年），卡西尼號探索土星（西元 2004 年）

傅科擺

傅科（Jean Bernard Léon Foucault，西元 1819 年～西元 1868 年）

　　地球上的太空時代觀點，使得地球自轉成為現今的常識。但請想像一下，在沒有人造衛星或太空探測器，或花俏的電腦化天象儀程式的時代，要嘗試去說服其他人地球正在自轉，這可不符合直覺──太陽和天空看起來是動的，地球則不動！如果地球正在自轉，快到每天自轉一圈（在赤道約每小時 1000 英里），我們不是應該被拋到外太空嗎？即使今日，很難對其他人證明地球是在自轉，我們需要的是一個簡單，並且可重複的實驗，來提供地球自轉的物理證明。

　　雖然一些這樣的實驗曾被提出並且實行，顯然最有名的是 1851 年法國物理學家傅科所演示的。就像任何一位優秀的物理學家，傅科了解**牛頓定律**，並且將第一定律（物體靜者恆靜，動者恆動，除非受到外力）應用在他的實驗上。他用一顆鍍鉛黃銅球，一條長 220 英尺（67 公尺）的線懸掛在巴黎先賢祠的天花板，並垂到地板，建造成一個又長又重的穩定單擺。傅科知道在沒有其他作用力之下，一旦他開始擺動單擺，它會持續在同一個平面上擺動，也就是說它應該保持在一個相對於固定恆星的相同慣性座標，而不是相對於地球。藉由標示小時刻度，就像日晷上的一樣（或置放小障礙物，讓擺垂擊倒），並藉由補償垂線的摩擦力或者來自擺垂通過空氣的摩擦力，它成了一個很容易演示房間（整個地球）正在相對於單擺擺動平面，進行緩慢地旋轉。後來傅科基於類似的原理，用了陀螺儀讓實驗更完美。

　　因為它的簡單，傅科擺在十九世紀造成轟動，全世界的大學、博物館和科學中心仍可以找到數百個這樣的傅科擺。

位在西班牙瓦倫西亞，藝術與科學城市的費利佩王子科學博物館展示的大型傅科擺。在這個設計中，一個很小的球和棍子模型約每三十分鐘被打翻，因為在單擺擺動的慣性固定平面的支配之下，地球正在自轉。

參照條目　牛頓萬有引力和運動定律（西元 1687 年）

天衛一

拉塞爾（**William Lassell**，西元 1799 年～西元 1880 年）

英國企業家、業餘天文學家拉塞爾，因為 1846 年發現海王星的大衛星**海衛一**，以及 1848 年共同發現土星的小衛星**土衛七**而聲名大噪。他使用的天文台就位於自己家附近的星野（靠近利物浦），是一個相當普通（通常是陰雲繚繞）的天文台，但由於他的新式望遠鏡架設方式（他改良的赤道儀設計至今仍適用在許多大型望遠鏡）、新的鏡片製造以及拋光技術，使得他能有此成就。

拉塞爾的同鄉威廉·赫歇爾在 1787 年使用直徑 18.5 英寸（47 公分）的透鏡，發現天王星的衛星**天衛三**和**天衛四**。但當拉塞爾在 1851 年將他的 24 寸（61 公分）牛頓式反射望遠鏡（仍是當時全世界最大的可常規使用望遠鏡）指向天王星系統，預期可以發現更暗的衛星，甚至可以看到更靠近天王星的衛星。他的耐性得到報償，他發現兩顆新衛星繞著這第七顆行星。1852 年他的同事約翰·赫歇爾將最靠近天王星的衛星命名為愛麗兒（Ariel，天衛一），這原是波普（Alexander Pope）和莎士比亞作品中的虛幻角色。

探險家 2 號太空探測器在 1986 年 1 月飛掠過天王星系統，拍攝到天衛一受陽光照射的南半球（這些衛星就像天王星一樣，在探險家號飛掠的時候，以一種軸朝向靶心的方式指向太陽）高解析影像，資料顯示天衛一約 721 英里（1,160 公里）寬（約月球的三分之一），密度約每立方公分 1.7 克，這表示內部是冰和岩石的混和體。天衛一上的長形網路狀的複雜延伸山脊，以及廣闊的平底峽谷，顯示過去曾經有明顯的地質活動，或許是受到天王星和其他大型衛星的潮汐作用所造成的。

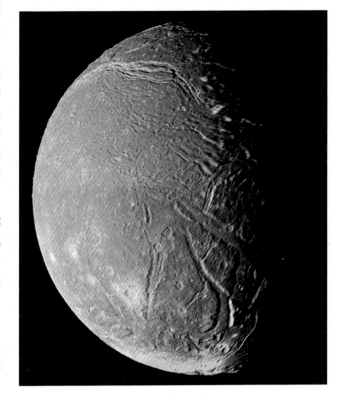

更多最新的地面望遠鏡觀測能夠辨識出天衛一表面的水和二氧化碳冰，二氧化碳看起來集中在接受大量天王星磁場強力**轟擊**的半球，顯示磁場和冰表面的交互作用在外太陽系會產生有趣的化學現象。

探險家 2 號在 1986 年 1 月 24 日拍攝最靠近天衛一的彩色馬賽克照片，複雜的山脊和峽谷顯示在這個小型冰世界曾經活躍的地質表面。

参照條目　天衛三（西元 1787 年），天衛四（西元 1787 年），海衛一（西元 1846 年），土衛七（西元 1848 年），天衛二（西元 1851 年）

天衛二

拉塞爾（**William Lassell**，西元 1799 年～西元 1880 年）

英國天文學家拉塞爾在 1851 年 10 月 24 日的晚上，發現他的四顆太陽系衛星中的兩顆，他看到的兩顆衛星比已知的兩顆（**天衛三和天衛四**）還要靠近天王星。當中的一顆由拉塞爾同事約翰・赫歇爾命名為愛麗兒（**天衛一**），取自英國古典小說角色的題材；第二顆被命名為烏姆柏里厄爾（Umbriel，天衛二），取自波普《秀髮劫》的黑暗憂鬱妖精。

拉塞爾沒被訓練成學院派天文學家，而是作為一位啤酒製造商在商業上成名，並使用他部分的財富來滿足他在望遠鏡和觀測天文學上的熱情。他看來已經擁有設計者和機械工程師的非凡技術。他並不僅僅滿足於建造牛頓式反射望遠鏡的較大鏡片，而要在改良反射金屬面合金做出不得了的進展，該合金一般是由砷、銅和錫的組合。此外他為拋光發展了新的方法和機器，可以完成高品質的光學元件。拉塞爾的微調光學系統直徑有 24 英寸（61 公分），擁有絕佳的集光能力，提供他空前的清晰和靈敏度，即便在天王星的光芒下，也能看到像是天衛一和天衛二的暗衛星。

探險家 2 號在 1986 年飛掠天王星顯示，天衛二是天王星衛星中最暗的，除了在一些撞擊坑內的較亮、可能剛產生的斑塊，其他地區僅反射 10% 的太陽入射光（相較於天衛一，有 25% 的反射率）。探險家號只發現天衛二有受到嚴重撞擊的表面，沒有更加複雜的地質。天衛二的大小和天衛一差不多，因此不太明白為什麼它缺乏山脊和峽谷，或許這顆衛星的較低密度（每立方公分 1.4 克）和較少的岩石內部是其關鍵。但是僅有 20% 的天衛二被拍攝到影像，或許未來某個前往天衛二的太空任務，可以完成其他未知世界的地質勘查。

上圖：探險家 2 號飛掠過海王星系統期間，所拍攝的天衛二的影像。右圖：英國天文學家拉塞爾的肖像照，拍攝時間不詳。

參照
條目　天衛三（西元 1787 年），天衛四（西元 1787 年），海衛一（西元 1846 年），土衛七（西元 1848 年），天衛一（西元 1851 年），在天王星的探險家 2 號（西元 1989 年）

柯克伍德空隙

柯克伍德（**Daniel Kirkwood**，西元 1814 年～西元 1895 年）

十九世紀初陸續發現了小行星**穀神星**、智神星、婚神星和**灶神星**，開啟了太陽系研究的新領域，稱做小型行星研究。但是在 1807 年發現灶神星之後超過三十五年間，沒有發現新的小行星。但在十九世紀中葉，望遠鏡靈敏度的改進導致已知族群的小爆發，到了 1857 年，已知有五十顆小行星，都是在火星和木星之間的**主小行星帶**內運行。

這類小行星引起美國數學家柯克伍德的注意。柯克伍德在 1846 年提出有點類似克卜勒定律的行星自轉率與太陽距離的關係而得名，剛開始似乎是正確的，但在出現更好的資料後，這個想法最終被拋棄，他持續從事其他太陽系動力學的研究。當他檢查了直至 1857 年約五十顆已知小行星的軌道特徵後，他注意到一件不尋常的事：小行星到太陽的距離不是均勻、或無規、或甚至鐘型分布，它們看起來是聚集成團，有一些軌道是在特定距離，但在其他距離則沒有小行星。

柯克伍德發現在主帶沒有小行星的位置，軌道運行圈數正好可表示成相對於木星軌道的簡單整數倍的位置。例如，在距離 2.25 天文單位的位置沒有小行星，這個地方的小行星繞行太陽三次正好是木星繞行太陽一次。他正確地提出，在這些地方的木星和其他天體之間的共振，給了這些天體來自木星的額外萬有引力拉力，造成它們逐漸被推離這些區域，或甚至完全離開主帶。

超過一百五十年的資料確認了這項預測，天文學家稱這些在主帶的空隙為柯克伍德空隙（Kirkwood Gaps），以彰顯它們的發現者。空隙的位置也被稱做平均運動（mean motion）共振，其他類似的空隙也發現在 5:2 和 7:3，以及其他的平均運動共振，還有**土星環**內，土星環內嵌的衛星之間也會受到平均運動共振而形成空隙。

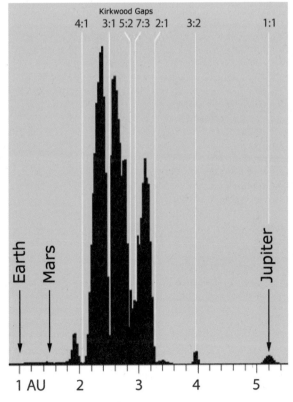

已知小行星數量與離太陽平均距離的長條圖，距離的單位是天文單位，或 AU（地球到太陽的平均距離）。

參照條目 主小行星帶（約西元前四十五億年），木衛三（西元 1610 年），土星有環（西元 1659 年），穀神星（西元 1801年），灶神星（西元 1807 年）

太陽閃焰

克林頓（**Richard Carrington**，西元 1826 年～西元 1875 年）

太陽是太陽系內質量最大、最具能量和最重要（最少對我們來說）的天體。因此，許多十九世紀的天文學家選擇將他們日漸強大的望遠鏡，指向這顆離我們最近的恆星，以便研究它的內部行為。就用適當的濾光片或將太陽盤面投射在牆上或螢幕，天文學家能夠測量和監視太陽可見表面（光球）上的特徵，例如太陽黑子。太陽黑子已經被研究了數個世紀，觀測可追溯到七世紀初，望遠鏡和觀測方法的改進，讓天文學家得以更深入研究太陽黑子。

太陽黑子最有名和最多產的觀測者之一，是英國業餘天文學家克林頓。1859 年 9 月 1 日，克林頓在靠近特別密集的太陽黑子群，看到強烈的閃光，這事件延續了數分鐘。然而在次日，世界各地都通報有強烈的極光活動，以及電報和其他有關電的系統受到嚴重干擾。

克林頓看到的是太陽閃焰的第一次紀錄。一次太陽大氣層的劇烈爆炸，可以將高能粒子以極高的速度向外猛力投擲到太陽系。來自這次太陽風的劇烈效應撞進保護地球的磁場，這就是太陽風暴。之後許多這樣的閃焰和風暴都被觀測到，但影像記錄以及冰核資料顯示，1859 年的事件不僅是第一次、也是有歷史紀錄以來最大的一次，或許是千年一次的超大閃焰。

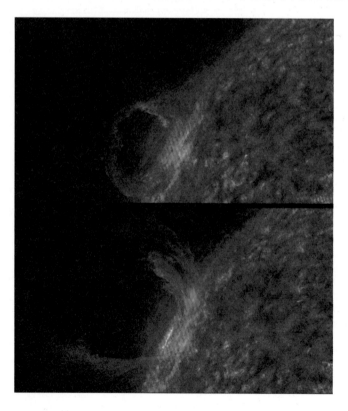

克林頓的科學觀測建立了太陽活動和地球環境之間的關連，引發大家研究太空氣候（太陽風和其他所有行星之間的交互作用）的強烈興趣。今日代表了數十億美金技術和設備的地球軌道衛星艦隊，極易受到太陽風暴以及接踵而來的風暴的干擾。這也就是為什麼 NASA 和其他太空組織有強烈的動機，持續克林頓在預測、監控以及了解太空氣候效應方面的工作。

在 2010 年 3 月 30 日縮時攝影中所捕捉的壯觀太陽日珥噴發，這是 NASA 太陽動力天文台衛星的游離氦極紫外光影像，為做尺寸比較，數百顆地球相當於最頂端鏡頭的迴圈。

參照條目 太陽的誕生（約西元前四十五億年），中國天文學（約西元前 2100 年），米拉變星（西元 1596 年）

搜尋祝融星

勒維耶（**Urbain LeVerrier**，西元 1811 年～西元 1877 年）

法國數學家勒維耶進行他下一個理論挑戰的同時，仍沉浸在自己 1846 年在數學上發現海王星的榮耀中。天文學家針對**水星**的快速運動（繞行太陽只有八十八天）做了超過數十年的天文觀測，數據顯示出水星運動的不一致性，導致無法準確預測水星凌日以及其他星象。克卜勒定律和牛頓運動定律對太陽系的其他行星、衛星和小行星都非常管用，除了水星。到底發生什麼問題？

勒維耶猜測水星軌道不一致的來源，和造成十多年前天王星軌道不一致的原因相同：一定有另一顆行星偶而對水星施以萬有引力拉力，干擾它的軌道。另一顆行星正等著被發現！勒維耶做了些計算，並且提出一顆沒看到的行星位置的預測，他估計一定非常靠近太陽，軌道週期約只有二十天。他甚至給它起了名字：伏爾坎（Vulcan，祝融星），以羅馬火神為名，他在 1859 年向法國科學院宣布他的發現，並開始搜尋祝融星。

水星非常難以用**望遠鏡觀測**，因為它從未在天空中離太陽超過 20 度。因此天文學家總是和太陽的強光奮鬥，以便觀測到這顆行星。當祝融星被預測從未離太陽超過 8 度時，搜尋祝融星就更具挑戰性。儘管如此，專業天文學家和業餘人士都在搜尋。勒維耶在差不多凌日的位置從事了一些小天體的報告，或者在日食期間，觀測到適當亮度天體的報告，但沒有一份報告可以被後續的觀測所證實。勒維耶在 1877 年過世前，都認為祝融星仍在那裡等待著被發現。

天文學家從未找到祝融星，因為水星軌道運動是**愛因斯坦廣義相對論**的一種效應，是接近太陽的時空彎曲效應。儘管如此，勒維耶的搜尋以一種方式繼續存在：近代天文學家正在搜尋一種在水星軌道以內的小型小行星假想族群，適切地被稱為祝融型小行星。

一顆近距離繞行太陽的祝融型小行星的示意圖。

參照條目 行星運動三定律（西元 1619 年），牛頓萬有引力和運動定律（西元 1687 年），海王星的發現（西元 1846 年），愛因斯坦「奇蹟年」（西元 1905 年）

白矮星

白塞耳（Friedrich Wilhelm Bessel，西元 1784 年～西元 1846 年）
亞倫・克拉克（Alvan Clark，西元 1804 年～西元 1887 年）
亞倫・格雷厄姆・克拉克（Alvan Graham Clark，西元 1832 年～西元 1897 年）

　　十九世紀的後半葉，技術高超的天文學家和儀器製造者紛紛設計、製造和操作更大型、更高品質的望遠鏡，例如英格蘭的拉塞爾和美國的克拉克。克拉克的專長是設計和磨製大型玻璃折射透鏡，可以產生高解析度以及消色差效能，以前的折射設計是用許多大型透鏡，以避免有色彩虹和人造暈。克拉克和他的兒子們都是麻州的望遠鏡製造者，在高品質儀器上擁有遍布全世界的名聲，許多製品現今都仍在運作。

　　克拉克的其中一個兒子亞倫・格雷厄姆・克拉克，在他自己的天文研究中，經常測試公司的新透鏡。在 1862 年 1 月 31 日的一次機會中，這位年輕的克拉克將新 18.5 英寸（47 公分）折射望遠鏡指向鄰近明亮的天狼星。1844 年德國數學家白塞耳曾預測，天狼星和南河三會受到看不見的伴星影響，造成自行的改變。那天晚上的清朗夜空，加上絕佳品質的透鏡，就讓克拉克發現了天狼星的昏暗伴星，現在稱為天狼星 B。

　　到了二十世紀初，發現天狼星 B 有類似天狼星本身的光譜，即便它更暗。它和一些視覺上較暗的恆星很快被辨識出是新型的小熱恆星，稱為白矮星（white dwarfs）。白矮星現在知道是低質量類太陽恆星的普遍結局，這是一種氫燃料用盡，但太小又不足以爆炸成超新星的天體。

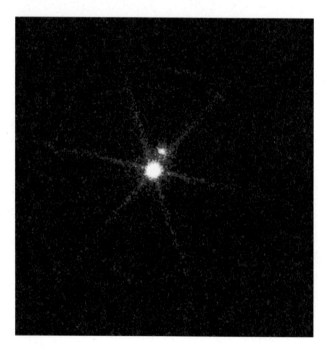

　　藉由分析它們的軌道，以及使用克卜勒定律，類似天狼星 B 的白矮星非常緻密，將相當於 0.5 到 1.3 倍太陽質量的物質擠壓在地球般的體積內，密度超過每立方公分 1 百萬克！以此來看，白矮星是緻密天體特殊俱樂部的一員，這也包括中子星和黑洞，有宇宙中已知最高的密度。

鄰近天狼星以及其白矮星伴星天狼星 B 的 NASA 錢卓天文台 X 射線影像。在這張影像中，天狼星 B 是最亮的一顆恆星，表面溫度 25,000K。它是 X 射線驚人的發射者，在可見光區域，天狼星 B 實際上比天狼星暗 10,000 倍。

參照條目　行星運動三定律（西元 1619 年）開陽－輔六合星系統（西元 1650 年），恆星的自行（西元 1718 年），恆星視差（西元 1718 年），中子星（西元 1933 年），黑洞（西元 1965 年）

西元 1866 年

獅子座流星雨的來源

勒維耶（**Urbain LeVerrier**，西元 1811 年～西元 1877 年）

在一個淨朗沒有月亮的夜晚，走到遠離城市的戶外，躺在毛毯或一張舒服的躺椅上，朝天空望去。一旦你的眼睛適應了恆星的昏暗星光，用眼角望去，沒多久你就可以發現一次短暫的亮光條紋從天空呼嘯而過。此時你正看到一顆流星，一小塊從外太空飛進地球大氣層的岩石或冰塊，並且因摩擦而燃燒像這樣的流星，通常被誤解稱做發射中的恆星（shooting stars），在任何一個典型的淨朗夜晚，每小時可以看到幾顆。有時每年約在相同的時間，仔細和幸運的觀察者可以每小時看到十來個或數百個流星，這是流星雨。極少的情形，一個夜空可以很短暫地被每小時數千顆流星給照亮，一場宇宙煙火秀可以媲美任何一場跨年或國慶日慶典。

對千禧年來說，這樣的流星雨或流星暴被看成不祥的，一直要到 1860 年末，天文學家才能將一些重要的線索整合在一起，並決定這些宇宙奇觀的起源：流星雨和彗星有關。

解決這個謎題的關鍵是在 1866 年，分別在法國和美國的發現。這是一顆新的短週期（33 年）彗星，依發現者命名為坦普爾－塔特爾（Tempel-Tuttle）彗星。其他的天文學家，包括法國數學家以及**海王星**發現者勒維耶了解到坦普爾－塔特爾彗星的軌道非常類似 11 月中旬流星雨的流星軌道，這流星雨就是獅子座流星雨（Leonids）。這讓天文學家準確地預測下一次大型獅子座流星雨發生在跨越二十世紀之際。因此證明流星雨和流星暴發生在地球通過冰和岩石碎片的時候，這些碎片是彗星在過去某個時間通過相同的位置所遺留下來的。

除了在 11 月中旬的獅子座流星雨，你也可以在 8 月中旬的英仙座流星雨（來自斯威夫特－塔特爾彗星）和十月下旬的獵戶座流星雨（來自**哈雷彗星**），享受觀看小塊彗星的火焰般死亡，還有在一整年間，超過十多個流星活動事件。

一幅 1888 年藝術家描繪每小時數百萬顆獅子座流星的壯麗風暴。這場特殊事件是在 1833 年 11 月 12～13 日，可以在北美大部分區域看到。1866 年的流星雨報導有類似數量的流星，1966 年也一樣。

參照條目　哈雷彗星（西元 1682 年），發現海王星（西元 1846 年）

氦

讓森（Jules Janssen，西元 1824 年～西元 1907 年）
洛克耶（Norman Lockyer，西元 1836 年～西元 1920 年）

　　日全食是當新月完全覆蓋太陽盤面，並且將其陰影投在地球的一小塊區域上，日全食是壯觀且鼓舞人心的景觀。但對大多數人類歷史而言，這樣的事件可以被當成恐懼、毀滅和改變的前兆。到了十九世紀，科學家把正確預測日食當成大型的自然實驗，趁此機會研究在特定環境下的太陽大氣。

　　法國天文學家讓森組織了一支前往印度的特別考察團，想要觀測 1868 年 8 月 18 日的日全食，同時進行太陽日冕的光譜觀測。他的資料顯示，在太陽光譜中有一種全新未被指認的類似夫朗和斐發射譜線。數個月之後，英國天文學家洛克耶發展一種方法，可以在無須日全食的情況下，獲取太陽大氣的光譜。而且他也觀測到相同的新譜線，洛克耶稱這個新元素為氦，希臘字是「太陽」的意思，這項發現的榮耀都歸於他和讓森兩人。

　　十九世紀末，氦在地球上重新被發現，這種氣體和放射性鈾礦物沉積有關。科學家開始仔細研究這種新氣體，研究它的不尋常特性。例如，氦在絕對溫度四度以上呈現液態，在溫度非常接近絕對零度時，會變成超流體，一種幾乎沒有摩擦力，沒有黏滯性的物質。

　　超過一個世紀的實驗和觀察，顯示氦有相當簡單和穩定的結構，原子核通常有兩個質子和兩個中子（He-4），但少部分情形會僅有一顆中子（同位素 He-3）。因為它的簡單性，氦是宇宙中含量第二多的元素，而且大多數的氦是在**大霹靂**中形成，即使現今的一些氦可以在放射性元素衰變中產生，例如鈾。

　　讓森和洛克花了時間尋找未被預期之物，結果發現了一種無色、無味、無毒的惰性物質，之後我們又發現，這種物質竟然構成了整個銀河系將近四分之一的可觀測質量，這或許是個讓人類謙卑的科學教訓，值得我們記取。

這張強化處理過的照片顯示日冕的壯觀細節，這是 2008 年 8 月 1 日發生在中亞的日全食。

參照條目 大霹靂（約西元前一百三十七億年），第一批恆星（約西元前一百三十五億年），太陽的誕生（約西元前四十五億年），光譜學的誕生（西元 1814 年），北美日食（西元 2017 年）

火衛二

霍爾（Asaph Hall，西元 1829 年～西元 1907 年）

　　十九世紀中葉到末葉望遠鏡的使用和改良，讓天文學家發現外太陽系的兩顆新行星和超過十顆的新衛星，除了少數主帶小行星的發現外，在內太陽系也有一些新發現。

　　美國天文學家和美國海軍天文台教授霍爾意外得知，一些天文學家曾正經地搜尋火星周圍的衛星。由於有來自這顆紅色行星本身的強光，搜尋起來很困難。但霍爾知道他有獨特的機會使用一種絕佳儀器：克拉克和他兒子製造的 26 英寸（66 公分）折射望遠鏡，在當時是全世界最大的折射望遠鏡。

　　大約每 26 個月，火星會走到衝日的位置（即太陽、地球、火星排成一線，而地球在火星和太陽之間），霍爾利用 1877 年的火星衝，以及克拉克折射望遠鏡的高影像品質，搜尋火星的衛星。1877 年 8 月 11 日，他找到一顆昏暗的天體，靠近並且和火星一起移動。在接下來的晚上，他能夠確認這是繞行火星的衛星，並且伴隨著第二顆更接近火星的衛星。同事建議依照希臘神話瑪爾斯的兒子得摩斯（Deimos，火衛二）和福波斯（Phobos，火衛一）命名，這些名字就此確定。

　　霍爾和其他人了解火衛二一定非常小，但對其所知甚少。直到抵達火星的太空任務，才有機會開始觀測這些衛星。火衛二的確很小，9.3×7.5×6 英里（15×12×10 公里），不規則，並且外形類似小行星，有撞擊坑，但表面結構意外地平滑和柔和。密度約每立方公分 1.5 克，並且沒有冰表面的證據。天文學家懷疑火衛二可能是相當多孔的岩石天體，成分類似某些球粒隕石、地球和其他行星的建構基石。無論如何，可能需要一個專屬任務前往火衛二，以便了解它是否真的是一顆被捕獲的小行星。

火衛一的特殊平滑紅色表面，這是由火星偵察軌道者號太空船在 2009 年 2 月 21 日所拍攝的，這顆衛星僅有 7.5 英里（12 公里）寬。

 參照條目　火星（約西元前四十五億年），來自太空的隕石（西元 1794 年），尋找祝融星（西元 1859 年），白矮星（西元 1862 年），火衛一（西元 1877 年）

火衛一

霍爾（Asaph Hall，西元 1829 年～西元 1907 年）

火衛二在 1877 年 8 月 11 日最初被發現之後，美國天文學家霍爾持續使用克拉克父子的 26 英寸（66 公分）折射望遠鏡，搜尋火星附近的天空，該望遠鏡座落在華盛頓特區的美國海軍天文台。霍爾的努力經常受到霧或壞天氣干擾，但他的堅持得到回報，不僅他能夠更靠近地直視火星，還發現第二顆昏暗的小衛星，最後被命名為福波斯（Phobos，火衛一）。

霍爾和其他天文學家很快了解到，相對於它們的母星，火衛一比其他已知衛星更靠近火星，如此靠近，軌道週期僅超過 7.5 小時，繞行火星比火星自轉還要快。這表示站在火星表面的觀察者應該看到火衛一從西方升起，東方落下，即使它繞火星的方向和火星自轉方向相同。

近代火星任務已經能夠顯示更多有關這顆略偏紅、且類似小行星的小世界，但仍然有很多謎。火衛一的尺寸不規則，17×13.7×11 英里（27×22×18 公里），密度接近每立方公分 1.9 克，表示是多孔、岩石、球粒隕石成分，可能類似火衛二。表面嚴重撞擊，一個大型撞擊坑（霍爾用太太的娘家姓氏把它命名為斯蒂克尼）被一系列覆蓋在大部分表面的深溝槽包圍。

火衛一是來自主小行星帶，被火星以某種方式捕獲的小行星嗎？或者是這顆紅色行星受到巨大撞擊後，所拋射出來的碎片？1988 年發射兩艘蘇維埃自動探測器，預計著陸在火衛一上，但一艘在路途中就任務失敗！另一艘在數個月後抵達火星，也失敗了。一艘新的俄國自動任務在 2011 年發射升空，但它在發射後沒多久，也失敗了。新的太空任務正在醞釀，但在成功之前，火衛一似乎仍會繼續守衛著它的祕密。

左圖：火衛一遮住太陽時的黑色輪廓，這是 NASA 火星漫遊者機會號在 2006 年 1 月 21 日所拍攝的照片。
右圖：紅色的火星衛星火衛一，13 英里（21 公里）寬，這是 NASA 火星偵察軌道者號在 2008 年 3 月 23 日所拍攝的照片。

參照
條目　火星（約西元前四十五億年），來自太空的隕石（西元 1794 年），火衛二（西元 1877 年）

以太的末日

馬克士威（**James Clerk Maxwell**，西元 1831 年～西元 1879 年）
邁克生（**Albert Michelson**，西元 1852 年～西元 1931 年）
莫立（**Edward Morley**，西元 1838 年～西元 1923 年）

　　大家公認，丹麥天文學家羅默和他的荷蘭同事惠更斯在 1676 年首次證明光以有限速度行進，他們最初估計的**光速**比較慢。但到了 1860 年代，**傅科**等物理學家已經得到非常接近近代所接受的數值（每秒 186,282 英里 [299,792 公里]）。

　　但對十九世紀的科學家而言，仍不確定光在行進中是否需要某種介質。牛頓承襲了亞里斯多德，認為可能存有某種「發光的以太」（luminiferous aether，簡稱 ether）可以讓光粒子在當中行進。在 1870 年代末，蘇格蘭物理學家馬克士威描述一種方式，藉由搜尋光速的些微變化（這變化取決於地球是否朝向或遠離以太），可以使物理學家驗證以太的存在。

　　1887 年，美國物理學家邁克生和莫立將馬克士威的想法，轉成一個對以太存在的精確實驗測試。邁克生—莫立實驗將一束光分成兩束，並且使用鏡子和一台小望遠鏡重新合併光束。藉由鏡子之間的距離改變，他們可以造成光束相互加成或相減，直到一個特徵性的光波干涉圖像（就像在池塘中出現的漣漪）出現在望遠鏡中。

　　如果光速會因為光速和以太之間的交互作用而改變，當旋轉這套設備（浮在一攤液態水銀上），科學家應該可以看見非常靈敏的條紋圖案的改變。但並沒有觀察到這樣的改變，於是證明了光速是絕對的定值，並提供沒有發光以太的決定性證據。二十世紀物理學和天文學的戲劇性進展，包括愛因斯坦的狹義和廣義相對論，正是奠定在這個實驗的基礎上。

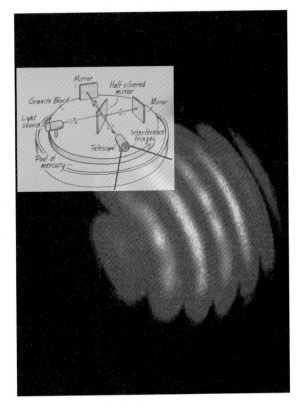

邁克生和莫立在 1887 年的一幅設計草圖，描繪他們測量不同方向光速的決定性實驗，草圖覆蓋在光波的圖案上，這光波是產生自近代版邁克生—莫立實驗氦氖雷射的兩道光束的交互作用。

參照條目 光速（西元 1676 年），傅科擺（西元 1851 年），愛因斯坦「奇蹟年」（西元 1905 年）

木衛五

弗拉馬利翁（**Camille Flammarion**，西元 1842 年～西元 1925 年）
巴納德（**Edward Emerson Barnard**，西元 1857 年～西元 1923 年）

　　雖然望遠鏡的改進讓科學家發現了土星、天王星和海王星周圍的新衛星，但在超過兩百八十年間，沒有人在木星周圍發現新衛星，上次的發現要回推到 1610 年的四顆大伽利略衛星。美國天文學家巴納德猜想，這顆「行星之王」似乎庇護著一些額外的同伴。因此他承擔這項工作，每週利用他自己部分的時間搜尋木星的衛星。

　　巴納德是利克天文台（以它的贊助者命名，工藝巧匠、加州土地大亨詹姆斯・利克）的職員，這座天文台座落在聖荷西山頂。自從 1889 年，天文台一直是 36 英寸（91.4 公分）利克折射望遠鏡的所在地，這是 1897 年全世界最大的折射望遠鏡，現今仍在使用的第三大折射望遠鏡，擁有克拉克父子良好的透鏡技術，巴納德可獨一無二地使用全球最好的望遠鏡來進行他的搜尋。

　　經過三個月的耐心搜尋，最後在 1892 年 9 月 9 日，他看到靠近木衛三的一顆昏暗「恆星」，看起來是和木星一起運動。後續晚上的觀測使得他可以追蹤這顆星的運動，並且確認它是木星的新衛星。儘管巴納德僅是簡單地稱它為第五顆衛星，法國天文學家弗拉馬利翁提議最終的正式名稱為「阿瑪爾忒婭」（Amalthea，木衛五）。這是依希臘神話的仙女命名，祂負責照料幼年時的宙斯。

　　木衛五一直都只是一塊光斑，一直到探險家號 1979 年飛掠木星，以及 1995 年伽利略號軌道者號任務才顯示，木衛五是一顆滿布撞擊的不規則衛星，155×90.7×79.5 英里（250×146×128 公里）的尺寸大小。儘管衛星的成分不明，密度僅約每立方公分 0.9 克，表示它要不是多冰、多孔，或者兩者都

有。木衛五的軌道非常靠近木星，看起來像是木星昏暗塵埃環的源頭，撞擊木衛五可以讓塵埃和冰加速到逃脫速度，長時間下來，殘骸的薄雲已緩慢地蔓延成一道瀰漫的薄環。

太空藝術家卡羅的繪圖，描繪 2002 年 11 月伽利略號軌道者太空船飛掠巨行星的第五顆衛星——木衛五。

參照條目　木衛一（西元 1610 年），木衛二（西元 1610 年），木衛三（西元 1610 年），木衛四（西元 1610 年），白矮星（西元 1862 年），木星環（西元 1979 年），伽利略號繞行木星（西元 1995 年）

恆星顏色＝恆星溫度

克希何夫（**Gustav Kirchhoff**，西元 1824 年～西元 1887 年）
卜朗克（**Max Planck**，西元 1858 年～西元 1947 年）
維恩（**Wilhelm Wien**，西元 1864 年～西元 1928 年）

在十九世紀後半葉，物理學家在光和能量的了解有了重大的進展。例如，德國物理學家克希何夫發展出基本的方程式，描述一個可以完全吸收光的假想物體（稱做黑體）如何在特定溫度下發射電磁輻射。他發現正常溫度的黑體會輻射出一個連續的能量譜，這個能量譜從波長較長的無線電波、紅外線，到能量較高、波長較短的可見光以及紫外線。

德國物理學家維恩擴充這些想法，在 1893 年推導出一個簡單的關係式，現稱為維恩定律。維恩定律顯示，一個物體的輻射能量峰值的波長，和溫度的倒數成比例。也就是說較熱的物體輻射的大部分能量是在波長較短的紫外線和可見光，較冷的物體大部分輻射在紅外線。另一位德國物理學家卜朗克更進一步擴展黑體和光的想法，並得以開展出**量子力學**。

天文學家從光和能量的這些新想法中獲益，開始了解他們可以看到的天體。特別是維恩定律，協助天文學家推論出恆星的相對溫度：較熱的恆星應該輻射出較多的短波長能量，因此應該看起來偏藍，較冷的恆星應該輻射較多的長波長能量，它們的光譜峰值偏向黃色、橘色和紅色。例如我們的太陽是一顆偏黃的恆星。

因此恆星的顏色變成一個關鍵的觀測參數，可以根據溫度當作一種分類的方式。於是在二十世紀發展出一套對恆星起源、演化、內部活動以及未來命運的系統化知識。

球狀星團半人馬座 ω（NGC5139）的部分哈柏太空望遠鏡影像。這是一個超過一千萬顆恆星受到萬有引力束縛的星團，大範圍的恆星顏色顯示了大範圍的溫度，從藍／白（最熱）到橘／紅（最冷）。

**參照
條目** 光譜學的起源（西元 1814 年），量子力學（西元 1900 年），皮克林的「哈佛電腦」（西元 1901 年），主序帶（西元 1910 年），愛丁頓的質光關係（西元 1924 年）

銀河暗帶

巴納德（**Edward Emerson Barnard**，西元 1857 年～西元 1923 年）
武夫（**Max Wolf**，西元 1863 年～西元 1932 年）

人們若夠幸運生長在、或偶有機會造訪完全黑暗、沒有光害、沒有月亮的夜晚，將會遇上以下的驚人光景：巨大的銀河從地平面灑過地平面，帶著明亮的恆星帶以及黑印帶，就像一幅精妙的波洛克（Jackson Pollock）繪畫揮灑在宇宙畫布上。在這樣驚人的夜晚，很容易理解古人對夜空的敬畏，以及他們嘗試理解眼睛所見的渴望。

在十九世紀末，全球許多主要城市仍可被視為夜空觀測場所。直到第二次世界大戰以前，電氣化的夜空並不普遍存在。因此，美國天文學家巴納德在 1895 年急切地接納一次遷往芝加哥大學的機會，獲取當時剛成為全世界最大折射式望遠鏡的使用權，這座擁有直徑 40 英寸（120 公分）透鏡的望遠鏡位在葉凱士天文台。坐擁一架大型望遠鏡，以及他在剛起步的**天文照相學**的新興趣，巴納德開始從銀河中的亮星區以及似乎空洞的暗缺口，獲取前所未有的好資料。

另一位參與巴納德銀河研究的重要合作者，是德國天文學家和天文攝影家武夫。武夫知道許多天文學家被銀河暗帶所困惑，英國天文學家威廉・赫歇爾稱此銀河暗帶為天空中的破洞。巴納德的照片

與武夫的分析，顯示這些「破洞」根本不是真正的破洞，詳細的觀測能夠顯示有很暗的星星，或者可能是背景星，這些可被推知為暗帶的特徵。

武夫曾做出一個相當令人信服且正確的論點，那就是銀河內的暗帶是龐大的不透光星塵雲，它遮蔽了背景星的亮光，使之無法穿透。他注意到這些暗帶經常和亮星雲塊以及很有可能剛形成的恆星一起出現，依此可以推論這些黑暗區域可能是宇宙繭，一個星塵和氣體被壓縮而濃密的區域，「即將產生新的太陽」。武夫和巴納德有關暗帶起源的早期推測，已經被證實是完全正確的。

從科羅拉多州落磯山國家公園的久久峰（高度 14,259 英尺 [4,346 公尺]）升起的壯麗銀河和暗星塵帶

參照條目 銀河（約西元前一百三十七億年），太陽星雲（約西元前五十億年），第一張天文照相（西元 1839 年）

溫室效應

傅立葉（Joseph Fourier，西元 1768 年～西元 1830 年）
阿瑞尼士（Svante Arrhenius，西元 1859 年～西元 1927 年）

我們經常將我們居住的地球當成一顆天然的適居世界，不是地獄般靠近太陽的金星，或是冰凍般遠離太陽的火星。然而，一直到十九世紀末，科學家才了解地球是一個適居的海洋世界，僅因為受到兩個相當不起眼、但極端重要的大氣氣體的影響：水蒸氣（H_2O）和二氧化碳（CO_2）。沒有這二樣東西，地球的大海會凍成固體，如果真有任何生命可以完全發展出來，我們星球上的生命很可能會非常不同。

在 1820 年代，法國數學家傅立葉是第一位知道地球實際的平衡溫度會低於冰點的科學家，平衡溫度是指僅靠太陽光加熱的地表溫度。但為什麼海洋是液態的？傅立葉猜測大氣層可能是個絕緣體，或許就像溫室內的玻璃格窗可以困住熱，但傅立葉不太確定。

瑞典物理學家和化學家阿瑞尼士則提供了正確的解答，他證明在我們大氣層內的氣體的確可以將地表加溫超過 30 度，因此可以維持我們的星球免於冰凍。這個作為原因的特定氣體主要是水和二氧化碳，這些氣體是透明的，因此可以讓太陽光照到地表，但它們吸收了地表向外輻射的大部分紅外熱能，因此加溫大氣層。即使這種加溫不同於密閉玻璃箱，但它仍被稱為溫室效應，部分原因是來自於傅立葉討論過的早期想法和實驗。

阿瑞尼士知道溫室是地球富含水和二氧化碳的簡單結果，他猜測，二氧化碳曾經減少，可以解釋冰河時期的成因。他也進一步猜測石化能源的過度燃燒，可能大量增加二氧化碳，造成全球暖化。地球的氣候比阿瑞尼士當時想像得還要複雜，但他對人類可能改變地球環境的擔憂，被證明是有先見之名的。

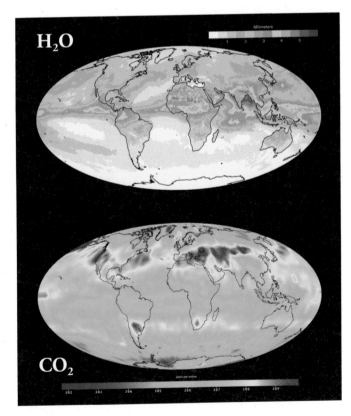

右上：2000 年 7 月的全球大氣水蒸分布圖（藍色表示較多）。右下：2009 年 7 月的全球大氣二氧化碳分布圖（紅色表示較多）。資料來自航太總署的大氣紅外探測衛星。

參照條目　金星（約西元前四十五億年），地球上的生命（約西元前三十八億年），寒武紀大爆發（約西元前五億五千萬年），恐龍滅絕撞擊（約西元前六千五百萬年），火星上的生命？（西元 1996 年）

放射性

侖琴（Wilhelm Rontgen，西元 1845 年～西元 1923 年）
貝克勒（Henri Becquerel，西元 1852 年～西元 1908 年）
皮耶・居禮（居禮先生，Pierre Curie，西元 1859 年～西元 1906 年）
瑪莉・居禮（居禮夫人，Marie Sklodowska Curie，西元 1867 年～西元 1934 年）

十九世紀末，在歐洲和美國的物理實驗室迸出許多有關電和磁的新發現。這項產生和儲存大量電壓和電流的全新設計能力，可用在不同的實驗上，並經常引發一些意外之舉。例如德國物理學家侖琴在 1895 年的高電壓陰極射線管研究，可以產生一種神祕的新輻射形式，他稱之為 X 射線。

法國物理學家貝克勒猜測，某些天然物質可以產生燐光（在黑暗中發光），可能和 X 射線有關。他在 1896 年做出一系列的實驗，決定當曝曬在太陽下的時候，這些物質是否可以釋放出 X 射線，但意外發現當中的一種物質（鈾鹽）會自發地產生輻射。他發現了放射性，一種與 X 射線全然不同的東西。

貝克勒繼續與同事、也是法國物理學家的居禮夫婦合作，居禮夫婦也對這個新發現的自發輻射的特異行為感到興趣。居禮夫人所做的鈾研究，讓她發現兩種全新的放射性元素：釙（以她的國家波蘭命名）和鐳。在確認他們的重要發現後，貝克勒和居禮夫婦共同獲得 1903 年的諾貝爾物理獎。

經過一個世紀，放射性被當作是天然的時鐘，因為放射性元素以可預測的速率釋放能量，並衰變成其他元素。放射性曾被用來準確定出地球、月亮、隕石的年齡，並且擴展到整個太陽系，甚至將太陽的年齡和演化當作一個指南。由於像是貝克勒和居禮夫婦這些科學家的前沿研究，我們現在準確地知道地球的年齡是四十五億四千萬年，太陽系是在四十五億六千七百萬年前形成。

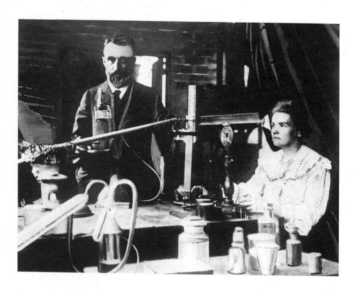

上圖：放射性發現者貝克勒於 1918 年的照片。右圖：1907 年之前的某一天，居禮夫婦在巴黎的實驗室研究放射性。

參照條目　太陽的誕生（約西元前四十六億年），地球（約西元前四十五億年），月亮誕生（約西元前四十五億年），宇宙微波背景製圖（西元 1992 年），宇宙的年齡（西元 2001 年）

土衛九

愛德華・查爾斯・皮克林（Edward Charles Pickering，西元 1846 年～西元 1919 年）
威廉・亨利・皮克林（William Henry Pickering，西元 1858 年～西元 1938 年）
史都華（DeLisle Steward，西元 1870 年～西元 1941 年）

十九世紀末，大部分的天文學家都知道，單只建造日漸強大的望遠鏡並不是研究黯淡星體的唯一辦法，增加集光能力就和增加記錄星光的偵測器靈敏度一樣重要。因此，更多的觀測選擇將人眼轉換成照相底片，作為天文觀測的偵測器。

哈佛學院天文台（HCO）也不例外，十九世紀後期的哈佛學院天文台台長皮克林，是使用**天文照相學**的先鋒，專門收集和記錄星體的高解析光譜。皮克林的弟弟威廉・亨利・皮克林也是哈佛學院天文台的天文學家。1899 年，他分析了一年前哈佛學院天文台同事史都華拍攝土星周圍星空的照相底片，發現一個昏暗的新衛星繞著土星，但這是一顆相當古怪的衛星。它是以相反於其他衛星的方向繞著土星，運行在一個離心率相當高的偏斜軌道上，與土星的距離比前一顆衛星（伊亞佩特斯，即土衛八）遠四倍。威廉・皮克林將之命名為「菲比」（Phoebe，土衛九），這是沿用希臘神話來命名的土星衛星。土衛九是太陽系當中，第一顆不是用肉眼，而是用照相方式發現的衛星。

一直到 1981 年的探險家二號太空船飛掠土星，然後特別是 2004 年的卡西尼土星軌道者探測號任務，天文學家才得到有關土衛九的詳細資料。它是一顆相當大、且近似圓球的衛星，直徑約 134 英里（220 公里），有低反射率（約 6%）和些微偏低的密度（每立方公分 1.6 公克）。在暗表土層下，沿著陡峭斜坡有亮冰塊出現，光譜測量顯示有一些二氧化碳結冰。土衛九的成分和怪異軌道顯示，它可能是一顆被捕獲的半人馬小行星，一個來自古柏帶卻被轉向的闖入者。打在土衛九的撞擊，產生了一個巨大、傾斜、黑暗、瀰散的模糊環圍著土星，這環由冰塊和岩石所構成，有些撞擊則和造成雙色土衛八的主要半球變暗有關。

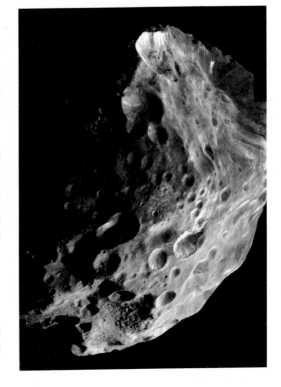

航太總署卡西尼土星軌道者拍攝土衛九受劇烈撞擊的黑暗表面的部分照片，明亮的撞擊牆面顯示冰狀沉積物在較暗物質層的下方。

參照條目　土星有環（西元 1659 年），土衛八（西元 1671 年），第一張天文照相（西元 1839 年），土衛七（西元 1848 年），半人馬小行星（西元 1920 年），皮克林的「哈佛電腦」（西元 1901 年），探險家號遇上土星（西元 1980、1981 年），卡西尼號探索土星（西元 2004 年）

量子力學

卜朗克（**Max Planck**，西元 1858 年～西元 1947 年）
愛因斯坦（**Albert Einstein**，西元 1879 年～西元 1955 年）

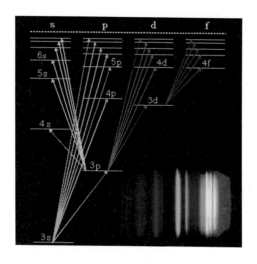

什麼是光？這個問題困擾了哲學家和物理學家數千年，亞里斯多德和他的追隨者把光想成一種穿越空氣的波狀擾動，而被認定為原子論者的德謨克利特追隨者斷定光是粒子。有關光的波粒二象性的爭論，也瀰漫在文藝復興時期的物理界：牛頓認為只有光的微粒特性可以解釋光學行為，惠更斯堅認光必須像波一樣，因為它需要介質才能穿透和折射。就在這樣混亂的背景下，十九世紀末的物理學家開始對物質本質的科學了解，提出一個根本的典範轉移。

這個變革起源自德國物理學家卜朗克的一種數學技巧性手法。他嘗試了解為什麼一個給定溫度的物體會放出和吸收能量，無論是原子、分子或恆星，以及為什麼這些物體有時會在光譜上，產生相異的亮發射譜線或暗吸收譜線。卜朗克的劃時代招數是，假設光（或等同於輻射或能量）只能夠以分立的小包被物質放出或吸收，這個小包稱做量子，量子的能量大小只和光的頻率或波長有關。

對卜朗克而言，能量的量子化只是用來求解方程式的數學假設，不需要任何一種物理實體的描述。但與他同時代的一些科學家，包括物理學家**愛因斯坦**，在卜朗克的研究中看到更深層的真理，提出光是由被稱做光子的能量量子所構成的，光子與物質的交互作用遵循波的方程式。不像一般的難題，光的波粒二象性變成一門全新物理分支的基本信條，而這門物理就是量子力學。

上圖：卜朗克的能量量子化導致一個電子繞行原子核的精細能階理論，這是由一群物理學家，例如波耳（1885-1962）所提出的。在波耳的原子能階模型中（例如此處展現的鈉原子），電子得到或失去能階之間的能量，可以解釋原子光譜中，不同波長的亮線和暗線（右下）。右圖：一張未註明年份的卜朗克桌前照片。

參照條目　光速（西元 1676 年），光譜學的誕生（西元 1814 年），以太的末日（西元 1887 年），恆星顏色＝恆星溫度（西元 1893 年），愛因斯坦「奇蹟年」（西元 1905 年）

皮克林的「哈佛電腦」

愛德華‧查爾斯‧皮克林（Edward Charles Pickering，西元 1846 年～西元 1919 年）
坎農（Annie Jump Cannon，西元 1863 年～西元 1941 年）

就像其他科學家一樣，天文學家喜歡將研究的課題分類成一個個合宜的類別，以便比較對照相互的特性和歷史。肉眼可以看到數千顆恆星，而望遠鏡可以看到數百萬顆，因此提出一種合宜的方法來分類恆星尤其重要。

早期的依巴谷（Hipparchus）、托勒密（Ptolemy）和蘇菲星表紀錄了亮星的相對星等，有時也紀錄相對顏色，例如從偏藍到偏紅。1860 年代，義大利天文學家西奇（Angelo Secehi）神父從數千顆恆星獲取光譜資料，並發展出第一個恆星分類方法，根據恆星的光譜樣式，將恆星分成五個主要的類別。

許多天文學家去蕪存菁，將西奇的方法擴充到數百萬顆恆星，這包括了哈佛學院天文台台長皮克林。皮克林的計畫可以用到很好的望遠鏡，就像當時的天文台台長一樣，他雇用了人類「電腦」協助他過濾和分析已經收集到的大量資料庫（數千張照相底片）。

大部分的電腦是婦女，用很少的經費，甚至無償處理男性雇員視為相當無趣的卑微工作，也就是量測恆星光譜線。有些婦女在恆星光譜學上變得相當熟練，最後在這個領域做出重要貢獻，當中包括坎農。坎農能夠利用她對吸收譜線強度的知識，重整和簡化已經變得極度複雜和無法共存的方法。坎農在 1901 年的分類名稱為 OBAFGKM，依序為偏藍且弱的譜線到偏紅且強的譜線，至今仍為天文學家所使用。後來，她的分類方式被認為和恆星溫度和恆星演化有直接的關連。

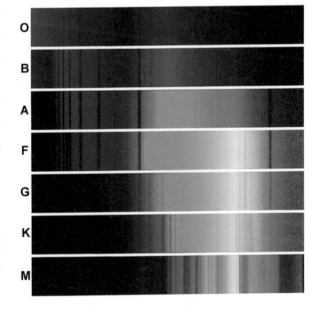

上圖：坎農 1922 年的肖像。右圖：1901 年坎農發展的哈柏分類法示意圖，根據恆星光譜，將擁有最弱譜線的恆星（O），到最強譜線的恆星（M）分別歸在一起。

參照條目　星等（約西元前 150 年），光譜學的誕生（西元 1814 年），恆星顏色＝恆星溫度（西元 1893 年），主序帶（西元 1910 年）

木衛六

拉格朗日（Joseph-Louis Lagrange，西元 1736 年～西元 1813 年）
洛希（Edouard Roche，西元 1820 年～西元 1883 年）
希爾（George William Hill，西元 1838 年～西元 1914 年）
沛林（Charles Perrine，西元 1867 年～西元 1951 年）

　　就如 1898 年木衛九的發現，天文學家掃視巨行星四周更廣闊的空間，以期找到新的衛星。十九世紀的天文學家，如洛希和希爾，拓展了拉格朗日的天體力學研究，針對一顆衛星在穩定軌道上能離行星多遠，提出更精確的估計，這個領域現稱為行星的希爾球（a planet's Hill sphere）。

　　1904 年，利克天文台的天文學家沛林發現木星的一顆昏暗外圍衛星，離木星的距離是木衛四的四倍，木衛四是伽利略衛星最外側的一顆，這顆新發現的衛星直接被稱為「木衛六」，直到 1935 年才依照希臘神話命名為「西默利亞」（Himalia），這位女神替宙斯生了三個兒子。

　　木衛六離木星的距離太遠，以致於無法從探險家號或伽利略號任務所獲得的影像中清楚看見。但卡西尼號任務在前往土星的途中，朝向木衛六拍照，顯示它的大小約 93 英里（150 公里）寬。後來發現，木衛六是一群超過五十顆較小的不規則衛星當中，最大且最亮的一顆。而現在知道，這些不規則衛星位在木星較遠的軌道上。木星並不是唯一擁有不規則衛星的行星，土星有三十八顆，天王星有九顆，海王星有六顆。

　　許多不規則衛星以相對於巨行星主要衛星的相反軌道運行（逆行），許多是相對於它們的母行星赤道面有很明顯的傾斜軌道。不像主要的衛星（和月球），似乎沒有一顆是潮汐鎖定，一面永遠指向母行星。這些特徵致使天文學家相信，例如像木衛六的外圍不規則衛星是被捕捉的天體。或許它們是在鄰近區域形成，但逐漸漫遊到足夠近的距離，而在巨行星的希爾球內被萬有引力捕獲。或者它們可能是主帶小行星或古柏帶天體受到萬有引力而轉向，然後被捕捉。為了明確地查明原因，可能需要專門的太空任務瞄準這些小世界。

來自馬里蘭大學線上太陽系視覺者的一張不規則衛星群的快照，現在知道它們是繞著木星公轉。在這張照片中，木衛六在大衛星木衛四的正上方。

參照條目　拉格朗日點（西元 1772 年），土衛九（西元 1899 年），古柏帶天體（西元 1992 年）

愛因斯坦「奇蹟年」

愛因斯坦（**Albert Einstein**，西元 1879 年～西元 1955 年）

想像你了解一些有關宇宙和時空真正本質、且沒有其他人知道的全新論點。再想像一下，當你談論這些東西時，如果沒有人要相信你，或甚至了解你。因為遠超過同時代而產生的嚴重挫折感，是否會壓過創造出所有科學內最重要發現的喜悅？這就是具有遠見的物理學愛因斯坦所面臨的困惑！

愛因斯坦出生於德國的一個中產家庭，他在學校顯露出數學和物理的早期天賦，以及非傳統思想和衝撞權威。從瑞士的一所學院畢業，獲得物理學位之後，他在尋找教職上並不順遂。1902 年，他開始在柏恩的專利局工作，專門負責電磁方面的業務，他仍繼續浸淫於物理當中。

哇！好傢伙！他的確浸淫在物理當中，在一個不凡的一年——1995 年，愛因斯坦探究出光的粒子本質，現稱為光電效應，這是所有近代數位相機 CCD（電荷耦合元件）偵測器的理論基礎；他解釋分子的微小無規運動，稱之為布朗運動；他推出狹義相對論，假設光速是永遠不變的，意味了當運動速度趨近光速，時空會以異乎尋常的方式改變；另一個或許特別值得注意的，他證明能量和質量基本上透過著名方程式 $E = mc^2$ 而相互關連，這個非常新的觀念最終致使我們處於現在的核時代。這些富創造力的新概念和解釋，讓他獲得蘇黎世大學的博士學位，之後很快贏得諾貝爾獎，表彰他的創造力。

終其一生，愛因斯坦持續發展新概念，並延伸他之前的概念。廣義相對論正是他後期的著名理論之一，它把重力解釋成普通四維時空（物理學家稱之為時空連續體）在形狀上的改變。天文學家和物理學家花了一個多世紀的時間，驗證和擴展愛因斯坦的相對論和其他觀念，幾乎大部分都已證實是正確的。

1921 年，愛因斯坦在維也納的一場演講。

 參照條目 光速（西元 1676 年），量子力學（西元 1900 年），天文學數位化（西元 1969 年），重力透鏡（西元 1979 年）

木星的特洛伊小行星

拉格朗日（Joseph-Louis Lagrange，西元 1736 年～西元 1813 年）
帕利扎（Johann Palisa，西元 1848 年～西元 1925 年）
武夫（Max Wolf，西元 1863 年～西元 1932 年）

天文攝影學的發明，讓科學家不但能發現昏暗的天體（這是因為相對於肉眼，照相底片增加了靈敏度），也能觀測到快速移動的天體，例如小行星（它們以不同於恆星的速率劃過天際）。在十九世紀末、二十世紀初，天文照相術的佼佼者之一就是德國天文學家武夫。

在武夫的研究生涯中，他用自己的照相方法發現了幾乎 250 顆小行星。最重要的一次發現是在 1906 年 2 月 22 日，他確認了第 558 顆已知的「小行星」。不像其他的發現，這顆是遠離於主小行星帶，離太陽的平均距離約 5.2 天文單位，幾乎和木星相同。奧地利天文學家帕利扎也是一位多產的小行星發現者，他發現武夫找到的天體是以與木星相近的軌道繞著太陽，但約提前了 60 度。之後，在這個區域找到更多的小行星，約相同數量的軌道是落在木星之後 60 度，這很清楚是重力平衡穩定區域的概念被證實了，這區域又稱做拉格朗日點，這是法國數學家拉格朗日在 1772 年所提出的。武夫發現了第一顆位在拉格朗日點的小行星，後來由帕利扎命名為特洛伊小行星（Trojan Asteroids），紀念特洛伊戰爭的

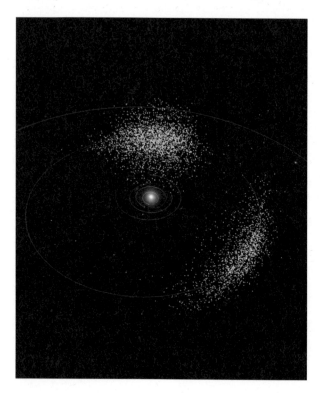

英雄。武夫的小行星編號 588 號，繞行在木星太陽系統的 L4 拉格朗日點附近，最後名之為阿基里斯，是荷馬史詩《伊利亞德》裡的一位希臘英雄。在 L4 區域的其他小行星，則依照來自希臘陣營的其他英雄命名，而在 L5 區域的小行星是依照特洛伊陣營的英雄。

至今已有超過四千顆特洛伊小行星在兩陣營間發現，天文學家估計可能有超過百萬顆小行星的尺寸大過 0.6 英里（1 公里），被困在天文學家所說的木星特洛伊 L4 和 L5 雲內。許多是昏暗偏紅的，可能類似不活躍的彗星，但我們對這群數量龐大的小天體，也就只知道這麼多了。

已知軌道的 4079 顆木星特洛伊小行星（黃點表示）的位置示意圖，前導希臘雲（L4）位在頂部，拖曳的特洛伊（L5）在右下方，木星在右邊中間位置（這圖是由 Celeslia 天象程式所繪製的）。

參照條目　主小行星帶（約 西元前四十五億年），拉格朗日點（西元 1772 年），銀河暗帶（西元 1895 年），木衛六（西元 1904 年）

火星和它的運河

斯基亞帕雷利（**Giovanni Schiaparelli**，西元 **1835** 年～西元 **1910** 年）
羅威爾（**Percival Lowell**，西元 **1855** 年～西元 **1916** 年）

火星的衛星火衛一和火衛二，是在 1877 年的火星衝時被發現的，部分原因是那一年火星比一般的衝日發生時更加靠近地球。其他人也趁此這次機會對焦火星，包括義大利天文學家斯基亞帕雷利，他製作了許多火星地圖，並且賦予了火星「海」（較暗區域）和「大陸」（較亮區域）歷史性的拉丁和地中海名字。他也在火星上觀測到細微、黑暗的線條結構，他認為這可能是某種水道（channels），義大利文的水道一字 canali 經常被誤翻成英文的運河（canals）。

美國麻州實業家、作家和天文愛好者羅威爾，對斯基亞帕雷利以及其他人對火星的線條結構非常沉迷，並確信只要有高品質的觀測結果就可以顯示更多細節。1894 年，他用部分的個人家產在亞利桑那州旗竿鎮創建一座高海拔的天文台，並配有一架 24 寸（61 公分）克拉克父子（Alvan Clark and Sons）折射望遠鏡。羅威爾天文台很快就成為全世界天文研究的主要中心之一，羅威爾將他自己大部分的觀測時間專注在詳細的火星觀測和繪製上。

在羅威爾的眼中，火星表面被黑線標誌而形成的錯綜複雜網絡，並以十字交叉的方式覆蓋著，這些黑色標誌只可能是某個高智慧物種的傑作。在他 1906 年的一本暢銷書籍《火星和它的運河》（*Mars and Its Canals*）當中，他猜想這些是外星人的水路航道，專門為了將極圈融化的冰水輸送到紅色行星的大型赤道城市而設計的，火星居住了一群擁有高度技能工程師的這個概念被普遍地宣傳。

近代照相術和太空任務已經顯示，斯基亞帕雷利和羅威爾的運河只是一種光學的假象，但對於火星可能有生命居住的公眾（和科學）迷戀仍然很強烈。

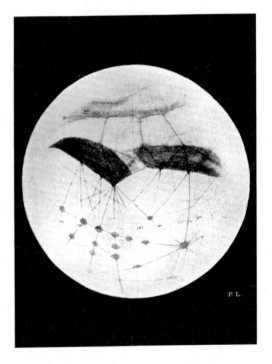

上圖：約在 1895 年的羅威爾本人照片。右圖：一張約在 1900 年的羅威爾繪製的火星圖，當中顯示一些細黑線段，他和一些人解釋為火星上的一個大尺度不規則運河網絡的證據，透過他的研究，羅威爾為紅色行星上的生命概念做了許多普及的工作。

參照
條目　火星（約西元前四十五億年），火衛二（西元 1877 年），火衛一（西元 1877 年），第一批火星軌道者（西元 1971 年），火星上的維京號（西元 1976 年），火星上第一架漫遊者號（西元 1997 年），火星全球探勘者號（西元 1997 年），火星上的精神號和機會號（西元 2004 年），火星上的第一批人類？（～西元 2035 至 2050 年）

通古斯爆炸

庫利克（**Leonid Kulik**，西元 **1883** 年～西元 **1942** 年）

1908 年 6 月 30 日，遙遠西伯利亞中部地區，靠近通古斯河，現今為克拉斯諾亞爾斯克區域的許多住民，一早被一場驚天動地的事件給驚醒。約在早上七點十五分，據目擊者報告，西伯利亞上空爆出一道耀眼的閃光，接著是一陣打雷般的爆炸。地表受到規模 5 的震動搖晃，一陣劇烈的熱風和烈火掃過，將超過 811 平方英里（2100 平方公里）的八千多萬棵樹木吹倒，這個面積是半個羅德島。來自這一事件的震波訊號在亞洲和歐洲都被偵測到，之後數天，全世界的夜空都籠罩著毛骨悚然的微光。

科學家猜測，通古斯當地居民遇上了一次隕石撞擊。直到 1927 年，才有第一個科學團隊到達這個遙遠蠻荒之地進行研究；但是俄國礦物學家庫利克沒有找到隕石撞擊坑，也沒有可能有用的鐵鎳隕石碎片。很顯然的，這個事件根本就是一次空中爆炸，地表受到衝擊波、高熱和火焰的破壞，但沒有形成相關的撞擊坑。

行星科學家曾為了這個撞擊的本質，爭論了超過一個世紀。許多人宣稱這一定是一個在穿過大氣層時分解的冰彗星碎片；也有人宣稱這一定是一個岩質小隕石，或許是由一堆碎石堆積成的物體，由於太脆弱而無法存活到地表。不管它的來源，這個物體僅有 33 尺（10 公尺）寬，以每秒約 6 英里（10 公里）的速度飛行，在高度 6 英里（10 公里）的位置爆炸，產生一千萬噸 TNT 的能量，或者約是二次世界大戰原子彈爆炸能量的一千倍。

令人訝異的是，沒有人在通古斯爆炸中喪生。通古斯是一次了解撞擊事件的警鐘，尤其是這樣小的物體，當它湊巧以極高速猛烈撞擊地球，是可以對我們的環境產生如此毀滅性的效應。

上圖：1927 年庫利克遠征隊的照片。右圖：藝術家行星科學家哈特曼對空中爆炸一分鐘後的通古斯森林繪圖，這圖是在聖海倫山繪製，這地方受到 1980 年火山爆發的轟擊產生一幅類似通古斯的景色。

參照條目　寒武紀大爆發（約西元前五億五千萬年），恐龍滅絕撞擊（約西元前六千五百萬年），亞利桑那撞擊（約西元前西元前五萬年）

造父變星和標準燭光

勒維特（**Henrietta Swan Leavitt**，西元 1868 年～西元 1921 年）
愛德華·查爾斯·皮克林（**Edward Charles Pickering**，西元 1846 年～西元 1919 年）
赫茲史普（**Ejnar Hertzsprung**，西元 1873 年～西元 1996 年）

天文學家已經知道，使用視差法應該有可能測量最近恆星的距離，視差法是從地球繞行太陽一年的運動造成恆星的視覺偏移。但對於無法顯示任何可偵測視差的更遠恆星，即使透過全世界最大的望遠鏡，又如何測量距離？

這個答案來自勒維特的研究工作，勒維特是哈佛學院天文台台長皮克林的「哈佛電腦」的一員，主要負責從數千張照相底片分析數百萬顆恆星的勞力工作。勒維特的分析主要著重在週期變星或脈動變星的亮度變化，她檢查了數千顆變星，在一組稱為造父變星（Cepheid Variables，依據原型——造父 δ 星命名）的特定類別中，發現一個有趣的模式。

1908 年，她發表了她的初步發現，也就是越亮，或者光度越強的造父變星，它的週期越長，這個「周光關係」意味著，擁有相同亮度變化週期的造父變星在亮度上如有變化，那一定只是離我們的距離有所不同。如果距離可以獨立決定，那造父變星可用來當作距離的衡量尺度，或稱為標準燭光。

1913 年，丹麥天文學家赫茲史普採用靈敏的視差測量，獨立決定數個造父變星的距離，這些結果可以提供其他造父變星距離估計的關鍵。勒維特大量未公布的發現，以及仙女座星系和其他星系的造父變星後續分析，證實仙女座以及類似星雲其實是獨立的星系，位在銀河系外數百萬光年遠的位置。

上圖：勒維特畫像。右圖：1994 年 5 月，哈柏太空望遠鏡拍攝位在螺旋星系 M100、正在改變亮度的造父變星照片。藉由將造父變星當成標準燭光，估計 M100 的距離是 56±6 百萬光年。

參照條目　星等（約西元前 150 年），恆星視差（西元 1839 年），米拉變星（西元 1596 年），皮克林的「哈佛電腦」（西元 1901 年），主序帶（西元 1910 年），哈柏定律（西元 1929 年）

主序帶

赫茲史普（Ejnar Hertzsprung，西元 1873 年～西元 1967 年）
羅素（Henry Norris Russell，西元 1877 年～西元 1957 年）

　　二十世紀早期，全世界的天文學家都靠著哈佛皮克林團隊首創的方法，用恆星的顏色和光譜線，描繪和分類大量恆星的特性。丹麥天文學家赫茲史普和美國天文學家羅素，分別注意到當中最重要的進展，也就是觀測到：當恆星的光譜型態或溫度和恆星的真實亮度（也就是說將天空中的視亮度被與我們之間的距離校正過）畫在一起的時候，星團的大部分恆星是位在一個從左上角到右下角的寬序帶上。赫茲史普創造了新名詞「主序帶」（main sequence），用來描述恆星間的這個明顯趨勢。這個作圖方式約在 1910 年開始採用，現稱為赫羅圖。

　　接下來的數十年，天文學家開始了解這個主序帶不僅僅是無來由的群聚現象，它代表了追蹤恆星年齡和最終命運的一條演化路徑。當恆星核心壓力和溫度高到足以產生氫原子轉變成氦原子的核融合反應時，大多數恆星於焉誕生。在生命過程的這個氫融合階段，一般的恆星將畫在主序帶上的某個位置。這個位置取決於恆星的質量，質量是太陽的數倍到十倍的亮星（藍巨星）在赫羅圖的左上角，質量是太陽的十分之一到一半的暗星（紅矮星）在右下角。當恆星變老，氫燃料用盡，它們依照特有的（且經常是壯觀的）方式偏離主序帶，最終「死亡」，這同樣是視它們的質量而定。

　　當行星內部細節被天文物理學家，例如愛丁頓（Arthur Eddington）和貝特所了解之後，就有可能預測特定質量的恆星如何生存和死亡。我們的太陽原來是一顆中等質量、中年的主序星，約在五十多億年內，注定會膨脹成一顆紅巨星，驅逐出主序帶的外層，成為行星狀星雲，然後逐漸變暗成白矮星。

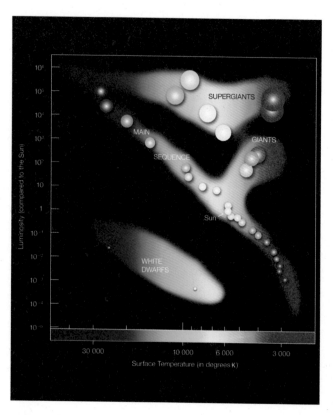

恆星內稟光度（y 軸，以太陽光度＝1 為標準）對上恆星顏色，或者等效溫度（x 軸）的作圖。顯示一條明顯的對角恆星帶，即主序帶，主序帶由較亮藍巨星、較亮紅巨星和較暗的白矮星所包圍住。

參照條目
星等（約西元前 150 年），看到「白晝星」（西元 1054 年），行星狀星雲（西元 1764 年），米拉變星（西元 1596 年），恆星顏色＝恆星溫度（西元 1893 年），白矮星（西元 1862 年），皮克林的「哈佛電腦」（西元 1901 年），造父變星和標準燭光（西元 1908 年），愛丁頓的質光關係（西元 1924 年），核融合（西元 1939 年），太陽的末日（～五十億至七十億年後）

銀河的大小

沙普利（Harlow Shapley，西元 1885 年～西元 1972 年）
哈柏（Edwin Hubble，西元 1889 年～西元 1953 年）

1908 年發現造父變星可用來決定宇宙距離。之後十年間，一些天文學家專注在決定螺旋星雲、球狀星雲和其他謎樣天體的距離，為了能夠掌握它們是在銀河裡頭還是銀河外頭。的確，銀河本身的大小才是極具爭議的議題。許多天文學家相信銀河本就是宇宙，同時有其他天文學家認為銀河只是許多個別的「島宇宙」之一，就如同十八世紀哲學家康德所稱的遙遠星雲。

第一位利用實驗估計出銀河系大小的天文學家，是美國的沙普利，他主要研究球狀星團在天上的分布。造父變星曾被用來決定鄰近球狀星團的距離，因此沙普利假設球狀星團有相同的大小，藉由其他球狀星團視直徑的改變，估計它們的距離。直到 1918 年，他判定球狀星團會形成一種暈狀結構繞著銀河的扁平盤，他估計銀河約三十萬光年寬，太陽並不是銀河中心，而是在離中心五萬光年的位置（日心說就到此為止）。這比許多人對銀河系的猜想大了非常多，這結果也使得沙普利確信不可能有在島宇宙：球狀星團和螺旋星雲都必須在銀河邊緣或裡頭。

事實上，沙普利估計的銀河大小是實際的三倍大，大部分的原因是他假設所有的球狀星團有一樣的大小，但並不正確。我們銀河盤的真實大小約十萬光年寬，一千光年厚（中心核球較厚），太陽偏離中心約兩萬七千光年。有關球狀星團在銀河內，以瀰散量的方式分布的說法，沙普利是正確的。但他對螺旋星雲的說法是錯誤的，就像哈柏和接下來數十年的後繼者所表明的，螺旋星雲和許多「星雲」形式的天體其實是單獨的星系，有些像我們的銀河系一樣，有些則不是，但它們都離我們數百萬到數十億光年遠。

螺旋星系 NGC 1309 正面的哈柏太空望遠鏡照片，在它的螺旋臂上，有亮藍區域的新生恆星形成區，較老偏黃恆星的中心區域。這張圖很類似我們從銀河系上方很遠的位置看到的銀河長相。

參照條目 銀河（西元前一百三十三億年），目睹仙女座（約西元 964 年），球狀星團（西元 1664 年），造父變星和標準燭光（西元 1908 年），哈柏定律（西元 1929 年）

「人馬座」小行星

巴德（**Walter Baade**，西元 1893 年～西元 1960 年）

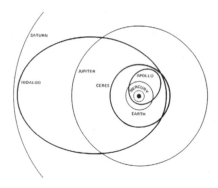

　　即使在二十世紀早期，總共發現了接近一千顆的小行星，天文學家仍會對偶而發現的謎樣新天體感到意外。例如在 1920 年，德國天文學家巴德發現的小行星 994 號，最終以墨西哥神父、也是墨西哥獨立之父希達戈（Miguel Hidalgo）之名，命為希達戈。這顆小行星被證實有一非常類似彗星、傾斜且不正圓的軌道（偏心率為 0.66），從**主小行星帶**的內緣（1.95 天文單位，或 AU）延伸到幾乎是太陽到土星的距離（9.5 天文單位）。

　　1977 年，另一顆小行星（2060 號開朗）在一個類似彗星的軌道被發現，在土星和天王星的距離間移動。自此之後，在木星和海王星之間的區域發現數百顆相當偏心軌道的小行星。這些部分像小行星、部分像彗星的星族，整個被稱為人馬座小行星（Centaurs），命名自神話中半馬半人的生物。

　　人馬座小行星有一個顏色的分布，這表示有成分上的分布。的確如此，望遠鏡看到的一些人馬座小行星光譜顯示水冰、甲醇冰、托林（tholins），或者是受太陽紫外線輻照（irradiation）甲醇或乙烷冰的有機殘留物。許多這類成分也在彗星上發現，三顆人馬座小行星（包括開朗）也被發現有一個不明顯的彗髮（一個模糊不清、類似彗星的頭），一種類似彗星活動的徵兆。

　　太空船至今尚未遇上任何一顆人馬座小行星，但許多天文學家認為，土星的不規則衛星土衛九可能是一顆被捕獲的人馬座小行星，因此可能是一個可以近觀的絕佳範例。我們可能必須加緊進行仔細研究：因為在它們穿越巨大行星的軌道，被拋入另一個新軌道之前，僅有數百萬年的壽命。

上圖：相較於木星的 944 希達戈軌道。右圖：由藝術家、行星科學家哈特曼（William K. Hartmann）繪製的人馬座小行星 5145 人龍星（Pholus）想像飛掠圖。就像其他人馬座小行星，人龍星有讓它看起來半小行星和半彗星的物理和軌道特徵。

參照
條目　主小行星帶（約西元前四十五億年），土衛九（西元 1899 年），木星的特洛伊小行星（西元 1906 年），古柏帶天體（西元 1992 年）

西元 1924 年

愛丁頓的質光關係

愛丁頓（Arthur Stanley Eddington，西元 1882 年～西元 1944 年）

即使天文學家已經在依據顏色、溫度和內稟亮度，對恆星進行分類，但仍花了很長的時間才了解恆星的實際運作。它們為什麼發光？它們從何處獲得能量？恆星裡頭到底發生了什麼事？有一位科學家的研究工作對回答這類問題非常重要，那就是英國天文物理學家愛丁頓。

愛丁頓於對了解星雲氣體和星塵因重力塌縮而形成恆星的過程很感興趣。天文學家知道重力造成雲氣壓縮並且拉成一顆圓球，但是那個機制阻止重力，使恆星免於塌縮得更小的尺寸？1924 年，愛丁頓發表了一項詳細的模型，解釋一顆恆星內部超高溫度和壓力所產生的向外作用力（輻射壓力）和重力平衡，使得恆星達到它們的平衡尺寸。

愛丁頓的恆星內部模型，也讓他決定一個存在**主序**星光度和恆星質量之間的關係，也就是兩倍亮度的恆星質量會變成原先的十倍（具體的關係是 LOC $M^{3.5}$）。因此根據他的研究，是可能藉由測量恆星的視亮度和距離，估計恆星的質量。所以天文學家可以證明，主序帶是取決於質量的生命線，是約 90% 的恆星所採取的演化軌跡。

在當時，愛丁頓和任何其他人都不了解為什麼這個所謂的質光關係行得通，或者輻射壓力是如何、以及為什麼在恆星內部產生。愛丁頓猜測，或許核融合可以產生所要的能量，但這個概念一直到 1930 年代末都還受到懷疑。

上圖：愛丁頓的照片。右圖：在 2010 年八月，NASA 的太陽動力天文台在太陽大氣的暗日冕洞拍到壯觀的紫外線影像，日冕洞是太陽風粒子流噴入太空的區域，會在地球大氣產生極光。

參照條目　太陽的誕生（約西元前四十六億年），恆星顏色＝恆星溫度（西元 1893 年），主序帶（西元 1910 年），核融合（西元 1939 年）

液態燃料火箭技術

齊奧爾科夫斯基（**Konstantin Tsiolkovsky**，西元 1857 年～西元 1935 年）
戈達（**Robert Goddard**，西元 1882 年～西元 1945 年）
布勞恩（**Wernher von Braun**，西元 1912 年～西元 1977 年）

　　利用火藥燃燒推進的火箭已發明超過一千年。在戰爭使用火箭，以及用在娛樂（煙火）的第一個民族是中國人。但在 1903 年，俄國數學家齊奧爾科夫斯基寫下第一份學術研究，預期火箭不僅是武器，也可能成為太空旅行的工具。他研究出許多火箭技術的理論，當中第一次提出使用液態燃料取代火藥的構想，可以將燃燒效率以及火箭的推力重量比最大化。齊奧爾科夫斯基被公認為俄羅斯以及前蘇聯的近代火箭之父。

　　但能夠測試齊奧爾科夫斯基以及個人理論的第一人，是美國火箭科學家、克拉克大學物理教授戈達。他證實液態燃料火箭是可行的，可以提供所需的推力，將龐大質量推升到夠高的高度。他取得汽油和氧化亞氮驅動的火箭專利，還有多節火箭專利，他宣稱多節火箭最終可以達到極高的高度。即使相較於今日的標準，他的火箭高度算是中等，戈達的方法仍是合理有效的。而其他人，包括一組由火箭先驅者布勞恩領導的戰後太空競賽工程師團隊，仍擴展戈達的設計，使火箭能飛得更久、更高，最終進入（超過）軌道飛行。

　　就像許多發明家，戈達是有遠見的人，經常單獨工作，並且看到其他人輕忽的可能性。他是提倡把火箭用於大氣科學實驗以及最終用於太空飛行的早期擁護者，就像齊奧爾科夫斯基一樣。或許有些諷刺，戰爭是火箭最終發展的推動力，能夠於戈達身後完成他的太空旅行夢想。

戈達提出的第一架液態燃料火箭，於 1926 年 3 月 16 日麻州奧本升空。不像今日傳統火箭，這個模型的燃燒室和噴嘴是在頂端，燃料箱在下頭，火箭飛了 2.5 秒，飛行高度 41 英尺（12.5 公尺）。

參照條目　牛頓萬有引力和運動定律（西元 1687 年），史波尼克 1 號（西元 1957 年），登陸月球第一人（西元 1969 年），太空梭（西元 1981 年），火星上的第一批人類？（～西元 2035 年至西元 2050 年）

西元 1927 年

銀河旋轉

林達博（Bertil Lindblad，西元 1895 年～西元 1965 年）
歐特（Jan Oort，西元 1900 年～西元 1992 年）

1918 年，美國天文學家沙普利藉由測量圍繞在銀河盤面的**球狀星團**暈的距離和方向，得到銀河系**大小**的第一個量化估計。沙普利的研究也讓他估計出銀河系中心的位置，他將銀河系中心放在明亮的恆星帶的最亮區域，在人馬座的方向上。

現今**天體攝影學**和**光譜學**的仔細研究，事實變得很清楚，我們是在一個**螺旋星系**的裡頭。這讓一些天文學家領悟到，可能就像其他的螺旋星系，銀河內的個別恆星可能繞著銀河共同的重力中心旋轉。1920 年代，第一位仔細研究這個假說的，是瑞典天文學家林達博。

1927 年荷蘭天文學家歐特，藉由仔細測量數百顆個別恆星的運動，提出第一個林達博假說的觀測證據。他確認銀河會旋轉，尤有甚者，旋轉是較差的（differential），也就是說離旋轉軸不同距離的恆星以不同的速率繞著中心公轉，較遠的恆星落在較近恆星的後頭。太陽約離銀河中心一半的距離，約花兩億五千萬年的時間繞銀河中心一圈。

歐特和林達博的研究，有助於我們根據沙普利早期的估計值，更精確地算出銀河系的旋轉中心。

從光學觀測得到更多的內容，對當時的天文學家來說是有困難的，因為銀河中心的大部分區域被星塵雲狀體的**暗帶**所遮掩，十九世紀末巴納德和武夫已經研究過這個星塵雲狀體。後來的天文學家可以用 X 射線、紅外線和電波望遠鏡認真地研究這個區域，最終知道一個巨大能量來源（現稱為人馬座 A*）可能由隱藏在銀河中心的一個四百萬太陽質量的黑洞所提供。

一個繞著銀河中心旋轉的恆星、氣體和星塵團。這張照片由來自地面的 2 微米全天巡天計畫拍攝的紅外影像所組成的，紅外影像可以讓天文學家看進星塵區域的深處。

參照條目 銀河（約西元前一百三十三億年），球狀星團（西元 1665 年），銀河暗帶（西元 1895 年），銀河大小（西元 1918 年），暗物質（西元 1933 年），螺旋星系（西元 1959 年），黑洞（西元 1965 年）

哈柏定律

斯里弗（**Vesto Slipher**，西元 1875 年～西元 1969 年）
哈柏（**Edwin Hubble**，西元 1889 年～西元 1953 年）

1848 年發現光的都卜勒位移，後來成為天文學家的工具，可以用來決定天體相對於地球的運動速度，所需要的只是要能偵測和測量光譜學上的合適吸收光譜線。1912 年，羅威爾天文台的天文學家斯里弗，得到螺旋星雲和其他日後被證實為星系的天體的第一份光譜資料。斯里弗發現，大多數螺旋星雲的光譜線的都卜勒位移，朝向較長（較紅）的波長，它們是紅移，是遠離我們。

美國天文學家哈柏也對研究螺旋星雲有興趣。從 1919 年開始，他有機會使用位在南加州威爾遜山天文台的全新 100 寸（254 公分）胡克耳反射望遠鏡，這是當時全球最大且最靈敏的望遠鏡。哈柏研究斯里弗星系的紅移資料，並花了十年時間，苦心收集其他的資料。

1929 年，哈柏發表了一篇劃時代的論文，描述了他的初步結果。他發現星系的紅移增加，明顯地該星系離地球就越遠。所有的星系似乎都是離我們遠去，並且離得越遠，遠離越快。這個觀測暗示可觀測宇宙的體積是膨脹的，這就是現在所知道的哈柏定律。這項驚人結果和之前俄國宇宙學家傅里德曼（Alexander Friedmann）有關時空膨脹的理論預測相符，這理論是根據**愛因斯坦**的廣義相對論。

哈柏定律表示空間在早期比較小，就我們知道的宇宙開始於一百三十七億年前的一場劇烈爆炸，稱之為**大霹靂**。哈柏深深改變我們對宇宙的了解。

上圖：哈柏。右圖：2004 年，以紀念發現宇宙膨脹而命名的哈柏太空望遠鏡，歷經超過十一天的曝光，固定針對天空一小區塊，拍攝了這張從未有的高靈敏照片。在這張照片中，幾乎所有的小斑點都是星系。

參照條目 大霹靂（約西元前一百三十七億年），光譜學的誕生（西元 1814 年），光的都卜勒位移（西元 1848 年），愛因斯坦「奇蹟年」（西元 1905 年），宇宙的年齡（西元 2001 年）

發現冥王星

羅威爾（Percival Lowell，西元 1855 年～西元 1916 年）
威廉・亨利・皮克林（William Henry Pickering，西元 1858 年～西元 1938 年）
湯博（Clyde Tombaugh，西元 1906 年～西元 1997 年）

　　法國數學家勒維耶計算出造成天王星軌道擾動的一顆行星質量天體的可能位置，促使 1846 年**發現海王星**。天王星和海王星的後續觀測，導致一些天文學家猜測海王星不能對天王星軌道所有的不一致負責，可能仍有一顆地球大小的行星潛伏在某處。

　　羅威爾是堅信存有行星 X 的天文學家之一，這位新英格蘭商人在 1894 年於亞利桑那州旗竿鎮創建了羅威爾天文台，他和美國天文學家皮克林都預測了行星 X 可能被找到的位置。從 1909 年開始，一次不成功的搜尋從旗竿鎮展開，直到 1916 年羅威爾過世，因為羅威爾的地產之爭而擱置。皮克林自己在 1919 年的搜尋也告失敗。

　　在旗竿鎮的搜尋於 1929 年重新開始，由二十三歲的新雇員湯博負責。他在出生地堪薩斯所做的觀測和描繪，分享給羅威爾天文台台長斯里弗，使得斯里弗印象深刻。湯博使用羅威爾的 13 寸（33 公分）天體照相儀（一架有大型照相底片的望遠鏡），在預期的天區搜尋以海外行星速率移動的天體，經過幾乎一年的努力，在 1930 年 2 月 18 日，他預期的位置發現一顆新的小天體。一位英國女孩獲得後續的命名競賽，她選用了羅馬神話裡的冥界之神，把它命名為冥王星（Pluto）。諷刺的是，近代重新分析天王星的軌道顯示，沒有存在超過海王星可以解釋的不一致性，湯博的行星 X 發現純粹是技術和巧合。

　　冥王星仍然成為太陽系第九顆行星成員超過了七十五年，在近乎 40 天文單位之外的軌道運行，現在已知有五顆衛星（一顆相當大的夏倫衛星）。但是，在 1990 年代，已經清楚知道，冥王星只是**古柏帶**許多小型冰世界中最大的一顆。2006 年，這顆第九號行星在備受爭議且突兀的情形下，被降級為矮行星。

湯博在羅威爾天文台拍攝的照片，1930 年 1 月 23 日發現冥王星的原始相片（上）和 1 月 29 日相片（下），在相片中，白色箭頭標示著冥王星。

參照條目　冥王星和古柏帶（約西元前四十五億年），發現海王星（西元 1846 年），海衛一（西元 1846 年），冥衛一（西元 1978 年），古柏帶天體（西元 1992 年），冥王星降級（西元 2006 年），揭露冥王星！（西元 2015 年）

電波天文學

顏斯基（**Karl Guthe Jansky**，西元 1905 年～西元 1950 年）

年輕的顏斯基在充滿物理和電波科學環境的奧克拉荷馬州長大：他的父親是電機教授，也是奧克拉荷馬大學工程學院院長，他的大哥是電波工程師。也難怪顏斯基會跑到大學主修物理，並於 1928 年在剛起步的貝爾電話實驗室獲得一份工作，這是最初貝爾（Alexander Graham Bell）旗下的美國電話電報公司（AT & T）一個相當新的研究部門。

在貝爾實驗室裡，顏斯基研究雜訊和靜電如何干擾橫跨大西洋的無線電話服務問題。他需要一種方式監測雜訊源的強度和方向，因此他建造一台電波望遠鏡，長 100 英尺（30 公尺），可以在一組福特 T 型輪胎上操控，這台望遠鏡可以偵測到波長是它一半長度頻率約 20.5 兆赫（MHz）的電波訊號。

就在 1931 年的夏天，顏斯基開始用他的電波望遠鏡「觀測」。他成功搜尋背景靜電的來源，偵測到來自鄰近和遠方暴風雨的電波訊號，以及一個穩定微弱的嘶嘶聲，剛開始他無法辨識來源。經過一段時間，他發現這個訊號強度會做週期變化，週期為 23 小時 56 分鐘，剛好是一個恆星日（地球相對於固定恆星自轉一圈的時間）。他發現當朝向人馬座時，嘶嘶聲最強，特別是朝向天文學家已經認定為銀河系中心的區域。

基本上，顏斯基正在創造電波天文學，他的發現在四十年後被認定為來自人馬座 A* 的強電波發射（伴隨了 X 射線和紅外線），這個區域被認為包含一個位在銀河中心的四千萬太陽質量黑洞（譯註：2009 年最新研究顯示，在 0.002 光年半徑內約有 400 多萬太陽質量）。顏斯基不是天文學家，但他的全世界第一台電波望遠鏡的創新、技術和創造力，啟發了一門全新的天文學，一個全新的方式觀看和研究宇宙。

1931 年，貝爾實驗室工程師顏斯基在新澤西州線造的大型電波天線，搜尋電波頻率的噪音。這座天線有 100 英尺（30 公尺）長，20 英尺（6 公尺）高，能夠旋轉 360 度。它有一個綽號，叫做「顏斯基的旋轉木馬」。

參照條目　看到「白晝星」（西元 1054 年），銀河的大小（西元 1918 年），黑洞（西元 1965 年）

奧匹克－歐特雲

奧匹克（Ernst Öpik，西元 1893 年～西元 1985 年）
歐特（Jan Oort，西元 1900 年～西元 1992 年）

　　直到二十世紀早期，歷經數百年的仔細觀測，可以計算出十來個亮彗星的準確軌道，它們看起來可以分成兩類：短週期彗星，約每二十年到兩百年，軌道運動可以將它們帶到內太陽系；長週期彗星，有著又長又偏心的軌道，需要經過數百年到數千年，甚至更久的時間才能繞一圈（或者對於無週期的單一顯現期彗星，完全不會重複）。

　　當最長週期彗星接近它們的遠日點、或軌道最遠的位置，它們的軌跡距離太陽可遠到五萬到十萬天文單位（幾乎是最近恆星距離的三分之一）。研究人員的獨立紀錄顯示，一群遠日點群在這些極端範圍，可能意味著存有一個來自這些遙遠極端範圍的彗星儲存區。長週期彗星來自天空各個方向的這個事實，也意味著這些儲存區有點像是圓球形狀，就像一個超大雲環繞著太陽系。

　　1932 年，愛沙尼亞天文物理學家奧匹克，是第一位在一篇論文內假設這個超大彗星儲存區的存在的人。該論文描述過往恆星的角色，可能以輕推的方式將彗星從這個遙遠的雲，送到新的軌道，這個軌道應該會讓它們朝向太陽而去。在 1950 年，荷蘭天文學家歐特獨立地提出一個類似的想法，但推廣到木星和其他巨行星，將內太陽系彗星拋擲到這個非常遙遠的雲。

　　新發現的長週期彗星（約每年發現一顆）的後續研究，確認了這個想法：即使從未直接看到，似乎有一個遙遠的大彗星雲繞著太陽，天文學家現稱之為歐特雲（或奧匹克－歐特雲）。一些人估計，在那裡的彗星核質量約數個地球質量，數量有一兆顆這麼多，直徑約莫一公里，當中的一些彗星核在靠近太陽處形成，但被拋到長年冰凍的地方，其他則是在太陽重力的邊緣地區形成，正等待著它們第一次和緩的恆星輕推，被推送到溫暖的區域。

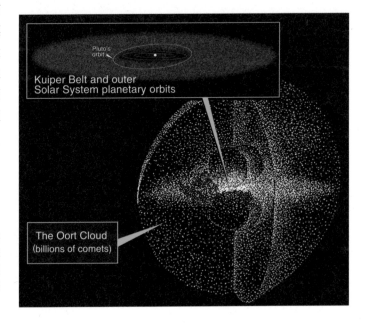

距離五千到五萬天文單位繞著太陽的歐特彗星雲（或奧匹克－歐特雲）示意圖。彗星雲似乎有一個近（較扁平）和外（叫圓球狀）的星族，更小的古柏帶（插圖）是作比較之用。

參照條目 哈雷彗星（西元 1682 年），古柏帶天體（西元 1992 年），海爾－波普大彗星（西元 1997 年）

中子星

查兌克（**James Chadwick**，西元 **1891** 年～西元 **1974** 年）
巴德（**Walter Baade**，西元 **1893** 年～西元 **1960** 年）
茲維齊（**Fritz Zwicky**，西元 **1898** 年～西元 **1974** 年）

在最大宇宙尺度的天文學進展，是和二十世紀早期在分子、原子和次原子層次的物理和化學進展平行進行的。的確，靠著原子物理學的幫助，天文學家才有辦法對不易直接觀測的過程，做出理論和預測。

一個巨觀和微觀之間通力合作的絕妙例子，來自英國物理學家查兌克在 1932 年的中子發現。中子是次原子粒子，質量大約和質子相當，但不像質子和電子，中子不帶任何電荷。如果沒有來自中子的強核束縛力施加在原子核上，正電荷的質子會相互排斥，原子就會變得不穩定而四散紛飛。

中子的發現在天文學上帶來深刻的效應。例如在 1933 年，天文學家巴德和茲維齊開始仔細思考一些過程，這過程能致使重力塌縮以及大質量恆星爆炸，茲維齊稱這些爆炸為超新星。他們猜測爆炸的強大中心壓力和溫度能夠分解原子核，留下密實的殘留天體，主要由裸中子所構成，他們稱這些假設的天體為中子星（neutron stars）。

藉由巴德和茲維齊的計算，中子星應該是一個快速自轉的極高密度物體，在僅有 6 到 7.5 英里（10 到 12 公里）寬的圓球內，包裹著一到二倍的太陽質量，表面重力超過地球重力的一千億倍。1968 年，科學家在蟹狀星雲的核心發現一個以每秒 30 轉的大質量小恆星殘骸，這殘骸是在 1054 年的超新星造成的。數千個又熱又自轉的中子星（稱為脈衝星）後來也陸續發現，提供天文學家一個準確的「宇宙時鐘」，可用於研究緻密天體的極端天文物理學。

一顆黯淡寂寞中子星的哈柏太空望遠鏡可見光影像，這顆中子星首次當成高能來源，被 X 射線望遠鏡找到。為同時解釋可見光和 X 射線資料，需要這顆恆星是一顆非常熱且非常小，完全符合中子星的條件。

參照
條目　看到「白晝星」（西元 1054 年），白矮星（西元 1862 年），愛丁頓的質光關係（西元 1924 年），脈衝星（西元 1967 年）

西元 **1933** 年

暗物質

茲維齊（**Fritz Zwicky**，西元 **1898** 年～西元 **1974** 年）

我們經常和看不見的作用力打交道——微風吹撫我們的秀髮；重力把我們向下拉。我們可以透過觀測或動手做實驗，了解這些作用力的存在，而不管用哪種方式，最終都可以透露出作用力的來源。1933 年，瑞士裔美籍天文學家茲維齊，偶然遇上了宇宙中看不見的作用力的一些新證據，因為沒有明顯或可測量的原因解釋他所看到的現象，他可撞上了一個重要的、典範轉移的障礙物。

茲維齊當時在研究星系團，是宇宙中已知最大的結構之一。在一次研究當中，他使用**光譜學**測量后髮星系團成員的紅移和相對速度，后髮星系團是由約一千個共同運動的星系組成，離地球約三億二千萬光年。他發現當中的星系用一種方式相互運動，這種方式和推導出來的質量不一致。即使當茲維齊說明所有的質量都可以在可見光的照片上看到，似乎仍存有許多質量是找不到的（無蹤質量），約是他能夠看到的四百倍，這些質量是用來解釋個別星系受到萬有引力的運動現象。這個無蹤質量的問題促使茲維齊猜測，一定存在一些看不見的物質形式，用當時先進的方法都偵測不到，但會造成可觀測的運動。

即使當電波天文學、紅外天文學、X 射線天文學和伽瑪射線天文學的新方法出現，星系團內的無蹤質量仍然無法看到，根據鄰近**球狀星團**的運動來研究，我們的銀河系顯然也有無蹤質量。天文學家現在把這個無處不在的看不見物質稱為暗物質（dark matter）。

現在有許多研究需要這些明顯無法偵測的物質存在，這些物質擁有質量，並對一般物質施加重力的影響。宇宙學家相信它解釋了所有物質的 80%，使得這個未解之謎非常深奧又謙卑。我們看來，就好像是我們至今無法了解的宇宙的一小塊。

來自地面的麥哲倫望遠鏡、哈柏望遠鏡（橘色恆星）、錢卓 X 射線天文台（粉紅氣體）的子彈星系團影像中，特別強調的藍色區域描述了電腦計算的區域，該區顯示大部分的星系團質量看起來相當集中；但是，和理論藍色區域相關的質量仍然看不見，或者是黑暗的。

參照條目 球狀星團（西元 1665 年），牛頓萬有引力和運動定律（西元 1687 年），光譜學的誕生（西元 1814 年），哈柏定律（西元 1929 年），螺旋星系（西元 1959 年）

橢圓星系

哈柏（**Edwin Hubble**，西元 1889 年～西元 1953 年）

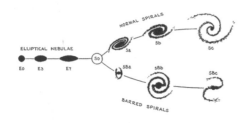

在二十世紀的前數十年間，沙普利、斯里弗、哈柏等天文學家定出了星系的尺度以及收集到大量螺旋星雲的光譜資料，最終讓大家了解螺旋星雲其實就是星系（另一個銀河），每個星系個別懷有千億顆恆星。隨著有更多的星系被認定和研究，清楚知道它們並不完全相同，天文學家也就很自然地嘗試將它們分成不同的類別，就像天文學家對恆星的分類一樣。

作為一個頂尖的星系觀測者，並使用全世界最好的望遠鏡設備，哈柏在這個特別的角色上，足以站上領導地位，而他也的確做到了這點。在一連串的論文和演說後，逐漸編印了 1936 年的一本里程碑著作《星雲的國度》（*The Realm of the Nebulae*），哈柏概述了河外星雲的型態分類（外形、大小、亮度）方案，現稱為哈柏序列（Hubble sequence）。

哈柏序列的一端是橢圓星雲，現稱為橢圓星系（elliptical galaxies）。橢圓星系是三大主類別中的一項，其他兩類則分別是**螺旋星系**，例如我們的銀河，和外形介於橢圓星系和螺旋星系之間的透鏡狀星系（透鏡外形）。

恰如其名，橢圓星系的外形橢圓球和圓球，亮度從一個亮的中心核和緩地變化到瀰散的外邊界。近代的觀測顯示約在鄰近的局部區域，有 10% ～ 15% 的星系是橢圓星系，但早期宇宙較少有橢圓星系。橢圓星系主要由較老的小質量恆星組成，並且較缺乏可形成新恆星的雲氣和星塵。橢圓星系的來源仍有爭論，但大部分天文學家假設，橢圓星系可能是早期螺旋星系之間合併和碰撞的最後產物。

上圖：哈柏原始的音叉星系分類圖，取自《星雲的國度》。右圖：大質量橢圓星系 M87 的哈柏太空望遠鏡影像，M87 擁有數兆顆恆星、15000 個球狀星團和一個位在中心的大質量黑洞。

參照條目 造父變星和標準燭光（西元 1908 年），銀河的大小（西元 1918 年），哈柏定律（西元 1929 年），螺旋星系（西元 1959 年）

核融合

巴特（Hans Bethe，西元 1906 年～西元 2005 年）
魏茨澤克（Carl Friedrich von Weizsacker，西元 1912 年～西元 2007 年）

當一些恆星內部主要特徵，包括恆星內部的極高壓和高溫，被 1920 年代的天文物理學家（例如愛丁頓）憑經驗了解後，仍存在著有關恆星如何產生自身能量的不確定。愛丁頓曾想過核融合提供恆星能量的可能性，比方說太陽。但這只是猜測，部分根基於早期拉塞福和其他人所做的核遷變實驗（一種元素轉變成另一種元素）。

最終，物理學家很快有了辦法，能夠更仔細地設計和測試恆星內部能量產生的理論，在這個領域的先驅者是德國物理學家魏茨澤克和美籍德裔核物理學家巴特。約在 1937 年到 1939 年間，巴特（身在美國）和魏茨澤克（身在德國）找到氫原子在恆星核心的極高溫條件下，融合成氦的詳細方法。巴特在 1939 年的論文〈恆星內的能量產生〉（Energy Production in Stars）描述出特定的核連鎖反應，似乎可以在類似太陽的平均質量恆星和大質量恆星的內部進行。

這些令人興奮的發現是科學性的，魏茨澤克、巴特和他們的同事了解，這個核惡魔從瓶子裡跑了出來。一些根基於恆星內部反應，可能可以人工方式創造出來具相同物理的核合成連鎖反應，釋放出巨大的能量。當第二次世界大戰爆發，美國和德國政府都派出科學家研究核融合武器。美國政府所做的是曼哈坦計畫，聘請巴特為首席理論學家，這計畫致使終結二次大戰的原子彈被發展和引爆，以及開啟之後長期冷戰的氫彈。

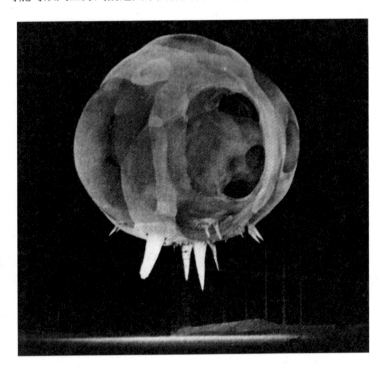

仔細了解類似太陽的恆星如何透過核融合產生能量的直接結果，就是核融合武器的發展（插圖，來自航太總署和歐洲太空組織的太陽及太陽圈天文台衛星的極紫外線彩色合成圖）。這張照片拍攝於 1952 年內華達沙漠的一場核彈測試，爆炸後一毫秒令人毛骨悚然的核火球影像。

參照
條目　放射性（西元 1896 年），愛丁頓的質光關係（西元 1924 年），微中子天文學（西元 1956 年）

地球同步衛星

奧伯特（**Hermann Oberth**，西元 1894 年～西元 1989 年）
波托奇尼克（**Herman Potočnik**，西元 1892 年～西元 1929 年）
克拉克（**Arthur C. Clarke**，西元 1917 年～西元 2008 年）

牛頓萬有引力定律和運動定律以及克卜勒行星運動定律，特別適用於人造衛星，就像適用於環繞恆星的行星或是繞著行星的衛星。1920 年代，戈達首次發展的**液態燃料火箭**能夠飛到很高的高度後，研究太空航行的火箭技術和太空航行學有了很快的進展。

與戈達同時代的人，已經開始思考軌道（或超越軌道）火箭飛行的力學與軌道動力學。其中兩位是德籍匈牙利裔物理學家奧伯特以及奧匈帝國火箭工程師波托奇尼克，他們詳述俄國數學家齊奧爾科夫斯基首次提出的概念細節，並有了很好的結果。其中一個概念就是與地球同步旋轉軌道的想法。

在與地球同步旋轉軌道上的人造衛星繞行一圈的時間，和地球自轉一圈的時間相同，從一位站在地球表面的觀察者的角度，這樣的一顆人造衛星會出現在天空中的某個位置，不會移動。已知地球的質量和自轉速率，由牛頓第二運動定律就可以推導出地球同步衛星的軌道高度，結果約是離地面 22,000 英里（36,000 公里）。

英國科幻作家和未來學家克拉克，是第一位提出實際應用的人造衛星軌道的人之一。他在 1945 年一篇〈地球外的中繼站：火箭站是否可以提供全球的電波覆蓋？〉的雜誌文章中，描述了全球通信（global telecommunications）這項應用。克拉克的通俗概念有助於得到廣泛關注和支持，從 1964 年至今，全球同步衛星實際利用已經遠超過電波中繼站。今日，它們也中繼了電視、網際網路、全球定位系統（GPS）訊號，協助我們監測地球的天氣和氣候。

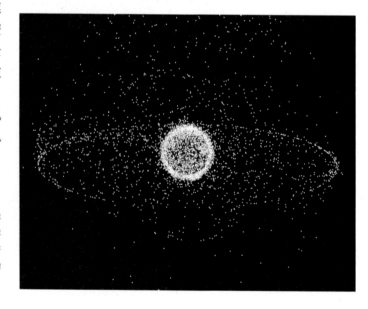

上圖：1985 年，發現號太空梭正在部署 AUSSAT-1 通訊衛星。右圖：由航太總署軌道殘骸計畫辦公室正在追蹤的人造衛星快照，很清楚地看到地球同步衛星的環。

參照條目 行星三定律（西元 1619 年），牛頓萬有引力和運動定律（西元 1687 年），液態燃料火箭技術（西元 1926 年）

天衛五

古柏（Gerard P. Kuiper，西元 1905 年～西元 1973 年）

大型（尺寸大於數百英里）的行星衛星發現率，在 1898 年發現土衛九之後急遽下降。經過數十年都沒有發現主要的新衛星，太陽系的研究不再流行，可能因為許多二十世紀初的天文學家認為，太陽系的主要天體普查已經完成了。

有一位科學家仍持續研究和觀測這些行星，他是荷裔美籍天文學家古柏。從 1930 年代末期開始，古柏在芝加哥大學的葉凱士天文台（全世界最大的折射望遠鏡所在）和德州麥克唐納天文台工作，當地有一架望遠鏡具有足夠的解析度和靈敏度，可以讓古柏搜尋行星的昏暗新衛星。1948 年，他發現了天王星第五顆、也是最內層的衛星，依照以往的慣例，他稱這顆新衛星為「米蘭達」（Miranda，天衛五）莎士比亞名劇《暴風雨》的一名角色。

有關天衛五，所知甚少，除了 1986 年，探險家二號太空船近掠天王星後，才知道其軌道、小體積，以及可能的水冰成分。天衛五的確很小，直徑約 292 英里（470 公里）的近似圓球形狀。但意外的是，它的表面變化很大，由亮、暗的山脊覆蓋的拼湊區域，以及散布著枯燥、被嚴重撞擊的冰狀地的峭壁所組成。看起來天衛五像是被四分五裂後，再被拙劣地拼湊起來。一些天文學家認為，可能是一次遠古的撞擊造成現今的模樣。

1949 年，古柏也發現了海王星的第二顆衛星，他命名為內勒德（Nereid，海衛二）。古柏是近代行星科學的發現之父，首創使用光譜學研究行星和衛星。古柏發現火星大氣中的二氧化碳，以及土星的衛星泰坦擁有甲烷大氣，並協助 1960 年代阿波羅太空船登月的選址工作。

上圖：探險家二號拍攝天衛五混亂表面的全盤面照。右圖：天衛五部分冰狀表面的高解析馬賽克照片，1986 年探險家二號太空船近掠天王星所拍攝的。在右下角的驚人陡峭峭壁，高度可能超過 66,000 英尺（20 公里）。

參照條目 發現天王星（西元 1781 年），天衛三（西元 1787 年），天衛四（西元 1787 年），光譜學的誕生（西元 1814 年），天衛一（西元 1851 年），天衛二（西元 1851 年），探險家 2 號在天王星（西元 1986 年）

木星的磁場

　　就像一般標準線圈纏繞的電動馬達，行星和衛星的旋轉電導（金屬）內部或核心，是磁場產生的主要位置。地球和水星的磁場，被認為是由旋轉的部分熔融富鐵核心內的電流所產生的，在木衛三內部金屬核心的高電導率可能可以解釋衛星磁場。

　　我們太陽系的氣態和冰態巨行星曾被發現有相當強的磁場。第一個這樣的發現在 1955 年，卡奈基研究院的電波天文學家注意到來自木星的強電波發射。自從顏斯基在 1931 年銀河中心有強電波源，電波天文學家不斷掃描全天，尋找其他來自太陽系之外的電波天然來源，蟹狀星雲被認定為一個強電波源。事實上，木星的電波發射是原打算研究蟹狀星雲的電波望遠鏡觀測中，無意間發現的，被認為來自一個強磁場源。

　　有關木星磁場更多的細節，來自飛行穿越磁場的太空船，第一次是 1970 年代的先鋒號太空船，然後是 1980 年代的探險家太空船，再來是 1990 年代和 2000 年初期的伽利略號軌道者和卡西尼號飛掠木星。在這些任務上的靈敏磁力計，發現木星磁場強度約比地球強十倍，並且產生約 100 兆瓦的功率，或超過一百萬倍地球磁場的電波功率。電流流過木星外核球的金屬氫，可以產生這個磁場，木星磁場與太陽風（也和地球磁場）起交互作用，也和木星的衛星相互作用，尤其是木衛一，該處的火山噴發將兩氧化硫噴入一個環繞著木衛一的甜甜圈狀電漿環面，並且被木星磁場給游離化。

　　被木星磁場包住的太空體積，是木星的磁層，它很大，是太陽系（太陽自身的磁性外殼不算在內）內最大的連續結構，如果我們能用肉眼看到木星的磁層，它應該比滿月的五倍還要大。

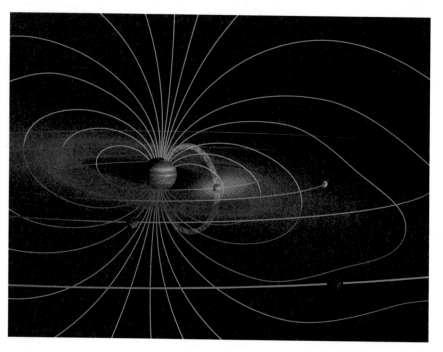

木星磁場的卡通示意圖，產生在木星內部深處的強磁場，向外延伸並且與其衛星和環相互作用。這個磁場和木衛一以及它的電漿環面相連，例如透過通量管的高能電子流連接電漿環面。

參照條目 暴烈原太陽（約西元前四十六億年前），水星（約西元前四十五億年前），木星（約西元前四十五億年前），看到「白晝星」（西元 1054 年），木衛一（西元 1610 年），木衛三（西元 1610 年），太陽閃焰（西元 1859 年），電波天文學（西元 1931 年），木星上的先鋒 10 號（西元 1973 年），伽利略號繞行木星（西元 1995 年）

微中子天文學

包立（Wolfgan Pauli，西元 1900 年～西元 1958 年）

二十世紀早期的物理學家，例如包立，在他們了解原子方面有一個很大的漏洞，例如在放射性衰變中，無法僅靠過程中產生的質子和電子解釋能量的釋放。1933 年發現的中子也無能為力，因為中子的質量太大了。一種額外的小質量、電中性的基本粒子也需要參與其中。包立為這個新的次原子粒子建構理論，後來稱之為微中子（「中性小子」）。

微中子存在的確切證據，來自 1956 年的高能粒子加速器碰撞實驗。在 1960 年代的後續實驗顯示，微中子以不同的變種（或稱「味」）出現，並且每一味微中子都有一個反粒子，這很明顯，原子是相當擁擠的地方。

微中子的發現，開展了微中子天文學的新領域。微中子沒有電荷、擁有幾乎可以忽略的質量，以近乎光速穿透大量的一般物質，並且只有一點點的衰減。微中子在太陽和其他恆星內部核心的**核融合**反應中生成，然後幾乎不費力氣地穿透恆星，並在地球上被偵測到。相對地，產生在太陽內部的光子（太陽光）可能需經過超過四萬年的時間來回碰撞，才逃離這個緻密的不透明環境。

時至今日，特製的微中子偵測器可以讓我們更深入了解發生在太陽深處的核反應，包括超新星爆炸、黑洞、甚至是**大霹靂**，以及一些難以到達的環境。

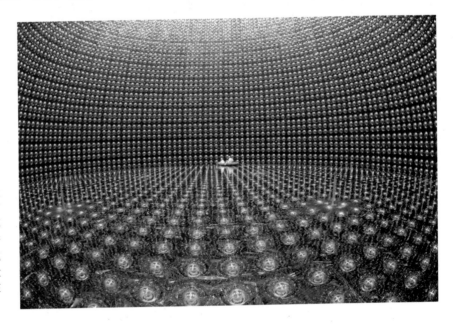

上圖：使用日本超級神岡觀測站的偵測器，收集五百天的微中子測量所得到的太陽影像。右圖：超級神岡室的內部使用了 11,200 個光電倍增管，浸泡在五萬噸純水中，用以偵測和測量來自太陽和其他宇宙來源的微中子。

參照條目 大霹靂（約西元前一百三十七億年），放射性（西元 1896 年），愛丁頓的質光關係（西元 1924 年），中子星（西元 1933 年），核融合（西元 1939 年），黑洞（西元 1965 年）

史波尼克 1 號

科羅廖夫（**Sergei Korolev**，西元 1907 年～西元 1966 年）

在一些標示特定世代的關鍵事件上，美國人傾向於真實記錄他們的地位以及當時他們做了哪些事。類似的例子包括珍珠港的轟炸、甘迺迪的暗殺、挑戰者號太空梭的爆炸、當然還有傷痛的 911 恐怖攻擊事件。對某一世代的美國人而言，在 1957 年的秋天也發生了一件這樣的事件。

那年的 10 月 4 日，蘇聯變成第一個發射人造衛星到太空的國家。首席蘇維埃火箭工程師科羅廖夫帶領的團隊，曾製造（前）蘇維埃社會主義共和國聯盟第一顆洲際彈道飛彈（ICBM），他遊說政府允許他的團隊改造 R-7 火箭，使得能夠搭載一個小型科學酬載進入地球軌道。蘇維埃政府批准科羅廖夫的計畫，並希望他們能在太空競賽中擊潰美國人。這個酬載稱做史波尼克（Sputnik），俄語是「人造衛星」的意思。太空時代正式來臨！

史波尼克 1 號以每 96 分鐘繞行地球一圈的速度飛行了三個月，並不斷地發射警示性嗶嗶嗶的一瓦

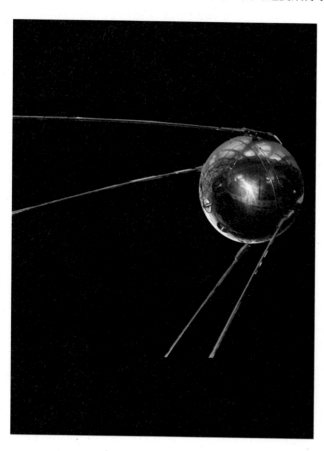

電波訊號，這訊號可以很容易地被全世界的火腿族接收到。這顆人造衛星在美國造成某種歇斯底里的反應，大眾敏銳地了解蘇聯發射 ICBM 的能力，可配備核子彈頭，瞄準這顆星球上的任何一個目標。於是美國政府加速自己的太空成果，美國第一顆人造衛星（探險者 1 號）在史波尼克結束任務後兩週，成功發射升空。

史波尼克也在美國科學技術經費和教育上，開啟了一次史無前例的小型革命。頗受史波尼克衛星影響的這一代美國人（通常被稱為阿波羅世代），繼續看著美國贏得太空競賽，在 1969 年到 1972 年間目睹十二位美國人在月球上漫步，以及往後數十年令人振奮的其他成就。

全世界第一艘人造太空衛星史波尼克 1 號的複製模型，現存放在華盛頓特區的史密松基金會的國家航空太空博物館。金屬圓球的直徑約 23 英尺（58 公分），天線（此處只有部分顯示）延伸到 112 英尺（285 公分）。

參照條目 液態燃料火箭技術（西元 1926 年），地球同步衛星（西元 1945 年），地球的輻射帶（西元 1958 年），太空中的第一群人（西元 1961 年）

地球的輻射帶

范艾倫（James Van Allen，西元 1914 年～西元 2006 年）

1957 年秋，蘇聯史波尼克 1 號的成功發射和運作震驚全世界之後，美國政府倉促跟進要追上蘇聯。設定的目標是發射和操作一顆小型人造衛星，上頭裝載了一個最小化的簡單科學酬載，這項任務是交給一個聯合小組，小組成員包括了負責利用修改過的木星—紅石中程彈道飛彈發射人造衛星的陸軍彈道飛彈局，以及負責探險者 1 號人造衛星和科學實驗的陸軍—加州理工機構，靠近巴莎迪那市，現稱為噴射推進實驗室。

探險者 1 號的科學酬載是美國太空科學家范艾倫的獨創概念，由一個宇宙射線計數器、微星際石碰撞偵測器和一些溫度感應器所組成。這些實驗比史波尼克的簡單電波發射器還要複雜，但在質量、功率和體積上足夠小，可以藉由木星火箭部署到軌道上。

美國第一顆人造衛星（也是在 1957 年 11 月的史波尼克 2 號之後的全世界第三）在 1958 年 1 月 31 日，從佛羅里達州卡拉維爾角飛彈附屬區成功發射，探險者 1 號穩定進入一個 115 分鐘的橢圓軌道。在它的電池用完之前，進行了為期超過三個半月的科學任務。在任務其間，科學儀器即時將資料串以電波方式傳回噴射推進實驗室的科學小組。

剛開始，來自探險者 1 號的資料令人疑惑，因為資料看起來像是高能粒子的數量，在某個特定高度以及地球周圍特定位置劇烈增加而導致的。范艾倫和他的小組成員認為，這些資料透露出有一個受地球磁場束縛的高能粒子區或電漿帶的存在，這些結果在數個月後被探險者 3 號證實，這是人造衛星第一個主要的太空科學發現。為彰顯這個科學小組的帶領者，這個在近地太空能量增強的粒子區現被稱為范艾倫輻射帶。探險者 1 號是在探險者系列中，至今八十四項成功任務中的第一個。

2005 年 1 月，阿拉斯加熊湖上空耀眼的北極光。像這樣的極光是高能太陽風粒子和地球磁場，以及束縛在范艾倫輻射帶的粒子相互作用結果。

參照條目　暴烈原太陽（約西元前四十六億年前），太陽閃焰（西元 1859 年），木星的磁場（西元 1955 年），史波尼克 1 號（西元 1957 年）

航太總署和深太空網路

　　蘇聯史波尼克 1 號發射成功，引起美國政府內部的深思，部分問題是為數眾多的聯邦軍事局處和部門分散（或者重複）力氣在嘗試快速做出太空探險的進展。結果在 1958 年，美國國會和艾森豪總統建立了一個新的聯邦單位——國家航空暨太空總署（NASA），監督國家的民用太空及航空計畫。同時成立一個軍方的平行單位——先進計畫研究局（現為 DARPA，國防先進計畫研究局，名稱多加了國防二字），監督軍事方面的太空相關技術。

　　努力整合民用太空，部分被移做發展關鍵通訊基礎設施，這些基礎建設可用來維持未來太空偵測器的聯繫和控制。針對早期的探險者任務，陸軍位在加州理工學院的噴射推進實驗室（JPL）在加州、新加坡和奈及利亞部署了可攜式電波追蹤站。在 1958 年末，對 JPL 的控制轉移到 NASA，JPL 被賦予了協調未來自動太空任務的領導角色，如此一來，顯然需要一個更永久性通訊的解決之道。

　　這個解決之道是建立一個深太空網路（DSN），由一組小型、中型和大型電波望遠鏡組成，平均分散在全世界，致使它們可以維持與 NASA 太空任務的穩定接觸。DSN 站曾建立在加州的金石；西班牙的馬德里附近；以及澳洲的坎培拉，每站都配有一座大型（230 英尺 [70 公尺]）和數座較小的（112 英尺 [34 公尺]）電波望遠鏡，以及它們的發射器和其他設備。

　　DSN 是一個地球的配電盤，是行星際通訊的太陽系統集線器。一天二十四小時、一週七天，這些站台和它們專屬無休工作人員收集資料、下達指令，有時甚至營救民用飛行器，這些飛行器是今日 NASA 和其他國際太空組織所執行六十多個現行地球和行星任務的龐大艦隊的一員。

位在加州金石，隸屬航太總署／噴射推進實驗室深太空網路的直徑 230 英尺（70公尺）電波望遠鏡，類似的深太空網路望遠鏡座落在西班牙和澳洲，以便維持固定監視行星際探索太空船的人類團隊。

參照條目 史波尼克 1 號（西元 1957 年），探險家號遇上土星（西元 1980、1981 年），在天王星的探險家 2 號（西元 1986 年），在海王星的探險家 2 號（西元 1989 年），揭露冥王星！（西元 2015 年）

月球的遠側

月球繞行地球有一種稱做同步旋轉（synchronous rotation）的運行，也就是衛星每次繞行行星恰等於自轉一次。但從我們在地球上的觀點，看起來月球完全沒有自轉，因為在同步旋轉中，一顆衛星的同一半球（或稱「相」）永遠指向它的母行星。我們所熟悉的滿月是天文學家所稱的近側，這一側永遠面向我們。

在太空時代之前，沒有人看過月球永遠背向我們的那一側，也就是遠側。事實上，看到遠側的唯一辦法應該是送一艘太空船飛越月球，並轉回頭朝我們自拍，這就是 1959 年蘇聯月球 3 號任務所做的事，這是另一項蘇聯太空計畫的全球第一。

月球 3 號在 1959 年 10 月 4 日（正巧是史波尼克 1 號後兩年）朝向月球發射。三天後，在飛掠月球南極之後，地面控制人員引導它繞到遠側照相，月球 3 號成為第一艘成功的三軸穩定太空船。在太空船上照了二十九張照片，然後經過掃描以及數位化後，以電波方式傳回地球。

相較於近代的照相術，月球 3 號的照片品質相當低，但這些照片已足以讓蘇聯太空科學家描繪出特徵以及幫表面地貌命名，並發現月球的遠側和近側有很大的不同。遠側表面比近側更均勻明亮，有較少的暗月海（岩漿填滿的撞擊盆地）。1965 年蘇維埃探測器 3 號人造衛星後續更好的遠側照片顯示，明亮區域是被嚴重撞擊、且具嚴峻高地的地帶。

在大型行星的衛星中，同步旋轉是常見的狀態，所有的主要衛星都是同步旋轉。天文學家相信，這是因為行星和它的衛星之間的潮汐力經過長時間影響的結果，潮汐消散掉能量，減緩衛星的自轉，直到衛星達到一個穩定、被稱做潮汐鎖定的軌道，此時的近側永遠朝向行星，遠側永遠朝向外面。

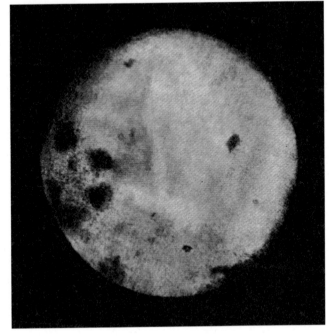

上圖：近側月球較為熟悉的近代數位天文照片。右圖：月球第一張遠側影像（這側永遠朝外），由 1959 年 10 月的蘇維埃月球 3 號所拍攝。

參照條目　木衛一（西元 1610 年），木衛二（西元 1610 年），木衛三（西元 1610 年），土衛八（西元 1671 年），潮汐的起源（西元 1686 年），土衛二（西元 1789 年）

螺旋星系

沙普利（**Harlow Shapley**，西元 1885 年～西元 1972 年）
哈柏（**Edwin Hubble**，西元 1889 年～西元 1953 年）
茲維齊（**Fritz Zwicky**，西元 1898 年～西元 1974 年）
魯冰（**Vera Rubin**，西元 1928 年生）

在 1920 年代和 1930 年代哈柏所定義的星系分類方法中，螺旋星系是大量恆星受到萬有引力束縛在一起，擁有二條或更多的旋臂，緩慢地繞著共同的質量中心旋轉，它代表了一種極端的外形（其他兩類則是橢圓狀以及透鏡狀）。某些螺旋星系看起來是正面的，其他則看起來是側面的。側面星系展現出旋臂是受限在寬廣的扁平盤，盤有中心核球，所有的結構都被一個遠處恆星和**球狀星團**所構成的暈所包圍著。沙普利和其他人的研究發現，我們自己所在的星系——**銀河**，其寬度超過十萬光年。

約在 1959 年，電波天文學家發展出一些技術，透過**光譜學**的強氫原子發射譜線（波長 21 公分）的觀測，繪製面向螺旋星系的旋臂旋轉速度分布圖。根據**克卜勒定律**，可以預期離星系中心較遠的恆星應該旋轉得較慢，就和行星繞行中心恆星一樣。但觀測顯示，恆星的速度約略維持定值。越來越多的螺旋星系觀測結果，已經驗證了這個星系旋轉問題。

在 1970 年代中葉，美國天文學家魯冰提出一種解釋：假如螺旋星系的大部分質量不是由我們透過望遠鏡能夠看到的物質所構成，而是 1933 年茲維齊提議的不可見**暗物質**，螺旋星系有這樣的非克卜勒旋轉，就可以被理解。基於茲維齊、魯冰等人的證據，現今大部分的天文物理學家都接受暗物質存在的說法。

螺旋星系是美麗且古老的結構，相信是在宇宙早期就已經形成，並持續演化到今日。螺旋星系包裹在暈狀謎樣暗物質裡，星系中心又窩藏了質量相當於百萬個太陽的黑洞，這些星系就像宇宙中的巨大風車，在**大霹靂**的虛幻星風下，獨自旋轉了幾十億年。

哈柏太空望遠鏡拍攝的 M51 渦狀星系（Whirlpool galaxy），當中顯示在新恆星誕生最強區域發射的發亮氫原子（紅色標示）。

參照條目 目睹仙女座（約西元 964 年），光的都卜勒位移（西元 1848 年），銀河旋轉（西元 1927 年），暗物質（西元 1933 年），橢圓星系（西元 1936 年），黑洞（西元 1965 年）

搜尋地外文明計畫

科克尼（**Giuseppe Cocconi**，西元 1914 年～西元 2008 年）
莫里森（**Philip Morrison**，西元 1915 年～西元 2005 年）
德瑞克（**Frank Drake**，西元 1930 年生）

在太陽系、銀河系或宇宙中，我們是唯一的生物嗎？不僅在上個世紀，或人類開始發展尋找工具時，而是從有歷史紀錄以來（以前），人們都詢問過這個問題。1931 年發現地外電波訊號的天然來源（來自銀河系的中心，以及後來的中子星和其他高能天體），提供了一個提出這個問題的蹊徑，因為對天文學家來說，電波訊號顯然可以橫越星際空間和星系際空間這樣遙遠的距離。

當物理學家科克尼和莫里森於 1959 年、在《自然》期刊發表一篇名為〈搜尋星際傳訊〉的論文後，橫跨寬廣星系距離的電波傳訊概念就變成一個嚴肅的科學研究課題。他們在研究中描述天文學家可能可以搜尋其他文明傳送的電波訊號，電波天文學家德瑞克立刻接下這份挑戰。他在 1960 年使用位於西維吉尼亞州綠堤的國家電波天文台的 85 英尺（26 公尺）電波望遠鏡，主導了第一個專門搜尋來自鄰近類太陽恆星的非自然電波傳送。德瑞克的搜尋並不成功，但這項工作激勵了現今超過五十年的國際觀測活動，該活動稱為「搜尋地外文明計畫」（SETI）。德瑞克也替銀河系裡高等文明的可能數量，發展出一個粗略估計（N_c），等於恆星數量（N_*）乘上擁有恆星的比例（f_p），乘上適居行星的數量（n_{HZ}），乘上有生命的比例（f_L），乘上有智慧生命的比例（f_I），乘上擁有科技文明的比例（f_C），乘上文明延續的時間（L）。這就是德瑞克方程式，它算出的估計值從一個（地球）到數百萬個。

$$N_c = N_* \times f_P \times n_{HZ} \times f_L \times f_I \times f_C \times L$$

最近發現地球和其他鄰近恆星旁的適居系外行星上的嗜極生物生命型態，許多 SETI 參與者（拜網際網路之賜，現今還包括了一般的大眾）對未來的可能接觸抱持樂觀。當然，如果我們不注意聽，我們可能永遠也不知道。

老鷹星雲內的巨大分子雲裡頭，一個恆星形成的太空望遠鏡景觀，形成一個符合著名德瑞克方程式的背景。

參照條目 火星和它的運河（西元 1906 年），電波天文學（西元 1931 年），嗜極生物的研究（西元 1967 年），第一批系外行星（西元 1992 年），適合居住的超級地球？（西元 2007 年）

太空中的第一群人

加加林（**Yuri Gagarin**，西元 1934 年～西元 1968 年）
雪帕德（**Alan Shepard**，西元 1923 年～西元 1998 年）

　　1957 年，蘇聯史波尼克 1 號的成功發射標示了太空時代的開始，也是蘇聯與美國在技術上、軍事上，以及心理優越上地緣政治競賽的開始。俄國人已經將第一隻動物送上太空，一隻名為萊卡的小狗搭上了史波尼克 2 號，美國則是送上猴子和黑猩猩。雙方政府都知道，在太空競賽中的下一個重大勝利可能只有宣稱將人類送上太空。

　　蘇聯的載人太空飛行計畫被稱做東方計畫，就像原本的史波尼克成就，它是靠改裝現存的洲際彈道飛彈火箭，搭載一個小型的乘客太空艙。約二十名蘇聯空軍飛行員經過嚴格篩選，為取得成為第一位太空人（俄語是太空水手之意）的殊榮。第一位被選中的是上校加加林。與此同時，美國的載人太空計畫稱做水星計畫，修改紅石飛彈，使之可以搭載小型單人太空艙。最後從來自空軍、海軍以及陸戰隊的七名試飛員挑選，他們甚至在試飛之前就一夕成名。結果海軍試飛員雪帕德被推選駕駛第一個水星任務。

　　加加林和雪帕德兩人在早期（無人）的發射都失敗。在政府領導人批准人駕飛行之前，雙方團隊都必須證明，他們的火箭能夠成功搭載無人太空艙。雙方在 1961 年初首次發射人類升空的競賽上不分軒輊，而在 1961 年 4 月 12 日，由於加加林率先被成功送上太空，在東方 1 號繞行地球一次，使得蘇聯再次於重大的國際勝利記上一筆。三週後，雪帕德成為全世界第二位、美國第一位發射升空，在自由 7 號太空艙中，成功完成次軌道飛行。

　　蘇聯再次拔得頭籌，但美國很快地在雪帕德的飛行之後提高賭注，甘迺迪總統在國會演說中，要求 NASA 在十年內，送人到月球。

1961 年 4 月 12 日，太空人加加林正準備登上他的東方 1 號太空船，坐在他後頭是他的備援太空人提托夫（German Titov）。1961 年 8 月，提托夫駕駛東方 2 號，成為第二位繞行地球的人。

參照
條目 　液態燃料火箭技術（西元 1926 年），史波尼克 1 號（西元 1957 年），地球的輻射帶（西元 1958 年），登陸月球第一人（西元 1969 年）

阿雷西波電波望遠鏡

　　回顧十七世紀初，伽利略和其他人使用第一個天文望遠鏡的時代，天文學家就已經知道增加望遠鏡靈敏度和解析度的方法就是將望遠鏡做大。但在物質強度的物理限制下，侷限了磨製和拋光大型玻璃鏡片或鍍銀鏡面的能力，使得在技術上不可能建造直徑超過 3 英尺（1 公尺）的單一透鏡，或直徑超過 16 英尺（5 公尺）的單一鏡面。

　　但是在**電波天文學**上，反射或傳送電波的鏡片可以用金屬製造，就像天線一樣。因此，他們可建造更大的電波望遠鏡。在 1950 年代末和 1960 年代初，一群來自康乃爾大學的電波天文學家和大氣科學家了解到，應該有可能從天然碗狀凹地內的金屬網建造出超大型固定式電波望遠鏡。在波多黎各島上，靠近阿雷西波小鎮的群山內，找到一個合適的電波寧靜位址，並且剛好在赤道附近，這樣可以讓它觀測到近乎全天域的範圍。有了高等研究計畫局（與 NASA 平行的美國軍方單位）的幫助，1960 年開始建造一個超大半圓形的碟型天線，並且將可操控電波發射器和接收器懸掛在天線上方的支撐結構。1963 年秋，阿雷西波電波望遠鏡開始運作，至今仍是全世界最大的單一碟型天線望遠鏡。

　　許多重要的天文發現都來自阿雷西波，水星的旋轉速率和雲霧遮掩的金星表面地形，都是在早期望遠鏡操作下，藉由雷達觀測所發現的。第一個已知的**脈衝星**，是阿雷西波天文學家在蟹狀星雲的中心發現的，脈衝星是快速自旋的中子星，第一顆毫米脈衝星（每秒旋轉 500-1000 轉）也是阿雷西波發現的。阿雷西波天文學家從第一道近地小行星的雷達回波，決定出它的大小和形狀，這架望遠鏡仍是地球上決定可能會撞擊地球小行星軌道的主要天文台。

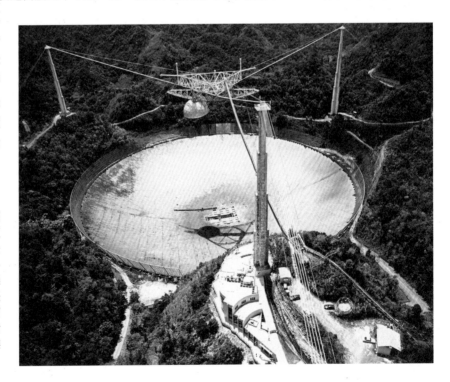

阿雷西波天文台的半圓球形電波碟型天線，直徑 1000 英尺（305 公尺），依偎在波多黎各西北區域的群山中。懸掛在碟型天線的平台是一個 900 噸的結構，可放置電波和雷達發射器、接收器和支撐架構。

參照條目 電波天文學（西元 1931 年），搜尋地外文明計畫（西元 1960 年），脈衝星（西元 1967 年）

類星體

施密特（**Maarten Schmidt**，西元 **1929** 年生）

　　就像天文學家研究可見光波長（因此稱做可見光天文學家），早期電波天文學家積極地用他們新發展的電波望遠鏡繪測天空，標示出最引人關注的天然電波源。除了有清楚辨識的可見光對應天體的強電波源，例如銀河系的中心或 1054 年蟹狀星雲的超新星爆炸殘骸，在 1950 年代的天文學家開始發現數百個沒有可見光對應的強電波源。有許多看起來很小，就像一顆恆星，但很明顯不是恆星，天文學家剛開始稱之為類似恆星天體，或簡稱類星體（quasars）。

　　1962 年，被稱做 3C 273 的已知最亮類星體，有多次從月亮邊緣的後頭通過，這讓電波天文學家準確地決定出它的位置。荷裔美籍天文學家施密特藉由電波望遠鏡得到的高準確度位置資料，使用 200 英尺（5 公尺）口徑的海爾望遠鏡搜尋和確認這個類星體，海爾望遠鏡座落在帕洛瑪山，自 1948 年啟用，就成為全世界最大的反射望遠鏡。施密特獲得 3C 273 的光譜資料，並在 1963 年發現它的確不是恆星，但從氫發射譜線的都卜勒效應的表現，顯示它離我們很遠（根據哈柏定律），並且充斥了極高速的（光速的 16%）游離氣體。

　　類星體自被發現之後，成為可觀測宇宙中最亮的天體。3C 273 被認為是離我們最近的類星體，但仍有二十四億光年之遙，這告訴我們類星體是遠古的特徵，在早期宇宙的歷史中是非常普遍的。天文學家現在相信，類星體是古老活躍星系核中的內部激烈區域，該處的物質掉入類星體宿主星系中心的

黑洞，會釋放出巨量的重力位能。來自螺旋吸入物質盤的能量，有時被釋放在強烈的噴流輻射內，這噴流垂直於盤面。最亮的類星體看起來是這些發亮的高能噴流來源，這些噴流幾乎是直接朝向我們而來。

太空藝術家迪克森繪製這幅兩個螺旋星系戲劇化地相互碰撞的示意圖，透過碰撞將物質餵食中心的黑洞，提供強噴流般輻射發射的能量。在活躍星系核中心的類星體，各自圍繞一個黑洞。

參照條目 中子星（西元 1933 年），黑洞（西元 1965 年），脈衝星（西元 1967 年）

西元 1964 年

宇宙微波背景

彭齊亞斯（**Arno Penzias**，西元 1933 年生）
威爾森（**Robert Wilson**，西元 1936 年生）

　　大部分宇宙學家將哈柏 1929 年發現的空間膨脹，當作宇宙在以前曾是很小的證據。如果你能回溯得夠遠（根據最後的估計，約一百三十七億年以前），你應該會發現宇宙從一個非常熱、非常稠密的小點，與**大霹靂**一同躍出。

　　無論如何，並不是所有的天文學家一開始都擁抱大霹靂假說。例如，在 1948 年提出的另一個模型，假設即使空間正在膨脹，新物質（大部分是氫）不斷地產生，以維持密度一定（單位體積內的物質數量），這稱做穩態理論。這個模型描述宇宙沒有起點、沒有終點，這和當時擁有的天文資料相一致，這似乎有些奇特。

　　宇宙學家提出可以測試宇宙大霹靂和穩態模型的方法。例如在大霹靂模型中，今日的宇宙應該仍有一個微弱的殘留餘暉，擁有來自**復合紀元**的特徵圖案，復合紀元是當電子被去游離，此時空間對光子來說變成透明。這個餘暉的溫度預測應該約絕對溫度 3 ～ 5 度，就只比絕對零度高一點。穩態模型與這個預測的量和模式的背景輻射不符。

　　電波天文學家知道，這個輻射訊號應該最容易在光譜的微波波段（波長約 1 ～ 2 毫米）被偵測到，偵測這個訊號的競賽已經鳴槍起跑。當天文學家彭齊亞斯和威爾森偵測到溫度接近 3.5K 的背景輻射，他們便在 1964 年贏得這場競賽。他們在貝爾實驗室發現了這個無法解釋且幾近均勻的背景輻射（貝爾實驗室也正是顏斯基在 1931 年開啟**電波天文學**的地方），而這個發現讓他們獲得 1978 年的諾貝爾物理獎。

　　後續的太空衛星測量顯示，這個宇宙微波背景有 2.725K 的溫度，在物質和空間上伴有非常微小的擾動，這微擾似乎是一顆「種子」，最終長成恆星和星系。

位在新澤西州霍爾姆德的貝爾實驗室的號角型電波天線歷史照片，彭齊亞斯和威爾森用這個天線發現宇宙微波背景輻射的微弱餘暉，這餘暉是宇宙起源的大霹靂模型所預測的。

參照條目 大霹靂（約西元前一百三十七億年），復合紀元（約西元前一百三十七億年），第一顆恆星（約西元前一百三十五億年），電波天文學（西元 1931 年）

黑洞

潘羅斯（Roger Penrose，西元 1931 年生）

即使是宇宙中最不可思議、最怪異，或許是最被誤解的天體，黑洞仍可以單純地視為一顆塌縮的恆星。黑洞的謎樣吸引力，一部分來自它們根本上無法被觀測的本質，我們只能藉由觀測那奇特且完美的方式來了解黑洞，也就是它們修改周遭環境並與之互動的方式。

一顆夠大的恆星（約是我們太陽質量的五到十倍），一旦將自己內部所有的氫轉換成氦和其他較重元素，核融合反應不再能抵銷重力，這時就會塌縮。塌縮終究會造成一場劇烈的超新星爆炸，會將恆星大部分的物質噴發到太空中。一些爆炸的能量會進一步壓縮剩餘的緻密恆星的核心，不管是何種方式，會造成核心持續收縮，變得更加緻密，並輻射更多的能量。如果塌縮的恆星質量持續增長（或許是從一顆伴星偷取物質），到了某種程度，即使光都無法從這個物體的重力作用下逃脫。從外頭來看，核心周圍的區域會變得看起來是一個黑洞。物理學家知道，自然間沒有一種作用力可以停止這種塌縮。1965 年，英國天文物理學家潘羅斯在數學上證明，黑洞可以從一顆塌縮的恆星產生，這個大質量星體應該收縮成一個無窮小的點，稱之為奇異點，這的確是一個詭異的東西。

但是，當物體從這個黑洞離開，重力會減弱，這時在某些距離外的地方（稱之為事件視界）的任何與這黑洞相關的光或其他輻射就可以逃脫，並被觀測到。大部分這些被觀測到的輻射，是氣體或星塵被加速到非常快的速度的結果，這種加速是黑洞強大的重力和磁場所造成的，**類星體**被認為是在這個區域形成的。

愛因斯坦的相對論預測許多奇怪事件會在黑洞的事件視界附近發生，包括從外頭的觀測者看到的時間會變成停止。很不幸地，一旦訊息無法從黑洞逃脫，可能永遠無法真正了解，這麼靠近黑洞會看起來是什麼樣？

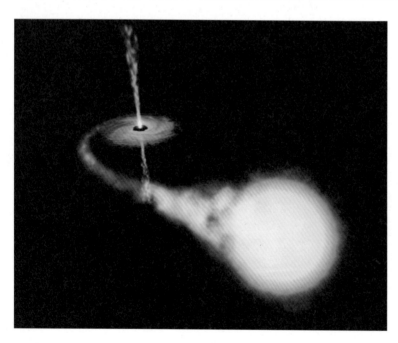

一個黑洞從雙星系統中的伴星偷取氣體的示意圖。氣體在黑洞四周形成一個吸積盤，當氣體掉落在黑洞的重力位能井，可以將巨量的能量輻射到強極軸噴流。

參照條目 看到「白晝星」（西元 1054 年），中子星（西元 1933 年），類星體（西元 1963 年），重力透鏡（西元 1979 年）

西元 1965 年

霍金的「極端物理」

霍金（**Stephen W. Hawking**，西元 **1942** 年生）

　　二十世紀初期到中期，天文學家的研究不僅詳細了解恆星如何運作，也知道恆星的壽命有限。恆星誕生，然後死亡，它們都遵循著相當平常的生命方式，所有的細節大部分都取決於它們質量。最大質量的恆星以超新星爆炸做終結，所留下的是非常緻密的核心，可以變成**中子星**和**脈衝星**。如果質量夠大的話，就會變成黑洞。

　　許多天文物理學家對了解這類緻密高能天體很有興趣，因為它們本身及其附近是研究宇宙中一些最極端物理的好去處。在這些研究人員當中，最具影響力的是英國宇宙學家霍金，他在 1965 年仍是劍橋研究生的時候，就開始發表有關黑洞物理學的論文。他在量子重力、蟲洞和**大霹靂**等理論方面做了更進一步的重要研究。

　　霍金對研究奇異點特別感興趣，這是大質量恆星無法控制塌縮的無限小且稠密的殘留物。他和他在劍橋的同事潘羅斯（Roger Penose）各自建立一個有關這些奇特天體的關鍵發現，就是因為它們的超高重力場和磁場，使它成為研究愛因斯坦廣義相對論和量子力學極端範例的最佳場所。霍金的理論研究致使了解奇異點不僅只是可能，並且宇宙中可能非常多從類星體宿主星系到個別黑洞恆星的殘骸。霍金甚至指出大霹靂一開始是一個奇異點，因此研究奇異點的起源和行為，可以提供我們洞悉宇宙誕生之初。

　　霍金在二十一歲的時候，受到一種與肌萎縮性脊髓側索硬化症相關的運動神經疾病所苦，這讓他癱瘓而無法活動，只能依靠電腦與人溝通。儘管一開始嚴峻的醫療預後，他仍堅持下來，並成為頂尖的理論物理學家、激勵人心的暢銷作家，以及科學教育和知識的堅定擁護者。

2001 年，在劍橋大學的天文物理學家、宇宙學家霍金，受運動神經疾病而幾乎癱瘓，霍金運用臉部肌肉來控制電腦，電腦合成聲音可以讓他寫字，並且發表演講和談話。

參照條目 大霹靂（約西元前一百三十七億年），愛因斯坦「奇蹟年」（西元 1905 年），愛丁頓的質光關係（西元 1924 年），中子星（西元 1933 年），黑洞（西元 1965 年），脈衝星（西元 1967 年）

微波天文學

　　搜尋宇宙學家所預測的**宇宙微波背景輻射證據**，激發了 1960 年代早期靈敏的新式電波望遠鏡和接收系統的發展。尤其是因為預期的背景輻射是如此的低溫（約 3K），所建造的儀器必須能獲得在電波頻率的靈敏測量，這頻率所對應的波長約是毫米到一公尺，是在電磁頻譜的微波範圍。

　　在掃瞄天空以便偵測和隔離出這個微弱的宇宙微波背景輻射過程中，微波天文學家偵測到一些強大且具科學意義的訊號，當中有許多是相當令人困惑的。例如在 1965 年，微波天文學家發現一些在波長接近 18 公分（頻率 1665MHz）的不明強電波發射源，很快就指認出是隱藏在類似**獵戶座星雲**的稠密星際雲中，是根本上孤立的緻密高能電波源（例如中子星和脈衝星）。當來自這些遙遠電波源的電波穿過介於當中的分子雲時，會出現強吸收和發射譜線，可以提供有關這些分子雲組成的訊息分析，因為在特定頻率的電波會被穿過的介質加強，這就是現在知道的邁射（maser），一種類似雷射的縮寫方式，全名為被輻射發射激發的微波放大（microwave amplificatoin by stimulation of emission of radiation）。

　　邁射光譜學讓微波天文學家首度能在星際雲內指認出分子，剛開始的偵測對象包括氫氧根（OH）、水分子，後來像是甲醇（CH_3OH）和甲醛（H_2CO）等有機分子，以及像是一氧化矽的矽酸鹽也都被指認出來。邁射隨後在一些個別恆星和整個星系，甚至在我們太陽系內的彗星彗髮當中被指認出來。微波天文學現今常被用來繪製許多天體和環境周圍的水分子和其他分子的分布圖。

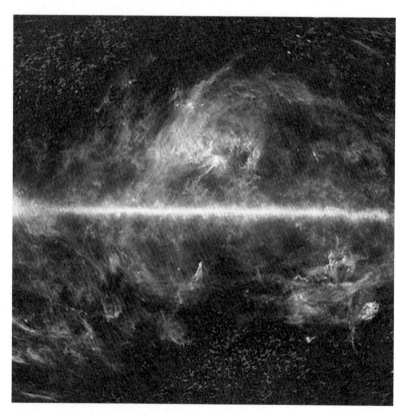

歐洲太空組織的卜朗克衛星在 2009 年繪製的全天微波發射分布圖的部分，卜朗克測量來自宇宙早期的宇宙微波背景發射，也測量電波能量的天然來源，例如邁射和星系盤（影像當中的白色條紋）。

參照條目　發現獵戶座星雲（西元 1610 年），電波天文學（西元 1931 年），宇宙微波背景（西元 1964 年）

西元 1966 年

金星 3 號抵達金星

　　針對 1960 年代美俄太空競賽的媒體關注焦點，大多放在載人太空飛行任務和首批太空人登陸月球。但這場競賽也進一步擴展到橫跨太陽系，在月球 3 號（Luna 3）和探測器 3 號（Zond 3）月球軌道號以及它們的月球遠側照片，還有 1959 年到 1965 年的遊騎兵 7、8、9 號月球撞擊探測器的相繼成功之後，蘇聯和美國雙方都開始專注在他們研究**金星**和**火星**這些鄰近行星的無人探測任務。

　　金星、地球和火星形成一個相近的類地行星三部曲。當仔細研究時，會發現有關行星表面和氣候演化的重要差異。基於望遠鏡的觀測，金星表面已知是被雲完全遮蔽，只有在 1960 年代早期**阿雷西波望遠鏡**的雷達觀測，才能揭露雲層底下的表面細節。1962 年，水手 2 號成為第一次飛掠過金星的無人探測器，但金星大部分仍為未知，包括有關行星表面溫度和大氣壓力的基本共識。

　　俄國人為了更仔細研究金星，透過一連串的飛掠、軌道繞行、大氣探測器和登陸艇，首先開始了金星無人探測器計畫。金星 1 號（1961）和金星 2 號（1965）的金星飛掠任務，在抵達金星之前就失敗了。但金星 3 號任務的確抵達金星，在失去與地球的電波傳訊之前，飛入大氣層。儘管沒有具科學數據從這些任務傳回，金星 3 號仍是第一個送上另一顆行星的人造飛行器。1966 年 3 月 1 日，金星 3 號墜毀在金星表面。

　　無論如何，蘇聯太空任務持續取得成功。在接下來的 1967 年到 1969 年間，金星 4、5、6 號任務是成功的。金星 4 號首次提供另一顆行星的化學、溫度和大氣壓力的直接測量，金星 5 號和 6 號提供風速、溫度和壓力的更多測量，這些任務和 1967 年成功的美國水手 5 號飛掠任務，顯示金星是一個地獄般的世界，表面壓力是地球的 90 倍以上，表面溫度超過華氏 840 度（攝氏 450 度）。

紀念金星 3 號到達金星表面的 1966 年蘇聯郵票。

參照條目　金星（約西元前四十五億年），史波尼克 1 號（西元 1957 年），月球的遠側（西元 1959 年），登陸月球第一人（西元 1969 年），再次登陸月球（西元 1969 年），弗拉摩洛結構（西元 1971 年），月球漫步（西元 1971 年），月球高地（西元 1972 年），登月最後一人（西元 1972 年），麥哲倫號繪製金星（西元 1990 年）

脈衝星

休伊什（**Antony Hewish**，西元 **1924** 年生）
歐可耶（**Samuel Okoye**，西元 **1939** 年～西元 **2009** 年）
貝爾（**Jocelyn Bell**，西元 **1943** 年生）

早在 1933 年天文物理學家巴德和茲維齊就提出**中子星**的概念，中子星是來自超新星爆炸的高密度緻密恆星殘骸。但是一直到 1965 年，電波天文學家休伊什和歐可耶才發現中子星的第一個觀測證據。這顆中子星是非常強卻非常小的強電波能量來源，來自蟹狀星雲的中心，是 1054 年著名的**白晝恆星**（超新星）的爆炸殘骸。

休伊什和他在劍橋大學的同事，持續搜尋新的中子星和其他電波源。就在兩年後，休伊什的學生貝爾使用位在劍橋西側、佔地四英畝的新型高靈敏電波望遠鏡，在狐狸座發現了第一顆快速脈衝的電波恆星（脈衝星），有著每 1.3373 秒固定節奏的脈衝速率。

貝爾和休伊什考量過這個脈衝星的詭異規則訊號，是外星高等文明跡象的可能性（他們開玩笑地標示為 LGM-1 來源，小綠人 1 號的縮寫）。但是到了 1968 年，他們和其他天文學家有了更加可信的解釋，部分原因是蟹狀星雲中心的中子星也被發現是一顆電波脈衝星，有著 33 毫秒的脈衝速率。脈衝星是一種快速自轉的中子星，擁有強磁場，可以讓部分的能量聚集在某個特定方向（通常是沿著或很靠近它們的自轉軸）。如果這道來自自轉脈衝星的電磁輻射光束排成一直線，當掃過地球，便可以照亮電波望遠鏡，就像燈塔的旋轉訊號。

至今已發現數千顆脈衝星，包括數百顆像是蟹狀星雲中心的毫秒脈衝星。令人訝異的是，來自名為 PSR B1257+12 脈衝星的訊號，在時間上有些變化，1992 年被解釋成是因為一些繞行脈衝星的行星所造成的，這是第一個系外行星的證據。

蟹狀星雲（梅西耳 1 號）中心區域的哈柏太空望遠鏡（紅色）和錢卓 X 射線天文台（藍色）高解析合成影像。這是來自 1054 年超新星爆炸的殘骸，這個中心能量來源是一顆脈衝星，一顆快速旋轉的中子星，旋轉頻率為每轉 33 毫米。

參照條目 看到「白晝星」（西元 1054 年），中子星（西元 1933 年），搜尋地外文明計畫（西元 1960 年），阿雷西波電波望遠鏡（西元 1963 年），第一顆系外行星（西元 1992 年）

西元 1967 年

嗜極生物的研究

布洛克（**Thomas Brock**，西元 1926 年生）

天文生物學是一門研究宇宙中生物和適居環境的起源、演化和分布的學問。它或許是唯一的一種，只有一筆資料確切證明自身存在的學科。至今，我們知道宇宙當中只有一個生物的例子，那就是地球上的生物，基於類似的 RNA、DNA 和其他碳基的有機分子，當中所有的生物基本上都是類似的。

但是搜尋其他地方的生物，不僅只是搜尋像我們一樣的複雜生命形式。它是搜尋其他行星環境，一種可以適合地球大部分主要生命形式的環境，這些生命形式包括細菌和其他簡單的生命形式。開始搜尋這些條件的最佳地點就在我們自己的行星上，因為在過去五十年，我們對可居住性的了解有很大的進展。

1967 年，美國微生物學家布洛克寫了一篇劃時代的論文，描述活躍在黃石國家公園熱溫泉中的耐熱性細菌（超嗜熱生物）。他向生物的化學反應需要適度溫度的這個主流知識提出挑戰。布洛克的研究有助於鼓勵嗜極生物的研究；嗜極生物是一種可以存活、甚至活躍在惡劣環境的生物。

超嗜熱生物也曾經在靠近深海超高溫火山口附近的熱水中找到，在另一個相反的極端環境，嗜寒性生物曾被發現存活在接近或低於結冰溫度的環境。極端鹽性（嗜鹽生物）、極端酸性（嗜酸生物和嗜鹼生物）、高壓（耐壓生物）、低濕度（適旱生物）甚至高度紫外線或核輻射（耐輻射）的極端環境下，也都能發現生命形式存活。

地球生物史給予天文生物學家的訊息是很清楚的：生物可以活躍在很大範圍的環境，不再像以往認為得那麼不可能。因此在極端地點，例如火星、木衛二和木衛三的深海、或者土衛六嚴寒富有機的表面，搜尋過去或現在的嗜極生物或者它們適居的環境，不再像以往認為的那麼不可能。

懷俄明州黃石公園的溫泉──牽牛花池，沿著溫泉外延的顏色是來自不同種類的超嗜熱細菌，它們可以存活和活躍在溫泉的高溫當中（華氏 176 度或攝氏 80 度以上）

參照條目　搜尋地外文明計畫（西元 1960 年），土衛二上的海洋？（西元 1979 年），火星上的生物？（西元 1996 年），木衛三上的海洋？（西元 2000 年），惠更斯號登陸土衛六（西元 2005 年）

登陸月球第一人

阿姆斯壯（**Neil A. Armstrong**，西元 1930 年～西元 2012 年）
愛德林（ **Edwin G. "Buzz" Aldrin**，西元 1930 年生）
柯林斯（**Michael A. Collins** ，西元 1930 年生 ）

在加加林成為第一位上太空的人類後，美蘇之間的競賽很快就聚焦到下一個重要的里程碑：登陸月球，並且安全地將太空人帶回地球。蘇維埃的東方計畫被重新導向更大的火箭以及登陸系統，作為月球登陸和返航之需。在美國方面，主要的挑戰是擊敗俄國人，以及達成甘迺迪總統 1961 年的目標：在十年內完成登月計畫。

在 1961 到 1969 年間，美國實施了一連串越來越先進的任務，從水星的單人太空人飛行，接下來的雙子星雙人地球軌道對接和會合飛行，以及三人前往月球的阿波羅任務。阿波羅 8 號在 1968 年完成一項重要的首次任務，就是將人送到月球軌道運行，並且回顧整個地球、首次看到月球的背面，以及一次完整的登月預演。在返航之前，將太空人送到離月球表面 10 英里（16 公里）處。阿波羅 10 號在 1969 年初的飛行又重新完成這項壯舉。與此同時，俄國人持續為他們自己的祕密月球太空人任務做出進展，但在 1969 年多次無人登陸的災難性失敗，使得他們的計畫倒退了許多，為美國的勝利開啟一扇門。

這個勝利於 1969 年 7 月 20 日到來，全世界都在看太空人阿姆斯壯和愛德林成為第一次在月球上登陸、漫步和工作的人類。阿姆斯壯和愛德林登陸在寧靜海撞擊盆地（樣本定年顯示有三十六到三十九億年）的古老火山岩漿流上，花了約兩個半小時收集樣本以及探索地貌。在不到一天的時間，他們升空，回到月球軌道，和指揮艙駕駛員柯林斯會合，然後是三天的回程，他們成了全世界的英雄。

上圖：印在細月球粉末土壤上的愛德林腳印。
右圖：阿波羅 11 號太空人愛德林在寧靜海登陸地點，從登月小艇老鷹號下載科學設備（阿姆斯壯拍攝）。

參照條目 月球的誕生（約西元前四十五億年），液態燃料火箭技術（西元 1926 年），太空中的第一群人（西元 1961 年）

再次登陸月球

康拉德（Charles "Pete" Conrad，西元 1930 年～西元 1999 年）
賓（Alan Bean，西元 1932 年生）
戈爾登（Richard Gordon，西元 1929 年生）

　　就在阿波羅 11 號成功航行之後四個月，NASA 太空人們再次漫步月球。1969 年 11 月 19 日，太空人賓和康拉德將登月小艇無畏號，瞄準了 NASA 1967 年發射的測量員 3 號無人登陸器的登陸點，此時的指揮艙飛行員戈爾登則在高空繞行。康拉德和賓將太空船降落在測量員 3 號方圓 600 英尺（180 公尺）內，成功展現定點登陸的準確度，這樣的精確登陸對未來的阿波羅任務是很重要的。

　　康拉德和賓在月球上花了約 32 小時，當中幾乎四分之一的時間是花在太空船外頭，在風暴洋的平坦熔岩平原上採集樣本和架設實驗。他們最長的行程包括漫步到測量員 3 號探測器，從探測器上取下一些零件和儀器，並帶回地球。測量員 3 號已經停留在月球表面長達三年之久，從帶回來的物品可以得知真空狀態、強烈日照、微流星撞擊對月球表面上的儀器的長期影響。令人訝異的是，在一些表面上，甚至存有一些休眠的細菌，這些細菌是以某種方式搭上前往（以及回程）月球的行程。一些測試顯示，即使待在月球嚴酷真空和紫外線環境三年的時間，細菌仍保有活力。

　　阿波羅 12 號待在月球表面的時間較長，收集了約 75 磅（34 公斤）的月球樣本（相較於阿波羅 11 號的 48 磅 [22 公斤]），當中包括土壤、小岩石、卵石碎片和撞擊坑沉積物。科學家分析這些樣本，發現風暴洋盆地的暗火山岩石比阿波羅 11 號太空人從寧靜海（三十六到三十九億年）帶回來的還要年輕（三十一到三十三億年），這表示月球最少在它歷史的前十三到十五億年間，火山活動相當活躍。阿波羅 12 號的樣本也包含一些與寧靜海所看到的不同岩石化學性質，包括暗玻璃質岩石、以及首見的月球岩石新分類，這是受撞擊熔化且混雜熔接在一起的岩石碎片，稱之為角礫岩（breccia）。

在 1969 年阿波羅 12 號任務期間，太空人賓正在風暴洋平原上設立一套科學儀器套件，這張照片是由賓的夥伴太空人康拉德拍攝，康拉德的影子就在照片的前景中。

參照條目　月球的誕生（約西元前四十五億年），亞利桑那撞擊坑（約西元前五萬年），登陸月球第一人（西元 1969 年）

天文學數位化

波義耳（Willard Boyle，西元 1924 年生）
史密斯（George Smith，西元 1930 年生）

　　數千年來，天文學一直是一種視覺工藝，從事者靠著敏銳的視力和絕佳的夜視能力，發現並描繪天體的特徵。即使在望遠鏡發明後兩百年，天文學家用的偵測器仍是肉眼。1839 年天體攝影學的引入，提供天文學家更靈敏的光線偵測儀器，先是鍍銀的玻璃板，然後是靈敏的照相底片。雖然在資料保存和觀測可重複性方面有很大的進展，照相術對於微弱天體光源的記錄能力，改良的程度有限。

　　一項在天文偵測器靈敏度的巨大進展，則因為二次大戰期間雷達和導航電子儀器的發展而有了可能。這些進展導致 1939 年左右的第一個電子切換器──二極真空管的發明，以及 1947 年的第一個電子放大器──電晶體。這些儀器設備仰賴特定元素（例如矽和鍺）的特性，一種不完全是導體（例如金屬），也不完全是絕緣體的元素。這種半導體通常是不會導電的物質，但施以適當的電壓，或有時只要照射光線，就可以強迫使之導電。

　　對天文學家（以及後來的數位相機和手機使用者）而言，半導體的關鍵進展在 1969 年。當時 AT&T 貝爾實驗室的美國物理學家波義耳和史密斯，創造了一個半導體陣列，可以將輸入的光波（光子）轉換成類比的電壓訊號，之後可以儲存、放大以及轉換成數位資料。這個發明被稱作電荷耦合元件（CCD），因為入射到陣列的光和產生的電荷會發生耦合。

　　當 1970 和 1980 年代，CCD 變成可行，天文學家立刻就愛上了它。部分因為它們的輸出訊號是和照射在 CCD 上的物體亮度成線性比例，部分則因為它們比照相底片靈敏百倍以上。CCD 相機現在是天文望遠鏡以及太空任務的標準配備。

近代 CCD 半導體偵測器的範例，可用做天文以及一般消費者電子照相。

參照條目　第一批天文望遠鏡（西元 1608 年），第一張天文攝影（西元 1839 年），愛因斯坦「奇蹟年」（西元 1905 年）

默奇森隕石內的有機分子

　　太空探索的動機之一是在我們居住的行星之外找尋生命，但我們該如何進行這樣的搜尋？一種方式是搜尋某種發生在我們行星上的生命化學元素，例如碳、氫、氮、氧、磷和硫。但這些元素出現在整個宇宙當中，在一些地方和環境（例如恆星的內部）是不可能促成生命的。一種更有效的策略可能是不要搜尋特定元素，而是元素的特定排列──分子，分子可以透露出生命基本化學的證據。

　　地球上的生命是根基在有機分子，一些有機分子的結構很簡單，像是甲烷（CH_4）、甲醇（CH_3OH）、或是甲醛（H_2CO）；也有其他更複雜的分子，像是蛋白質、胺基酸、核糖核酸（RNA）和去氧核糖核酸（DNA）。過去將近半個世紀，天文學家已經在緻密的星際雲、彗尾、冰狀衛星、外太陽系的環、土衛六的大氣以及巨行星內，辨識出許多簡單的有機分子。

　　1969 年 9 月 28 日，一顆流星和火球疾駛過白晝天際，並撞毀在靠近澳洲維多利亞的默奇森鎮，在該區域地面發現超過 220 磅（100 公斤）的隕石樣本。經過仔細分析，科學家在 1970 年宣布，這顆來自相當古老的原始隕石（是一種碳粒隕石）包含許多常見的胺基酸，之後的研究發現這顆默奇森隕石含有超過七十種胺基酸，還有許多其他簡單和複雜的有機分子。

　　就我們所知，生命需要液態水、熱或太陽光的能量來源，以及豐富的複雜有機分子。在默奇森和其他隕石內所發現的胺基酸，支持生命必要的分子可以在一些環境（例如太陽星雲盤、彗星或微行星）以非生物方式形成的想法。宇宙中的生命可能豐富也可能不豐富，但生命的材料可能到處都有。

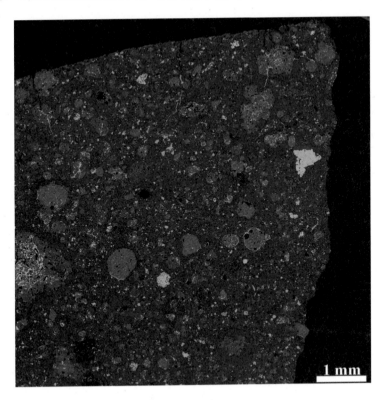

在默奇森隕石內的鎂（紅色）、鈣（綠色）和鋁（藍色）X 射線影像，這是一顆超過 45.5 億歲的碳粒隕石，這顆古老岩石包含原始礦物，這些礦物是從太陽星雲、水和包括超過七十種胺基酸的複雜有機分子濃縮而成。

1 mm

參照條目　太陽星雲（約西元前五十億年），地球的生命（約西元前三十八億年），土星有環（西元 1659 年），土衛八（西元 1671 年），哈雷彗星（西元 1682 年），土衛二（西元 1789 年）

金星 7 號登陸金星

雖然 1969 年月球太空人計畫失敗，但蘇聯持續以他們探測行星的自動探測器獲得非凡的成功。在 1966 到 1969 年執行前往金星的金星 3 ～ 6 號任務沒有成功著陸，但它們仍提供足夠的行星大氣新資料，使得任務操控者設計出可承受嚴酷條件的後續任務。1970 年 12 月 15 日金星 7 號（Venera 7）的成功，成為著陸另一顆行星並回傳資料的第一個人造物體。

金星 7 號在降落傘上，歷經三十五分鐘飄浮穿過大氣而成功著陸。接著持續傳送了二十三分鐘的資料，這段時間，回傳溫度資料顯示表面約華氏 870 度（攝氏 465 度），表面氣壓推測約地球表面氣壓的九十倍。在這樣可以烤焦和壓碎的條件下，登陸艇能夠完整存活下來是一項奇蹟。

金星 7 號的成功，為後續一系列不可思議的接連成功設立舞台。包括 1972 年到 1985 年間的蘇聯金星登陸艇、軌道者和大氣探測器，這些都是當時最具野心的長期金星自動探測計畫。

金星 15 號和 16 號藉由雷達成像獲得最為突出的成就，包括行星表面成分的地質化學測量（發現登陸地點的玄武火山岩成分和夏威夷和冰島的類似）；第一批岩石表面的影像；山脈、山脊、平原和其他地殼構造、火山地形的大範圍地圖。

除了地獄般的表面條件，金星探測器也協助行星科學家發現金星中層和高層大氣的風速超過每小時 220 英里（100 公里），這速度遠超過金星本身自轉的速度（一個金星日約 243 個地球日）。金星大氣的超級旋轉原因仍是未知，而這也是正在進行和計畫進行的金星任務的研究重點。

上圖：蘇維埃金星 7 號登陸太空艙的機械測試模型。右圖：經過處理的金星表面全貌的部分，資料來自 1982 年 3 月 1 日的金星 13 號登陸艇。前景是一隻登陸艇支撐腳架和廢棄的相機蓋碎片。

參照條目 金星（約西元前四十五億年），金星 3 號抵達金星（西元 1966 年），麥哲倫號繪製金星（西元 1990 年）

月球無人採樣返回任務

　　蘇聯在 1960 年代和 1970 年代的無人太空探索計畫，在月球、金星和火星完成一系列成功的重要「首次」任務。當中最重要和最具技術性的，應屬月球 16 號、月球 20 號、月球 24 號的全球首次無人採樣返回任務。這些是小型自動基地，從地球發射，經過五天巡航到達月球。它們自動執行月球表面的軟著陸，在月球表面鑽洞，收集月球採樣，然後發射回航，經過三天回程，以降落傘著陸地球。

　　月球 16 號在 1970 年 9 月發射，這是首次自動的採樣—收集—返航任務，回收了來自豐富海撞擊盆地暗岩漿平原 3.5 盎司（100 克）的月球土壤和岩石碎片。月球 20 號在 1972 年再次完成壯舉，收集了靠近豐富海的明亮高地區域 2 盎司（55 克）的採樣。月球 24 號在 1976 年又做了一次，回收了來自危海的 6 盎司（170 克）的採樣，危海是靠近月球東側邊緣的一個充滿岩漿的撞擊盆地。這些月球採樣補足了更大型的阿波羅採樣收集，因為它們包括了一些不同且唯一的月球表面成分和礦物學。結合阿波羅和月球計畫採樣，提供了基本的訊息，可以促成有關月球起源和演化的現今理論，這包括提供了支持**月球形成**是來自巨大撞擊的模型的關鍵證據。

　　蘇聯的月球採樣返回任務是當時嘗試最複雜的無人任務，之後已經完成的採樣返回任務有帶回彗尾的碎片（星塵計畫）、太陽風粒子（起源任務）和近地小行星微小碎片（隼鳥任務）。月球採樣返回任務仍是當中最複雜的行星探索任務，尤其是以 1960 年代的技術完成，使得成就更加非凡。進一步從月球其他地區、從火星、金星和近地小行星的無人採樣返回任務，仍持續被提出和規劃中。

蘇維埃月球本返回登陸艇模型，該登陸艇用在 1970、1972、1976 年的三個自動月球樣本返回任務。

 參照條目 月球的誕生（約西元前四十五億年），月球的遠側（西元 1959 年），登陸月球第一人（西元 1969 年），創世紀號捕捉太陽風（西元 2001 年），星塵號遇上維爾特 2 號彗星（西元 2004 年），在系川星上的隼鳥號（西元 2005 年）

弗拉摩洛結構

雪帕德（**Alan Shepard**，西元 **1923** 年～西元 **1998** 年）
米歇爾（**Edgar Mitchell**，西元 **1930** 年生）
羅沙（**Stuart Roosa**，西元 **1933** 年～西元 **1994** 年）

接續 1969 年阿波羅 11 號和阿波羅 12 號的成功，NASA 的 1970 年阿波羅 13 號計畫是載送下一批太空人進行為期兩天的停留，以探索月球上已知的弗拉摩洛結構（靠近弗拉摩洛撞擊坑，以十五世紀義大利製圖家命名）的地質性地貌。但在前往月球為期三天的航行中，阿波羅 13 號內部發生一次爆炸，使得月球登陸取消，全體機員置於危險當中。藉由太空人以及地球上支援小組英雄般的努力，協助他們安全返航。

經過短暫延遲，以便了解和解決不幸事故的原因，NASA 派送阿波羅 14 號到阿波羅 13 號原本的目的地，重啟登陸任務。弗拉摩洛結構是一個分布較廣、明亮且陡峭的地貌，位在月球近側數個大型暗撞擊盆地之間。月球地質學家猜測該區的物質屬於撞擊噴發物，是一種經由月球最大撞擊坑和盆地的掘挖和重新沈積的碎片。藉由弗拉摩洛的採樣，可能可以獲得來自不同撞擊事件和不同深度的月球地表下樣本，而不需鑽孔或橫跨太遠。

雪帕德是原始金星計畫的太空人之一，也是第一位在太空漫步的美國人。他和他的機員米歇爾在 1971 年 2 月 5 日將登月小艇天蠍座 α 星降落在弗拉摩洛。當同僚羅沙坐在指揮艙小鷹號、在上空做軌道運行時，雪帕德和米歇爾花了將近十個小時在月球上漫步，並收集了 93 磅（42 公斤）的樣本。雪帕德也創下了運動紀錄，在月球上敲擊第一顆高爾夫球。

月球地質學家和地質化學家對阿波羅 14 號機組人員帶回來的採樣感到興奮，採樣來自大型和小型的隕石撞擊事件（包括四十億年的巨大雨海盆地），時間涵蓋超過五億年。就其本身而論，這些採樣同時是月球和地球地質歷史的珍貴寶藏，因為二者早期都受到類似的隕石轟擊。

太空人雪帕德和米歇爾站在靠近弗拉摩洛的月球平原上拍攝阿波羅 14 號登月小艇天蠍座 α 星。痕跡來自太空人的二輪手推車在太陽光下的閃光，這是因為粉塵土壤受到手推車輪子的擠壓和推平所致。

參照條目 登陸月球第一人（西元 1969 年），再次登陸月球（西元 1969 年）

第一批火星軌道者

在過去五十年間，自動行星探索的進度都是跟隨著越發大膽和具技術挑戰性的太空任務。剛開始的目標是單純地學習如何在太空中導航遠距探測器，讓它們飛掠（或飛入）月球和其他行星，並把照片或測量數據傳送回來。下一個必然的步驟是嘗試建立繞行其他星球的軌道衛星，這不僅讓我們能夠花時間學習外星環境，還讓我們能夠勾勒出地外表面或大氣的樣貌。

第一顆晉級到行星探索和繞行另一顆行星的人造衛星，是 NASA 的水手 9 號探測器。水手 9 號在 1971 年 11 月抵達火星，當時好遇上了一場涵蓋範圍有行星這麼大的塵埃風暴。當飛行器的光譜儀正在收集塵埃特性和大氣溫度的資料，探測器的電視攝影機看到另一個枯燥乏味塵埃白色球的世界，有一些暗斑點從塵埃中引露出來。

經過幾乎一個地球年的繞行，塵埃已經散去到足以讓太空任務開始進行。在水手 9 號傳回的影像裡頭，透露出火星是一個巨大塔狀火山的地質仙境（在塵埃風暴看到的暗斑點）、峽谷系統所形成的龐大地殼構造、古老的河流水道和無數個撞擊坑。這和來自 1965 年和 1969 年水手號飛掠任務驚鴻一瞥、滿布撞擊坑的火星是全然不同的。

蘇聯也從自己兩架火星軌道者的登陸機會佔到便宜，分別是 1971 年的火星 2 號和 3 號。它們在水手 9 號之後數個星期進入火星軌道，回傳有關大氣和地表（當塵埃已經清除）的有用科學訊息，也都部署了小型登陸艇和迷你漫遊者進行地表探索。雖然沒有第一架成功，但它們成為第一個撞擊到火星表面的人造物體。

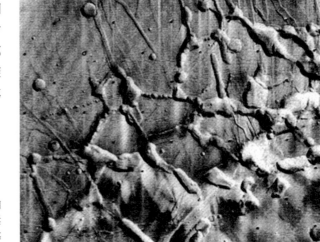

水手 9 號（上圖）拍攝的部分照片，當中有山脊、山谷、台地和撞擊坑所構成的諾克提斯迷宮，這個區域約 190 英里（300 公里）寬，靠近火星最大峽谷系統—水手號谷，這是以水手 9 號探測器命名。

參照條目　火星（約西元前四十五億年），火星上的維京號（西元 1976 年），火星全球探勘者號（西元 1997 年）

月球漫步

艾爾文（**James B. Irwin**，西元 1930 年～西元 1991 年）
史考特（**David R. Scott**，西元 1932 年生）
沃爾登（**Alfred M. Worden**，西元 1932 年生）

　　NASA 前三次阿波羅登月任務被設計為短暫的插旗式探訪，主要目的是準確且安全地登陸，然後返回地球。太空人執行有限的科學活動，但他們在行動力和待在表面的時間受到嚴格限制。

　　不過，在阿波羅登月計畫的最後三次任務就有了改變。針對阿波羅 15、16、17 號，NASA 配置了巨型的土星五號發射火箭，因此可以攜帶幾乎兩倍的質量前往月球，使得太空人可因為待得更久而攜帶更多補給、架設更多的實驗，以及藉由攜帶月球車以增加他們在月表的行動力。這最後三次阿波羅任務更聚焦在月球科學上，在各個面向上，他們是首次、也是最後一次大型的人類太空探索航行。

　　阿波羅 15 號是這些延伸航行的第一次任務，被送去探索高低起伏的亞平寧山脈，這是位在澄海和寧靜海撞擊盆地之間的區域。月球地質學家要求太空人史考特和艾爾文使用月球車探勘 60 英里長（100 公里）的古老崩塌的熔岩管，稱做哈得雷紋溝（Hadley Rille），蜿蜒於亞平寧山谷當中的平坦地板上。1971 年 7 月 30 日，史考特和艾爾文將獵鷹號登月小艇從指揮艇努力號脫離，與駕駛員沃爾登暫別，執行定點著陸，避開陡峭的峰頂，在離哈得雷紋溝邊緣 0.6 英里（1 公里）的位置安置。

　　阿波羅 15 號任務非常成功，史考特和艾爾文在月球上花了將近三天的時間，當中約十九個小時是花在駕駛月球車前往不同的回顧地點，收集將近 170 磅（77 公斤）的珍貴月球岩石和土壤。這些樣本確認了哈得雷紋溝的火山起源，並且有助於揭示月球在「最近」三十三億年前曾有活躍的火山活動，包括必定很壯觀的火噴泉般火山爆發。

太空人史考特所拍攝的太空人艾爾文，正從登月小艇福爾肯（Falcon）卸載裝備到月球車。史考特和艾爾文駕駛月球車在哈得雷紋溝熔岩管探險了 17.5 英里（28 公里）。

參照
條目　月球的誕生（約西元前四十五億年），登陸月球第一人（西元 1969 年），再次登陸月球（西元 1969 年），弗拉摩洛結構（西元 1971 年）

月球高地

楊（John W. Young，西元 1930 年生）
小杜克（Charles M. Duke, Jr.，西元 1935 年生）
馬丁利二世（T. Kenneth Mattingly II，西元 1936 年生）

在 1972 年之前的第四次阿波羅登月任務，主要鎖定月球的平坦暗火山平原，或是主要火山區域一帶的平緩起伏丘陵。挑選這些區域作為登陸地點，主要基於登陸安全的考量。然而月球科學家知道這些暗月海（平坦和火山）區域僅涵蓋月球表面不到 20% 的面積，有超過 80% 的典型亮山岳地質（高地）未被探索，阿波羅 16 號任務的目的，就是要校正這個不平衡的現象。

太空人楊和小杜克導引他們的登月小艇獵戶號，降落在一個靠近笛卡爾坑的崎嶇高地區域，這是一個較為平坦的區域，包含地質學家所稱的凱萊平原（Cayley Plains）。在登陸之前，科學家都假設這個凱萊平原是一個相對平坦的區域，夾在月球高地的撞擊坑和山谷之間，可能是另一種專屬於月球高地的火山沉積物。由於它分布較廣的特性，在這裡的取樣對了解月球的全貌很重要。

楊和小杜克花了超過二十個小時的時間，在四次短程載具行動的過程中，進行了月球漫步，以及駕駛他們的月球車超過 17 英里（27 公里），以便蒐集各種不同的高地樣本。三天之後，他們將獵戶號駛返指揮艙卡斯伯（Casper），與駕駛員馬丁利二世會合，經過三天的航行返回地球。

意外的是，阿波羅 16 號的樣本沒有證據顯示廣泛的高地火山作用，而是高地比月海區域含有更多低鐵和低密度矽質礦物。這項發現引導出一個想法：可能月球曾有熔化的「岩漿海洋」地殼，使得較重元素被分離出來，或者沉入地函和地核。凱萊平原被證明是一廣泛的噴發沉積，月球表面億萬年來遭小行星和彗星撞擊，被撞擊的高地物質就重新分布在這片陸地上。

由馬丁利駕駛的阿波羅 16 號指揮艙和服務艙卡斯伯在月球軌道上，由太空人楊和杜克卸載登月小艇克里昂，準備著陸在凱萊平原時所拍攝的。

參照條目　月球的誕生（約西元前四十五億年），登陸月球第一人（西元 1969 年），再次登陸月球（西元 1969 年），弗拉摩洛結構（西元 1971 年），月球漫步（西元 1971 年）

登月最後一人

賽爾南（Eugene A. Cernan，西元 1934 年生）
施密特（Harrison H. "Jack" Schmitt，西元 1935 年生）
小伊凡（Ronald E. Evans, Jr.，西元 1933 年～西元 1990 年）

　　阿波羅月球登陸系列中，最後一次的月球發現之旅是在 1972 年 12 月，太空人施密特和賽爾南將登月小艇挑戰者號降落在托魯斯山脈（Taurus Mountains）的利特羅坑南邊的一個狹山谷內，托魯斯山脈環繞在澄海東南方的邊緣。挑選這個區域的原因，是因為它沿著暗火山月海物質和亮高地物質之間的邊界，來自軌道照片的證據顯示，這個區域應能提供有關月球豐富多樣的地質訊息。

　　施密特和賽爾南待在月球的期間，的確有一些驚人的探險。他們創了阿波羅計畫的幾項紀錄：待在外頭將近二十二小時，駕駛他們的月球車超過 22 英里（35 公里），三次長時間的不停橫越山谷，總共收集了約 242 磅（110 公斤）的岩石和土壤樣本。三天後，在他們與指揮艙美國號駕駛小伊凡會合時，他們已經到了耗盡體能的邊緣了。

　　施密特是第一位、也是唯一一位受訓練後前往月球的地質學家，他的專業眼光對辨識一些關鍵樣本是很重要的。包括他在靠近一個稱作蕭堤（Shorty）的小撞擊坑附近，注意到一小塊難以辨識的橙色

土壤，之後分析這些樣本和相同區域的黑色土壤，顯示裡頭有富含鈦的微小玻璃球。這些玻璃球是因為月球上的火山噴發而形成的，一些玻璃球被發現含有微量的水，證明月球內部並不是完全乾涸的。

　　施密特和賽爾南是造訪月球的最後一批，他們和小伊凡也是飛行超過地球低層軌道的最後一批——這趟旅行迄今已四十多年了。

在這張照片中，阿波羅 17 號太空人賽爾南以跳躍的方式前往他下一個採樣點，太空人施密特從全景的角度拍攝這張照片，當時施密特靠近一個沿著陶拉斯利特羅山谷內的卡美洛撞擊坑邊緣的礫石區。

參照條目 登陸月球第一人（西元 1969 年），再次登陸月球（西元 1969 年），弗拉摩洛結構（西元 1971 年），月球漫步（西元 1971 年），月球高地（西元 1972 年）

伽瑪射線爆

在二十世紀之初，研究**放射性**元素（像是鈾和鐳）自發衰變的物理學家，辨識出三種粒子或者輻射。某些放射性元素衰變的時候，會釋放出氦核（α 粒子），其他則會釋放出高能電子或正子（β 粒子）；當在一些放射性衰變事件中發現第三種更高能的粒子，物理學家稱這些粒子為伽瑪射線。就像 X 射線一樣，伽瑪射線是非常高能（波長非常短）的電磁輻射。二十世紀之後的物理學家發現，X 射線是環繞在正在衰變的原子四周的電子所放射的，更高能量的伽瑪射線則是原子核本身所發射的。

由於伽瑪射線是在原子核內產生，物理學家預測會在**核融合**炸彈試爆中觀測到伽瑪射線的產生。的確，在 1960 年代，美國和蘇聯同時在太空中部署伽瑪射線偵測器，以便確認雙方確實有遵守 1963 年簽署的部分禁止核試驗條約。

美國軍方部分的船帆座系列人造衛星，能夠在太空偵測來自任何地方的伽瑪射線。令人驚訝地，從 1967 年開始，人造衛星開始一年數次不定期偵測到不明短暫伽瑪射線爆（GRBs），持續時間從幾毫秒到數分鐘。後來確認是來自深太空的任意方向，軍方在 1971 年將資料解密，並向民間科學家告知這個現象。

天文物理學家被伽瑪射線爆困擾了數十年，因為這能量遠高於放射性衰變或恆星核融合反應所產生的伽瑪射線事件，伽瑪射線爆的詳細特性依舊成謎。直到 1990 年代，來自 NASA 康卜吞伽瑪射線天文台的太空望遠鏡觀測才揭露它們的來源。伽瑪射線爆似乎是大質量恆星塌縮時的超新星爆炸所產生的，或者是在成對的**中子星**相互碰撞合併時產生的。就像脈衝星，當高度集中的能量噴流從正在爆炸的恆星噴出，並指向地球時，便會發生伽瑪射線爆。伽瑪射線爆似乎是宇宙中最激烈、能量最高的事件。

伽瑪射線爆事件 GRB 080319B 的示意圖，在 2008 年 3 月 19 日被偵測到。能量的噴發被認為是來自加速到 99.9995% 光速的氣體噴流，發生在七十五億光年遠的一顆大質量恆星的超新星塌縮過程中。

參照條目 放射性（西元 1896 年），中子星（西元 1933 年），核融合（西元 1939 年），黑洞（西元 1965 年），脈衝星（西元 1967 年），伽瑪射線天文學（西元 1991 年）

木星上的先鋒 10 號

一直到 1970 年代之前，自動探索太陽系都侷限在內太陽系；更精確地說，是侷限在月球、金星、火星的探索。而除太陽以外，佔了太陽系總質量 70% 以上的木星，是下一個必然的目標。

人類首次實際的外太陽系探索航行是先鋒 10 號（Pioneer 10）探測器的任務。它於 1972 年 3 月 2 日發射，這個核動力探測器被設計來專門研究火星之外的行星際太空特性，這包括評估主小行星帶的本質，以及在前往外太陽系時，太空船能不能安全通過主小行星帶。先鋒 10 號和在 1973 年 4 月 4 號發射的太空船先鋒 11 號，也被設計要近距離飛過木星，並研究木星磁場的高輻射環境。

探測器攜帶了 11 項儀器，以便照相和收集溫度、磁場、太陽風、宇宙射線和微隕石的資料。它發現主小行星帶的塵埃和微隕石，應該不會對未來太空船造成太多威脅。在飛掠木星的時候，先鋒 10 號進入雲端 125,000 英里（200,000 公里）的範圍內，所拍攝的照片透露出行星大氣的重要細節。

在通過木星後，先鋒 10 號開始它的行星際任務，研究更外圍的太陽系。最後收到探測器訊號是在 2003 年，但它仍以超過每秒 7.5 英里（12 公里）的速度脫離太陽系，現今離太陽的距離超過 100 個天文單位。先鋒 10 號攜帶了一片鍍金版，上頭畫了一個男人和一個女人，以及一些符號，是在提供有關探測器來源的訊息。數百萬年後，當先鋒 10 號抵畢宿五時，或許某個人（或某種東西）將會讀到這個訊息。

上圖：木星和大紅斑近似真實色彩的照片，於 1973 年 12 月 1 日由先鋒 10 號太空船從 160 萬英里（260 萬公里）的距離拍攝。右圖：先鋒 10 號太空船靠近木星的示意圖，這個圖片中向下指的支架約 10 英尺（3 公尺）長。

參照條目　木星（約西元前四十五億年）、木衛一（西元 1610 年）、木衛二（西元 1610 年）、木衛三（西元 1610 年）、木衛四（西元 1610 年）、大紅斑（西元 1665 年）、探險家號遇上土星（西元 1980、1981 年）、伽利略號繞行木星（西元 1995 年）

火星上的維京號

1971 年短暫卻成功的水手 9 號（Mariner 9）任務，成為一個全新 NASA 探索火星計畫的基石。這項比過往更詳盡的計劃，稱做維京號（Viking）計畫，它的目標是發射兩個軌道艇和兩個登陸艇到火星，以便增進我們對這顆紅色行星各方面的了解，包括它的表面地貌、大氣，以及過去或現在可不可能有生命居住。

於 1975 年 8 月和 9 月發射之後，維京 1 號和維京 2 號探測器分別在 1976 年 6 月和 8 月抵達火星。在軌道上的第一個月，維京 1 號小組拍了表面的照片，搜尋安全的地點，以便部署核動力登陸艇，最後挑選了一個平坦區域—克里斯平原（金色平原）。維京登陸艇 1 號在 1976 年 7 月 20 日安全降落，成為第一個成功到達火星表面的任務。數個月後。維京登陸艇 2 號也在距離約 3000 英里（4800 公里）外的地方，平坦且多岩石的烏托邦平原。

維京計畫花費了約十億美金，是在當時最複雜且花費最高的火星任務，並且異常的成功。軌道艇提供詳細的表面整體地圖，解析度高達數百公尺或更高，能呈現出年代古老的水蝕溪谷網絡，細微的層狀極冠沈積物，以及水手 9 號發現的年輕火山嶽和大峽谷的細節。認為早期火星可能更為溫暖、潮濕和更像地球的想法，正是根基於維京軌道艇回傳的資料。

這兩艘登陸艇，也為火星研究建立起一個持久的典範。對於火星表面（不利於人類）的條件和天氣模式，氣象學實驗已經提供詳盡的資訊，但更重要的是，登陸艇並沒有找到有機分子存在的證據——有機分子正是有生命存在或環境適合居住的可能指標。然而，天文生物學家的挫敗是暫時的，因為挫敗可以讓未來太空任務的各項新實驗更加完善。

上圖：維京軌道艇的模型，包含底部的彈射座艙入口，覆蓋在登陸艇。探測器包含寬度約 30 英尺（9 公尺）的太陽能板。右圖：1976 年 9 月 3 日，維京登陸艇 2 號在紅色礫石覆蓋的烏托邦平原表面的照片。

參照條目　火星（約西元前四十五億年），火星和它的運河（西元 1906 年），第一批火星軌道者（西元 1971 年），火星上的第一架漫遊者（西元 1997 年），火星上的精神號和機會號（西元 2004 年）

探險家號的「偉大旅程」啟航

1960 年代末和 1970 年代初，前往外太陽系的無人太空任務受到仔細考量，因而讓負責規劃太空任務的人和天體動力學家了解到，當木星、土星、天王星和海王星湊巧排列成某種相對位置時，應該有可能讓同一個探測器靠著萬有引力的協助，在 1970、1980 年代飛越過這四顆巨行星。這個史無前例的「偉大旅程」構想，振奮了 NASA 的研究人員，而且後來在名為「探險家」的兩個新任務中實現了。

探險家 2 號在 1977 年 8 月 20 日最先發射到一個軌跡上，可以讓它在 1979 年中抵達木星、1981 年中抵達土星、1986 年初到天王星、1989 年中到達海王星。探險家 1 號是在 1977 年 9 月 5 日發射到一個更快的軌跡，可以讓它在 1979 年初抵達木星，而在 1980 年底到達土星。探險家 1 號的旅程只包括木星和土星，是因為想要近距離飛掠土星的衛星泰坦，需要軌道修正，以致於後續不可能近距離飛過天王星和海王星。

探險家 1 號和探險家 2 號的任務，是太空探索史上最刺激並且最成功的冒險之旅。探測器讓科學家對巨行星的大氣、磁場、環狀結構和它們的大衛星（木衛一、木衛二、木衛三、木衛四、木衛六、海衛一）和許多較小的衛星有所新發現。探險家號的發現，也促成後續的伽利略號和卡西尼號分別在木星和土星有更多的發現，所提供的資料是未來前往天王星和海王星的軌道任務所必需的。

就像先鋒號一樣，每個探險家號也都有某種類型的瓶中信──這次是一張鍍金唱片，內容有影像、聲音和音樂；就好像一個宇宙時光膠囊，裝著來自地球的祝賀詞，獻給遙遠未來發現這個膠囊的任何人。

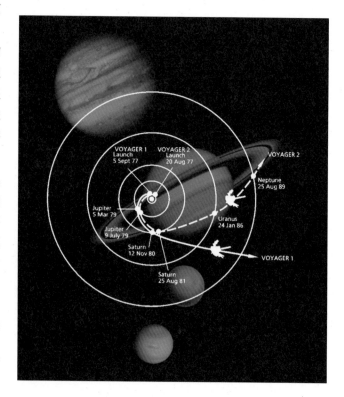

上圖：探險家號的概念圖，延伸到右下角的較長部分是 42 英尺（13 公尺）磁場儀器。右圖：探險家號偉大旅程軌跡圖，與在巨行星的最熱門探險家號影像的剪接圖片重疊。

參照條目　木星（約西元前四十五億年），土星（約西元前四十五億年），天王星（約西元前四十五億年），海王星（約西元前四十五億年），木衛一（西元 1610 年），木衛二（西元 1610 年），木衛三（西元 1610 年）、木衛四（西元 1610 年），土衛六（西元 1655 年），土星有環（西元 1659 年），海衛一（西元 1845 年），抵達土星的先鋒 11 號（西元 1979 年），在天王星的探險家 2 號（西元 1986 年），在海王星的探險家 2 號（西元 1989 年）

發現天王星的環

艾略特（**James L. Elliot**，西元 **1943** 年～西元 **2011** 年）
鄧翰（**Edward W. Dunham**，西元 **1952** 年生）
閩克（**Douglas J. Mink**，西元 **1951** 年生）

　　1659 年，荷蘭天文學家惠更斯觀測到土星環，並把它解釋成一個扁平的物質盤，繞著第六顆行星。土星似乎是唯一有環系統的行星，但到了 1789 年就在發現天王星之後沒多久，英國天文學家赫歇爾認為他偵測到一個很暗的環繞著這顆新行星。不過後續的天王星觀測和影像都無法確認赫歇爾的主張。

　　將近兩百年後，在 1977 年 3 月 10 日，由美國行星科學家艾略特、鄧翰和閩克組成的團隊，準備觀測天王星通過視線上的一顆亮星，這是一種稱為掩星的交食。為確保他們是在準確的位置，以便捕捉這個罕見的掩星現象，小組從古柏機載天文台觀測這次事件。古柏機載天文台是將一台望遠鏡架設在 NASA C-141A 噴射機上，飛行在平流層內，這是比我們大氣中的雲和水氣更高的位置。

　　這次的掩星帶來令人興奮的驚喜就在恆星開始被天王星交食之前，它的亮度有五次快速劇烈下降。然後，就在恆星從交食中重新出現之後，這現象又發生五次。艾略特團隊的分析顯示，星光變暗發生在離天王星兩側相同的徑向距離，他們發現一組暗的窄環，這表示第七顆行星變成第二顆已知擁有環的行星。

　　後續的觀測顯示天王星有另外四個環，使得總數達九個。在探險家 2 號的 1986 年飛掠行程中，又發現了兩個，顯示這些環是非常暗，並且似乎由公分到公尺大小的冰塊所構成，是因天王星的磁場和冰凍有機分子之間的交互作用而變暗。在二十一世紀初，天文學家用哈柏太空望遠鏡發現另兩個環，使得總數達到十三個。後來也在木星和海王星四周發現暗淡的環（也是從探險家號的資料），這意味著在我們的太陽系中，不僅土星，所有的巨行星都是環狀世界。

探險家 2 號的天王星環影像，在 1986 年探測器飛掠過程中所獲得的，背景星在長期曝光下呈現條紋狀。1977 年，經過這些環而被遮蔽的閃爍星光導致他們早先的發現。

參照條目 天王星（約西元前四十五億年），土星有環（西元 1659 年），木星環（西元 1979 年），海王星的光環（西元 1982 年）

冥衛一

克里斯蒂（**James W.Christy**，西元 1938 年生）
哈靈頓（**Robert S. Harrington**，西元 1942 年～西元 1993 年）

與我們相隔四十倍太陽距離的**冥王星**，在 1930 年由湯博（Clyde Tombaugh）發現之後的數十年間，仍是天文觀測上的一大挑戰。但是天文學家持續觀測冥王星，以便了解它的起源和特徵。許多這樣的觀測是在亞利桑那州旗竿鎮的羅威爾天文台進行，冥王星正是在這個天文台被發現的。

當分析 1978 年 6 月的一系列觀測時，羅威爾天文學家克里斯蒂注意到在一些冥王星照片中的一個凸塊，而且這個凸塊看起來是以約 6.4 天的週期，繞著冥王星的主要影像移動。進一步分析之後，他和同僚哈靈頓宣布他們發現了冥王星的一顆衛星。克里斯蒂將這顆衛星命名為「夏倫」（Charon，冥衛一），這是根據希臘神話的冥府渡船夫，但也是紀念他的太太（夏琳，Charlene，或 Char）。

後來觀測發現，冥衛一的體積相當大，直徑 750 英里（1207 公里），約是冥王星直徑的一半，這使得冥王星和冥衛一更像是一個雙行星系統。另外冥衛一表面主要由水冰組成，可能還有少量的含水氨化物，這樣的組成和冥王星的表面不太相同，冥王星的表面主要是氮和甲烷冰。

藉由哈柏太空望遠鏡在 2005 年的冥王星和冥衛一觀測，顯示另一個驚喜——更多的衛星！另外在 2011 年和 2012 年發現兩顆但更小的衛星，命名為「尼克斯」（Nix，冥衛二）和「海德拉」（Hydra，冥衛三），也是根據希臘羅馬神話命名的。這兩顆衛星繞著冥王星和冥衛一的質量中心運轉。令人興奮的事即將上場：NASA 的新視界探測器預計在 2015 年 7 月飛過冥王星，到時可以看看這些遙遠世界的廬山真面目。

上圖：哈柏太空望遠鏡拍攝的冥王星和冥衛一照片（較亮的一對），以及較暗的冥衛二（較近的）和冥衛三（較遠的）。右圖：冥王星（較大的）和冥衛一（較小的）的概念圖，這是從 2005 年發現的一個較小衛星的表面上看過去的光景。

**參照
條目** 冥王星和古柏帶（約西元前四十五億年），發現冥王星（西元 1930 年），古柏帶天體（西元 1992 年），揭露冥王星！（西元 2015 年）

紫外線天文學

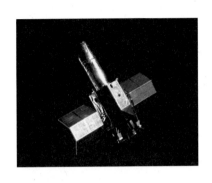

天文學家經常進行各種顏色的觀測，努力了解有關天體的細節，例如恆星的溫度，或行星和衛星的組成。這些顏色通常超出電磁波譜的可見光區域，在人類視覺的藍、綠、和紅光波長的外頭，波長比紅光長的稱做紅外線，比藍光短的稱做紫外線。紅外線觀測可以讓天文學家偵測較冷（能量較低）的天體，紫外線觀測對較熱、較高能量的來源較為靈敏。

但觀測紫外線的問題較多，因為地球大氣內的氣體，例如氧氣、二氧化碳和水氣，幾乎完全吸收掉紫外線光子，以致於不可能藉由地面望遠鏡來觀測。1960 年代和 1970 年代發明的高空氣球和太空衛星給了天文學家一個機會，藉由發射紫外線望遠鏡到太空，打開紫外線天文學的全新領域。

第一個成功的紫外線太空望遠鏡任務是 NASA、歐洲太空總署和英國科學研究院的合作計畫，稱做國際紫外線天文衛星，或者 IUE 衛星。IUE 是在 1978 年發射，進行三年的觀測和探索紫外線宇宙任務，成果非常豐碩。在紫外線部分，觀測了超過 100,000 個觀測場域，在軌道上持續超過十八年。IUE 獲得星系、恆星、行星、衛星和彗星的紫外線光譜，可以發現宇宙中的高溫、高能天體和現象，例如首次觀測到木星的極光、其他恆星的黑子以及其他星系周圍的暈。

自 IUE 之後，紫外線天文學仍繼續蓬勃發展。例如，新的 NASA 紫外線天文太空望遠鏡從 2003 年開始成功運作，名為星系演化探測器（GALEX），讓天文學家在 IUE 的初步基礎之上，繼續做出更豐碩的新發現。

IUE（上圖）的後繼者 NASA GALEX 天文台觀測到紫外線的螺旋星系 M81。在這張假色合成照中，星系螺旋臂內形成的熱年輕恆星顯示為藍色，較老的主序星則顯示為黃色。

參照條目　第一批天文望遠鏡（西元 1608 年），電波天文學（西元 1931 年），哈柏太空望遠鏡（西元 1990 年），伽瑪射線天文學（西元 1991 年），錢卓 X 射線天文台（西元 1999 年），史匹哲太空望遠鏡（西元 2003 年）

木衛一上的活躍火山

當先鋒 10 號在 1973 年飛過木星，探測器拍攝到這顆巨行星的光譜影像，但無法取得四顆伽利略大衛星——木衛一、木衛二、木衛三和木衛四的絕佳影像。探險家 1 號在 1979 年 3 月飛到木星，攜帶了更複雜和更高解析的照相系統，它的飛掠軌跡使得它更加靠近這顆行星和這些大衛星。

探險家 1 號到了木星，揭露出許多驚喜，包括在木衛一發現可能是最大的活火山煙雲以及熔岩流。從遙遠影像的輪廓中，首先看到木衛一的表面覆蓋超過四百個活火山。木衛一的火山湧出新鮮、熔融狀的熔岩，蔓延數十到數百英里，而且通常會因為熔硫黃的溫度變化而帶有不同的顏色。它們有時會突然噴發，朝向太空猛力投射出數百英里的灰燼和岩石殘骸的蕈狀雲。來自探險家 1 號以及後來的探險家 2 號的影像顯示，木衛一是太陽系內活山活動最活躍的世界。

但是為什麼呢？木衛一、木衛二和木衛三是以 4:2:1 的模式繞行木星，稱之為軌道拉普拉斯共振，造成衛星有時會透過萬有引力拉扯其他衛星，使得在些微偏心的軌道上，有輕微的晃動。另一方面，木星的重力會設法讓衛星維持同步旋轉，以相同的一面朝向行星（就像地球的月亮）。結果就是強潮汐力不斷地擠壓拉扯衛星，特別是最內圈的木衛一，而來自這些擠壓的摩擦力加熱衛星的內部。木衛一已經被潮汐加熱給完全融化，所有的水和冰都沸騰蒸發掉了，造成全區的火山噴發，重複鋪蓋衛星的表面，將硫黃和塵埃噴成一個巨大的甜甜圈狀盤，環繞著木星。木衛一是個受煎熬的小世界，真可說是被無情的潮汐力給從內到外翻轉過來。

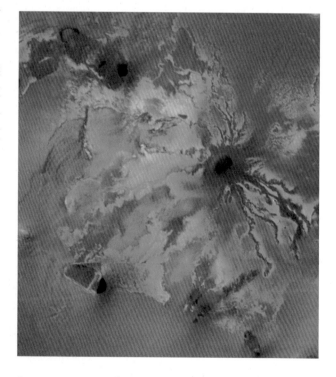

上圖：1979 年 3 月 8 日，發現木衛一活山煙雲噴發的照片。右圖：探險家 1 號拍攝在木星最內層衛星木衛一其火山口和熔岩流的影像。這些熔岩流有數百英里長，由熔融硫和溫度超過華氏 1800 度（攝氏 1000 度）的矽酸鹽礦物所構成。

參照條目　木衛一（西元 1610 年），木衛二（西元 1610 年），木衛三（西元 1610 年），木星上的先鋒 10 號（西元 1973 年），木星環（西元 1979 年），木衛二的海洋？（西元 1979 年），探險家號遇上土星（西元 1980、1981 年），在天王星的探險家 2 號（西元 1986 年），在海王星的探險家 2 號（西元 1989 年），伽利略號繞行木星（西元 1995 年）

木星環

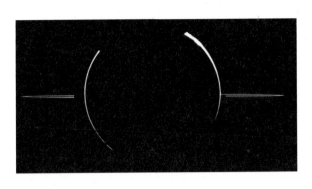

第一批飛過木星的探測器——先鋒 10 號和 11 號分別在 1973 年和 1974 年通過時，針對木星的磁場和高能粒子環境做了詳細的測量。資料顯示，在靠近木衛五以及其他內側衛星軌道的木星赤道面上，有一些無法解釋的質子和電子變化，表示有些物質（可能是環）正在吸收該位置的粒子。

受到這些未解之謎的提醒，探險家 1 號的任務規劃者，為 1979 年 3 月飛掠木星的任務設計特別的觀測，以取得這個區域的長時間曝光照片。令小組高興的是，照片捕捉到繞行木星的一個窄環系統的一角，使木星成為第三顆有環的巨行星。探險家 2 號探測器在 1979 年 7 月的飛行中，拍攝到更多木星環系統的照片。

來自後續 NASA 伽利略號木星軌道艇、卡西尼號和新視界號任務飛掠木星的照片，顯示這個環系統從 1.4 倍木星半徑延伸到 3.8 倍木星半徑，並且有四個主要部分：一個靠近木星的甜甜圈狀塵埃暈環、亮且薄（19-186 英里 [30-300 公里] 寬）的主環，以及距離最遠的兩個瀰散薄紗狀環。最後兩個和木衛五、木衛十四這兩顆小衛星有關。

不像土星環和天王星的環，木星環主要是塵埃，而不是冰。主環和暈環看起來是由塵埃和小石粒子所構成，這些成分是彗星或小行星撞擊木衛十五和木衛十六所噴發來的。薄紗狀環則由塵埃大小的砂粒所構成，是來自木衛五和木衛十四的噴發。帶狀和其他的結構顯示，小型箝入的小衛星或環物質塊也會補給和塑造木星環。因為塵埃在備內衛星噴出之前也許只能存活約一千年，木星環必定還年輕，並不斷被新的撞擊所補充。

上圖：伽利略號木星軌道艇的木星環系統馬賽克照片，從側面向著太陽的方向，是當太空船從行星後方通過，進入木星陰影時所拍攝的。
右圖：木星環內細微結構的假色圖，由探險家 2 號所拍攝的。

參照條目　木星（約西元前四十五億年），土星有環（西元 1659 年），木衛五（西元 1892 年），木星上的先鋒 10 號（西元 1973 年），發現天王星環（西元 1977 年），探險家號遇上土星（西元 1980、1981 年），海王星的光環（西元 1982 年），在天王星的探險家 2 號（西元 1986 年），在海王星的探險家 2 號（西元 1989 年），伽利略號繞行木星（西元 1995 年）

木衛二的海洋？

自從 1610 年由伽利略發現之後，我們對木星第二大衛星木衛二的了解一直非常少。只知道它是被鎖定在 4:2:1（木衛一：木衛二：木衛三）的軌道共振，因而可能受到有趣的潮汐力作用。而從來自望遠鏡的光譜，也得知它有一個明亮且被水冰覆蓋的表面。但對於木衛二表面的詳細特性，在探險家 1 號和 2 號探測器得到木星系統首次詳細的勘查之前，相關紀錄幾乎完全空白。

探險家號在木衛一的發現並沒令人失望，這顆行星大小的衛星（只比水星小一點）有一個全太陽系最平滑的表面，但這個平滑表面覆蓋了一個綿密交錯的裂痕網絡以及矮山脊，看起來像是將表面切割成相互移動的片狀冰。初步線索顯示表面相當薄，是構造上相當活躍的冰殼，正漂浮在次表面的厚層液態水（海洋）上。木衛二是一個海洋世界的其他線索，則來自表面鮮有撞擊坑，顯示它在地質上很年輕，並且本身有很活躍的表面重建活動。NASA 伽利略號木星軌道艇在 1995 年到 2003 年的任務，讓天文學家能夠更深入研究木衛二。來自伽利略號光譜儀的觀測提供了更多證據，顯示這顆衛星上曾經有深海，包括在一些裂痕和構造內的含鹽礦物沉積，這種礦物沉積應該來自海水的蒸發。伽利略號磁場資料也顯示，木衛二的次表面具導電性，是冰殼下曾有鹽分海洋存在的指標。

到目前為止可取得的資料，也都顯示木衛二在相對薄的（6 ～ 20 英里 [10 ～ 30 公里]）冰殼下有一個深海洋（60 英里 [100 公里]）。但直接證明必須等未來的任務，這些任務將會繞行或登陸（也可能鑽洞穿過）木衛二的地殼。在此同時，天文生物學家對於木衛二可能適合生命居住感到興奮。由於有來自木星潮汐加熱的能量，以及持續彗星和小行星雨帶來的有機分子，加上充足的液態水，我們可能會發現木衛二的海洋是適合居住的、甚至可能已有生命居住的環境。

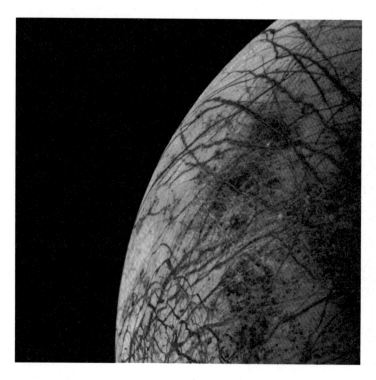

探險家 2 號拍攝木衛二平坦冰表面的部分照片，表面交錯了數不盡的裂痕，看起來就像在許多地方看到的海冰片漂浮在液態水上，這個表面有非常少的撞擊坑，表示它的地質年代是很年輕。

參照條目 木衛一（西元 1610 年），木衛二（西元 1610 年），木衛三（西元 1610 年），木星環（西元 1979 年），探險家號遇上土星（西元 1980、1981 年），在天王星的探險家 2 號（西元 1986 年），在海王星的探險家 2 號（西元 1989 年），伽利略號繞行木星（西元 1995 年），木衛三的海洋？（西元 2000 年）

西元 1979 年

重力透鏡

　　愛因斯坦廣義相對論的基本論點之一說到，在質量非常大的物體附近，空間和時間是彎曲的。時空會彎曲的這個概念，促使愛因斯坦和其他人預測，來自遠方的光應該會受到大質量前景物體的重力場作用而彎曲。這個預測在 1919 年被英國天文物理學家愛丁頓（Arthur Stanely Eddington）證實，他注意到在日食的時候，靠近太陽的恆星會些微的偏離位置。愛因斯坦在 1930 年代持續研究這個效應，他和其他人，包括美籍瑞士裔天文學家茲維齊（Fritz Zwicky），推測更大質量的天體，例如星系和星系團，可以彎曲和放大來自遙遠天體的光線，幾乎就像透鏡可以彎曲和放大一般的光線。

　　但是，天文學家花了數十年才發現這種重力透鏡的觀測證據。第一個例子在 1979 年，由亞利桑那州基特峰國家天文台的天文學家所發現，他們發現的例子看起來是一個雙類星體，兩個活躍星系核非常靠近。這兩個**類星體**被證明是同一個天體，它的光被一個前景星系的強重力場彎曲並分裂成兩個部分。

　　自此之後，有更多重力透鏡的例子被發現，而且這個效應似乎以三種方式發生：有明顯多個或部分（通常是弧狀）影像形成的強重力透鏡；偵測到恆星或星系位置的微小偏移的弱重力透鏡；以及微重力透鏡事件，這是偵測到任意的恆星（或行星）的亮度受到一個前景大質量，例如另一顆恆星或星系的重力透鏡效應而暫時變亮。

　　重力透鏡一開始是被當成意外事件來研究，但是最近許多天文探勘，都在刻意搜尋重力透鏡事件，以便得到遠方星系性質的獨特量測，這些在沒有受到透鏡增亮的情形下，是不可見的。

在星系團 Abell 2218 內看到的薄弧線是一個受到重力透鏡效應的星系，這是 1999 年哈柏太空望遠鏡所拍攝的照片。這些所謂的愛因斯坦環是遙遠星系的模糊光線，受到大質量前景星系而彎曲。

參照條目 愛因斯坦「奇蹟年」（西元 1905 年），暗物質（西元 1933 年），類星體（西元 1963 年），黑洞（西元 1965 年）

抵達土星的先鋒 11 號

　　分別在 1972 年和 1973 年發射的先鋒 10 號和 11 號，被設計來提供外太陽系和太陽系之外的首次勘查。先鋒 10 號在 1973 年首次抵達木星，為先鋒 11 號在 1974 ～ 1975 年間造訪造訪巨行星做準備。但不像先鋒 10 號，先鋒 11 號有一個特別計算過的軌道，可利用木星的萬有引力繼續彈射，目標是在 1979 年首度飛過土星。

　　先鋒 11 號抵達土星是一項偉大的成就，探測器在 1979 年 9 月 1 日進入木星雲層頂部 13,000 英里（21,000 公里）區域，這個任務攜帶了相機、磁場和帶電粒子儀器、宇宙塵埃粒子和輻射計數器，以及其他科學儀器，提供行星科學家首次察看這個帶環行星本身和周圍的環境。

　　在某種意義上，先鋒號任務是更具野心的探險家號探測器的開路先鋒。例如，在飛掠土星時，先鋒 11 號被引導穿過土星環平面，以判定小塵埃或冰環粒子是否對太空船造成威脅。結果沒有造成威脅，因此使得任務計劃者導引探險家 2 號穿過木星環相同區域，以便讓它在一個能夠後續近距離飛過天王星和海王星的軌道上。先鋒 11 號的資料也帶來了土星上的新發現，像是觀測到具大氣的大型衛星土衛六的超低溫（絕對溫度 90 度，或許對生命來說太低）、發現（幾乎撞上）一顆新衛星和一條環，以及土星磁場的詳細分布圖，土星磁場是一個大型的帶電粒子結構，類似木星的磁場。

　　就像先鋒 10 號一樣，先鋒 11 號正在一個遠離太陽系的軌道上，現距離太陽超過 83 天文單位，並朝向銀河系中心。在 1995 年尾聲，我們與探測器失去聯絡，但正如先鋒 10 號一樣，先鋒 11 號也攜帶了一片鍍金鋁板。我們希望，如果有任何星系鄰居在遙遠的未來發現這個探測器，這塊鍍金片能夠代我們致上問候。

部分土星和環的先鋒 11 號假色影像，在 1979 年 9 月拍攝，當時探測器離土星 250,000 英里（400,000 公里）。可以透過卡西尼環縫看到土星，並且在土星上可以顯現出環的影子輪廓。

參照條目　土星（約西元前四十五億年），土衛六（西元 1655 年），土星有環（西元 1659 年），木星的磁場（西元 1955 年），木星上的先鋒 10 號（西元 1973 年），越過海王星的先鋒 10 號（西元 1983 年），卡西尼號探索土星（西元 2004 年）

宇宙：個人的探險

薩根（**Carl Sagan**，西元 1934 年～西元 1996 年）

天文學和太空探索是有趣且令人興奮的課題。但綜觀最近的歷史，科學家尚未被強迫或鼓勵分享他們的發現（或者特別強調他們的失敗）給一般大眾。在書本或學術期刊上發表結果，或者在科學會議中報告自己的發現，通常被視為是足夠的。許多人甚至表現出某種程度的自負，認為一般大眾就是不會了解，因此為什麼要告訴他們呢？

即使在 1960 和 1970 年代，阿波羅任務的相關媒體報導點燃了廣大群眾對太空探索的興趣；但對一般民眾來說，了解最新觀測和發現仍是相當困難的。在美國，三家主要廣播電視網播放的大部分是娛樂節目和新聞秀，而第四家公共電視台有播放一些普及的科學節目，但沒有一個是針對太空的。

就在這樣的背景下，一個新的電視系列節目在 1980 年爆紅，是由一位極具魅力且可發人深思的美國天文學家薩根所主持的，特別針對天文學和太空探索。這個稱作《宇宙：個人的探險》（*Cosmos: A Personal Voyage*）的節目，曾經是全世界最多人看的公共電視台系列節目，觀眾人數超過五億人。透過《宇宙》這個節目，薩根和大眾有一場熱烈且富教育性的對話，談論到一些大家都在深思的大哉問的最新觀測和理論：外太空發生了什麼事？它們是從哪而來？我們為什麼在這裡？只有我們存在於宇宙中嗎？

可悲的是，薩根孜孜不倦地推廣科學和太空探索的價值，遇到當時許多科學家的強大阻力。據說還因為其他科學家的忌妒，讓他未能入選為國家科學院院士。但薩根的理想和留給後人的風範，自此傳承給新一代的天文學家和行星科學家（很多人都是看這個節目長大的）。他的理想被一群提倡太空的組織（行星協會）會員宣傳到全世界各個角落，這個組織是在 1980 年透過薩根的協助而成立的。

薩根，天文學家、行星科學家、作家、科學普及者和受到讚揚的電視系列節目《宇宙》的主持人，他於 1980 年站在維京號火星登陸艇原尺寸模型旁。

 參照條目 火星和它的運河（西元 1906 年），搜尋地外文明計畫（西元 1960 年），火星上的維京號（西元 1976 年），火星上的生命？（西元 1996 年）

探險家號遇上土星

　　先鋒 11 號無人探測器在 1979 年飛掠土星，是為了 NASA 探險家 1 號和 2 號探測器所做的預演。這兩架探測器是在 1977 年發射升空，他們的任務更具野心目標是要仔細研究土星的大氣、衛星、土星環和磁場。探險家 1 號在 1980 年 11 月飛過土星，探險家 2 號隨後在 1981 年 8 月抵達。

　　探險家號與土星的近距離接觸，大幅增加我們對土星系統中所有天體和過程的知識，高解析影像顯示撞擊紀錄、成分的細節以及大型冰狀衛星（土衛八、土衛五、土衛三、土衛四、土衛二、土衛一和土衛七）的地質史。在探險家號傳回的影像中，新發現了七顆小衛星，數顆是嵌在被證明比之前更壯麗的複雜環系統內。此外也發現土星環是由數千條被薄隙縫分開的分立環和小環所組成，並受一些與光環系統共轉的牧羊人衛星（Shepherd Moons）的重力影響而保持系統化。

　　探險家號的資料証實了望遠鏡和先鋒 11 號的發現，也就是土星最大的衛星土衛六有一層很厚的朦朧大氣。土衛六的大氣層被證實比地球表面大氣壓力高 50% 以上（這使得它成為太陽系內唯一擁有大氣層的衛星），大部分是由氮氣所組成。土衛六橘色的薄霧被證明是肇因於少量的甲烷、乙烷、丙烷和其他有機分子，預測當中一些是會存在於土衛六低溫的表面液體內。但是探險家號的相機無法穿透土衛六的薄霧，看到土衛六的地表，這些發現有待十五年後的卡西尼號土星軌道者和惠更斯號土衛六登陸者任務。

　　探險家 1 號的行星探索任務在土星上終結。為了足夠靠近土衛六，以便更仔細研究它類似早期地球的大氣層，探測器的軌跡曾經離開它的「偉大旅程」路徑（包括可能在 1980 年代末飛掠冥王星的行程）。探險家 1 號現仍在離太陽 120 天文單位的位置正常運行，是人類送進宇宙最遠的物體。

探險家 1 號在 1980 年 11 月飛掠土星系統所得到的馬賽克影像。土星六個最大的衛星在影像中：土衛四（前景），土衛三和土衛一（右下方），土衛五和土衛二（左上方）和土衛六（右上方）。

參照條目 土星（約西元前四十五億年），土衛六（西元 1655 年），土星有環（西元 1659 年），土衛八（西元 1671 年），土衛五（西元 1672 年），土衛三（西元 1684 年），土衛四（西元 1684 年），土衛二（西元 1789 年），土衛一（西元 1789 年），土衛七（西元 1848 年），探險家號的「偉大旅程」啟航（西元 1977 年），抵達土星的先鋒 11 號（西元 1979 年），卡西尼號探索土星（西元 2004 年），惠更斯號登陸土衛六（西元 2005 年），守護衛星（西元 2005 年）

太空梭

　　火箭先驅齊奧爾科夫斯基和戈達所展望的人類太空旅行夢想，從不是前往太空的單程之旅。當他們返回家園，和我們分享他們的冒險故事（以及科學發現和採樣），才會真正產生全面的衝擊。但讓人類（或載具）往返太空，需要火箭攜帶回航的艙體、降落傘和補給品。在東方計畫、水星計畫、雙子星計畫、和阿波羅太空人計畫當中，每次回航的艙體和系統都只能使用一次。

　　一旦工程師想到火箭設計，他們會設想重複使用的火箭設計，不僅為了減少運送人員和儀器到太空的花費，也是將進入太空當成例行事務的手段，就像今日的商用航空飛行一樣。這就是 NASA 在 1970 年代發展國家太空傳輸系統的動機，也就是後來的太空梭。

　　太空梭使用了一個可供飛行組員和儀器重複使用的軌道飛行器（配有升空用的火箭引擎和降落用的飛機機翼），兩個可重複使用的固體燃料火箭，和一個裝有軌道器升空用燃料的大型消耗性燃料槽。在 1981 年首次升空和 2011 年第一百三十五次、也是最後一次飛行之間，共建造了五架軌道飛行器（哥倫比亞號、挑戰者號、發現號、亞特蘭提斯號和奮進號）飛入太空；共搭載三百五十五位太空人（有些是多次飛行）進入地球低層軌道，離地表約 250 英里（400 公里），十四位太空人在飛行任務中喪生；七位在挑戰者號，於 1986 年發射時爆炸；七位在哥倫比亞號，於 2003 年返航途中解體。

　　雖然沒有變成例行任務，也未曾實現更經濟地進入太空的希望。但整體來說，太空梭的任務仍非常成功。太空梭對於國際太空站的建立，對於哈柏太空望遠鏡的維修，對於地球和行星人造衛星的發射，以及對於與太空相關的生物學、天文學和地球科學重要研究，是很重要的。如今太空梭艦隊已經退役，NASA 計畫建造新的火箭系統，可以搭載太空人超越太空梭低層地球軌道的限制，再次登上月球或是到新的目標，例如近地小行星、火星和它的衛星。

1981 年 4 月 12 日，第一架 NASA 太空梭（哥倫比亞號）於佛羅里達州甘迺迪角發射升空，太空人楊和克里朋在兩天後駕駛軌道者安全登陸。

參照條目　登陸月球第一人（西元 1969 年），再次登陸月球（西元 1969 年），弗拉摩洛結構（西元 1971 年），月球漫步（西元 1971 年），月球高地（西元 1972 年），登月最後一人（西元 1972 年），哈柏太空望遠鏡（西元 1990 年），國際太空站（西元 1998 年）

海王星的光環

　　1977 年發現天王星光環，之後在 1979 年發現木星周圍有木星環，四顆大行星中，已知三顆有光環系統。1846 年發現海王星最大衛星海衛一的英國天文學家拉賽爾（William Lassell），也曾宣稱看到海王星有一道光環，但這項觀測從未被證實。查明海王星是否有環的搜尋，持續進行了一百四十多年。

　　從 1960 年代開始，一些天文學家觀測海王星的掩星現象，也就是遠方恆星從後方滑過，而被行星遮掩。過去曾有一次天王星掩星促成天王星光環系統的發現，因此天文學家估計，或許這個方法也可以讓他們看到海王星的光環。大部分的結果是模糊不清的，並且無法重複。但在 1982 年，兩個獨立小組，一個在紐西蘭，另一個在亞利桑那州，根據 1968 年和 1981 年的資料分析，宣稱在海王星周圍偵測到可能的光環，或部分光環弧。然後在 1984 年，來自亞利桑那州和法國的兩組天文學家觀測同一個掩星事件，首度確認在海王星附近的星光有掩飾不了的變暗，明確顯示可能有光環的存在。但一直要到 1989 年 8 月，探險家 2 號飛掠海王星，飛行器的相機才提供海王星光環存在的確切證據。

　　探險家號的影像和額外的掩星資料顯示，海王星有五條分立且昏暗的光環，依照對早期海王星科學有重要貢獻的著名天文學家命名：加勒（Galle）、勒維耶（LeVerrier）、拉賽爾、阿拉戈（Arago）和亞當斯（Adams）。離海王星最遠的是亞當斯環，它包含最少五段比其他環還要亮的部分線段或弧，這些弧看起來像是早期地面觀測的天文學家所偵測認定的環。

　　海王星的光環是暗且富含塵埃粒子，比土星環或天王星的光環還要像木星光環。但就像天王星環，海王星環現被認為是和最近一次小型內衛星或小衛星的撞擊殘骸有關。天文學家今天仍在試圖了解亞當斯環內謎樣弧的成因。

探險家 2 號對海王星周圍塊狀稀薄光環的確認，來自 1989 年 8 月太空船飛掠時所拍攝光環的廣角照片。在外側亞當斯環內的三條亮弧也被地面的天文學家偵測到。

參照條目　土星有環（西元 1659 年），發現天王星的環（西元 1977 年），木星環（西元 1979 年），在海王星的探險家 2 號（西元 1989 年）

越過海王星的先鋒 10 號

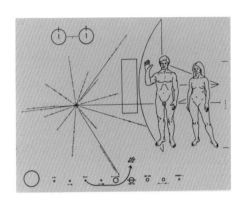

1972 年在佛羅里達州發射的 NASA 太空探測器先鋒 10 號，於 1983 年 6 月 13 日成為第一艘越過海王星軌道的人造物體。太空船當時離地球 35 億英里（56 億公里），約地球到太陽距離的 38 倍，或 38 個天文單位（AU）。來自仍可運作的探測器的微弱電波訊號，以光速到達地球的時間超過四小時。NASA 因應需求設置一條專線，花費美金 50 分錢就可以聽到越過海王星的先鋒 10 號電波訊號，這是經過轉換成耳朵可聽的嗶嗶聲和尖銳刺耳聲。太空船最後被聽到的時間是在 2003 年，當時它離地球 80AU，現在是在超過 105AU 的位置，預期在數百萬年後會抵達金牛座的畢宿五附近。

先鋒 10 號是五艘被加速到太陽系脫離速度的人造飛行器之一，另外三艘是以相反方向飛行的同伴，也是在 1970 年代發射。最後收到先鋒 11 號訊號的時間是在 1995 年，現今離太陽約 85AU，朝向銀河系中心飛去。探險家 2 號離太陽約是 100AU，至今仍偶而從太空深處傳回資料。探險家 1 號是紀錄保持者，現今離太陽距離超過 120AU，以每小時 38,000 英里（61,155 公里）的速度朝外飛行，並傳回科學資料。達到離開太陽系脫離速度的第五項任務是 NASA 新視界探測器，於 2006 年升空，將於 2015 年夏天飛過冥王星及其衛星，然後希望能繼續進入古柏帶，於 2020 年代飛過其他類冥王星世界。

探險家 1 號將會是真正離開太陽系的第一個無人地球特使。預計在 2014 年左右通過太陽圈，這是太陽微弱的太陽風合併到星際空間背景的模糊邊界。

上圖：先鋒號探測器攜帶的鍍金版，帶有來自地球以及有關地球的祝賀語和訊息。右圖：太空藝術家大衛（Donald E. Davis）描繪先鋒號太空船前往其他恆星的圖片，1983 年先鋒 10 號成為第一艘飛越過已知行星的人造飛行器。

參照條目　古柏帶天體（西元 1992 年），木星上的先鋒 10 號（西元 1973 年），抵達土星的先鋒 11 號（西元 1979 年），探險家號遇上土星（西元 1980、1981 年），在天王星的探險家 2 號（西元 1986 年），在海王星的探險家 2 號（西元 1989 年），揭露冥王星！（西元 2015 年）

拱星盤

李奧（Bernard Lyot，西元 1897 年～西元 1952 年）

我們普遍接受的太陽系形成理論是說，一團巨大的氣體和塵埃雲開始緩慢地重力收縮、自旋、扁化成一個凝聚物質盤，這團氣體塵埃雲可能是來自上一代恆星的超新星爆炸後的殘骸。在這個太陽星雲盤中，超過 90% 的質量會變成太陽，剩餘的大部分質量形成木星，而我們全住在殘餘的一粒砂上。如果這個模型正確的話，它應該也發生在其他恆星上，尤其是類似太陽的恆星，這類恆星在銀河系內相當普遍。天文學家搜尋環繞在恆星旁的盤、環或者塵埃暈的證據，但因為直接的星光比環繞恆星的盤或行星的反射光要亮百萬到數十億倍，實際上這種搜尋是不可能的。

一個關鍵性突破是使用一種特殊的望遠鏡附加物，稱做日冕儀（coronagraph）。這是法國天文學家李奧在 1930 年所發明的，可以遮蔽直射的太陽光，使得天文學家能夠觀測太陽的上層大氣或日冕。使用這種儀器的縮小版，天文學家就能夠遮蔽直接來自恆星的光線，偵測靠近恆星的物體的微弱光線。

1983 年，NASA、荷蘭和英國合作的太空望遠鏡（稱做紅外線天文衛星，簡稱 IRAS）首次執行來自宇宙天體發射紅外熱能的全天普查。IRAS 資料顯示，年輕的繪架座 β 星周圍出現不尋常的低溫紅外線熱能超量，推測是來自繞行該恆星的塵埃或石質物質。這項猜測在 1984 年被確認，天文學家使用位在智利拉斯坎帕納斯（Las Campanas）天文台，配有特別設計的李奧型光譜儀的 8.2 尺（2.5 公尺）望遠鏡，觀測到一個壯觀的塵埃和石質拱星盤，從這顆恆星中心延伸約 400AU，這是太陽星雲繞著另一顆恆星的證據。

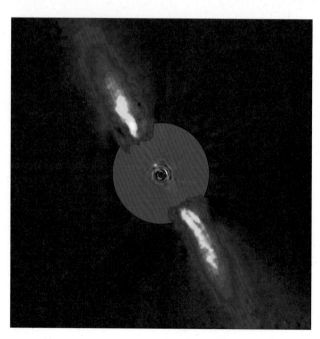

繪架座 β 星盤是現今許多已知正在形成的年輕太陽系統拱星盤的其中一個。2008 年，天文學家對更靠近繪架座 β 星的位置拍照，發現一顆約八倍木星質量的巨行星，以 8AU 的距離繞著這顆恆星，這是直接看到的系外行星之一。

繞著繪架座 β 星塵埃盤的近紅外線合成影像，來自歐南天文台（ESO）12 寸（3.6 公尺）望遠鏡，合成影像疊加在 ESO 特大望遠鏡拍攝的照片，顯露一顆大的行星伴星（藍點）繞著中心恆星（被遮蔽掉）。

參照條目　太陽星雲（約西元前五十億年），第一批系外行星（西元 1992 年），史匹哲太空望遠鏡（西元 2003 年）

在天王星的探險家 2 號

在 1981 年飛掠土星期間，NASA 太空船工程師借用這顆帶環行星的重力，導引探險家 2 號太空探測器於 1986 年來到巨行星**天王星**。這是探險家 2 號外太陽系偉大旅程的第三站，探險家 2 號也是與天王星、它藍色大氣、冰狀環和衛星遭遇的唯一太空船。

1781 年由英國天文學家赫歇爾發現的天王星，是偏向一側，以滾動而不是轉動的方式繞著太陽。探險家 2 號的任務規劃者必須導引太空船進入天王星上雲層 50,000 英里（81,000 公里）的位置，以便獲取適當的重力協助，驅動太空船前往海王星。這個軌道讓太空船可以近距離飛掠小型內衛星**天衛五**，以及遠觀其他四顆外圍大衛星——**天衛一、天衛二、天衛三**和**天衛四**。

這場相遇相當成功，帶來很多有關天王星系統謎樣的新發現。行星科學家發現天王星有很強的磁場，和土星的磁場相當，但比木星弱，並且與行星自轉軸有相當嚴重的偏斜。在影像資料中發現十一顆新的小衛星，詳細的影像中得到九條暗環，這在之前的地面望遠鏡觀測就已經發現到了。探險家 2 號傳回的數據顯示，天王星雲頂的寶石藍顏色是由少量的甲烷造成的，密度和其他資料分析表示在氫和氦為主的大氣層下頭，有一個冰狀的地函和地球般大小的岩石狀金屬核心。探險家 2 號任務的永久遺產是，發現天王星和海王星都是冰狀巨行星，而不是氣體狀巨行星。

雖然成果豐碩，但此次相遇最精彩的是太空船近距離通過僅 300 英里（480 公里）寬的小衛星天衛五。影像顯示由大型裂面、山脊和峭壁所構成的大型拼貼圖案，上頭點綴著平淡、滿布坑洞的冰狀地表，這種地貌似乎從未在太陽系內看過。或許就是在那次讓天王星翻轉過來的巨大撞擊事件中，天衛五也受到撕扯，然後又隨意重組起來。

1986 年 1 月冰狀巨行星天王星的探險家 2 號影像拼湊圖，這是我們首次、也是唯一一次與第七顆行星相遇。從前景逆時鐘方向分別是冰狀衛星天衛一、天衛五、天衛三、天衛四和天衛二。

參照條目 天王星（約西元前四十五億年），海王星（約西元前四十五億年），發現天王星（西元 1781 年），天衛三（西元 1787 年），天衛四（西元 1787 年），天衛一（西元 1851 年），天衛二（西元 1851 年），發現天王星的環（西元 1977 年），抵達土星的先鋒 11 號（西元 1979 年），探險家號遇上土星（西元 1980、1981 年）

超新星 1987A

　　如果一顆恆星的質量足夠大（可能是八到十倍太陽質量），恆星演化模型顯示當它將所有的氫轉換成氦，它將在一場劇烈爆炸中完結它的生命，這被稱為「超新星」（supernova）。天文學家相信銀河系約每五十年會有一次超新星爆炸，大部分都因太遠，或者是被銀河面的塵埃遮蔽而沒注意到。中國天文學家數個世紀間紀錄了一些「客星」，包括在西元 185 年的一次，以及最後形成蟹狀星雲的 1054 年「白晝星」超新星爆炸。1572 年，第谷仔細觀測到仙后座的一次超新星。而在 1606 年，克卜勒寫了一本書，記錄早兩年發生在蛇夫座的一顆明亮超新星。1604 年的克卜勒超新星，仍是銀河系內最近發生的一次恆星爆炸。

　　1987 年 2 月 23 日，一顆編號 Sanduleak -69° 202 的藍超巨星突然爆炸，成為超新星 1987A，近代天文學家才有機會仔細研究超新星。這場爆炸實際發生在 168,000 年前，位置在大麥哲倫星雲，屬於銀河系的一個矮衛星星系，但這場爆炸的光芒花了這麼長的時間才到達地球。這顆恆星的亮度增加了四千倍，變成全世界都可以肉眼看到的天體，並在變暗以前，延續了六個多月之久。

　　天文學家利用超新星 1987A 當作一場浩瀚的宇宙實驗，以便了解恆星演化和高能的過程。全世界各地的光學和紅外望遠鏡，以及太空中的紫外線、X 射線、可見光和紅外線望遠鏡，都聚焦觀測這個事件以及後續發展。就在視覺可見的爆炸前三個小時，許多天文台都接收到微中子，確認超新星爆炸的核塌縮模型。在過去數年中，天文學家看到了來自主要爆炸的衝擊波，撞入來自這顆隕落恆星所噴出的氣體殼。

　　一些恆星以壯麗的樣子死亡。我們不禁納悶，是否所有的行星及其住民也都隨著這些災難事件一起毀滅，下一場超新星爆炸又會在何時發生。

哈柏太空望遠鏡拍攝圍繞在超新星 1987A（中心位置）殘骸的明亮斑點狀光環。這個光環是從爆炸恆星向外傳播的強烈衝擊波所造成的，在前景的兩顆明亮藍色恆星和這個超新星沒有關連。

參照條目　中國天文學（約西元前 2100 年），中國人觀測「客星」（西元 185 年），看到「白晝星」（西元 1054 年），第谷的「新星」（西元 1572 年），主序帶（西元 1910 年），微中子天文學（西元 1956 年）

光害 |

　　對我們的祖先而言，夜空是敬畏、靈感和好奇的來源。在一個清朗且沒有月亮的夜晚，即使在城市，肉眼也可能看到數千顆恆星，包括橫跨天際的**銀河**。但近代文明的到來，尤其是大城市和都會中心的成長，以及為了人工照明而廣泛使用的電力，已經明顯改變人類與夜空的關係。不再是數千顆恆星，工業國家的大多數人們只能幸運地看到十顆或二十顆恆星，以及許多飛機，但肯定不是銀河。對大多數人來說，夜空已經失去它的驚奇，變成晦暗、微弱發光以及沒有特徵的背景。

　　這個夜間的宇宙晦暗兇手是光害，受到人工光源而改變的天然戶外光程度。對住在城市或郊區的人來說，光害會掩蔽昏暗的星星，干擾昏暗光源的天文觀測，甚至可能對夜行性生態系統造成負面影響。它也不具經濟效率，夜間住家或大樓的照明點是住家或大樓本身，而不是花錢和數千瓦照明整個夜空。

　　認知到光害日益增長的全面問題，1988 年一群擔心的民眾，成立了現稱為國際暗天協會（IDA）的組織，任務是要透過優質化戶外照明，以保留和保護夜間的環境以及暗夜的遺產。IDA 現今在全世界約有五千名會員，一起和城市、當地政府、商業團體和天文學家合作，喚起對暗夜價值的體認，協助實施照明的解決方案，能更節約且具能源效率，並降低光害。

　　在降低光害的相關法令和建築規範方面，雖然做出了一些顯著的成效，但對天文的影響持續限制靠近大型城市的主要天文台的效用（例如座落在洛杉磯的威爾遜山天文台）。新的天文台現在通常建造在偏遠的沙漠，或在孤立的隱密山頂，遠離日益光亮的夜空。

來自美國防衛氣象衛星計畫的西半球部分人工夜空亮度圖，最紅的區域主要在美國東岸和西岸，該區的光害使得夜空幾乎比一般夜空亮十倍。

 參照條目　銀河（約西元前一百三十三億年），星等（約西元前 150 年），第一批天文望遠鏡（西元 1608 年）

在海王星的探險家 2 號

　　探險家 1 號和 2 號任務在 1977 年發射，幸運地遇上**木星、土星、天王星、海王星和冥王星**少見地排成一列，這可以讓太空探測器從一顆行星藉由萬有引力彈射到另一顆行星，使得所有五顆行星的飛掠只需要用少許的額外推進力。這趟外太陽系「**偉大旅程**」的擁護者了解到，這樣的機會在未來一百七十六年都不會再遇上。

　　放棄了飛掠冥王星的選項，有利於探險家 1 號更近距離飛掠土星的**土衛六**，而讓探險家 2 號探測器可以完成所有四顆巨行星的初步勘查。偉大旅程的最後一站是 1989 年 8 月的海王星，飛行器在此處偏折它的軌道，飛掠到 24,000 英里（38,000 公里）的大型冰狀衛星——**海衛一**。

　　探險家 2 號飛掠海王星期間，揭開了海王星系統內的美麗與神祕。這顆行星富含氫、氦和甲烷的大氣層，比 1986 年觀測到的天王星大氣層還要不穩定。當時天王星表面有暗和淺藍帶狀，以及繞著一個巨大氣旋風暴的白雲，這氣旋風暴稱做大黑斑（Great Dark Spot），類似於木星的**大紅斑**。行星科學家發現海衛一的表面相當年輕，有冰氮、水和二氧化碳的活動噴泉，將氮噴發到衛星本身的氮、一氧化碳和甲烷大氣層。在靠近這顆行星的位置發現一顆 250 英里（400公里）寬的新大衛星，依照會改變外形的希臘海神命名為普羅透斯（Proteus，海衛八）。在這次飛掠期間，還發現另外五顆較小的衛星。隨後的任務是要前去繞行木星（伽利略號）和土星（卡西尼號），派遣軌道者到天王星和海王星以便擴展探險家號的初步發現，也是慢慢成形的計劃。

上圖：探險家 2 號在 1989 年 8 月飛掠海王星期間所拍攝的影像中，發現海王星的第二大衛星——海衛八。右圖：來自探險家 2 號影像的合成照，模擬從大冰衛星海衛八的表面所看到的海王星。

參照條目 天王星（約西元前四十五億年），海王星（約西元前四十五億年），大紅斑（西元 1665 年），發現海王星（西元 1846 年），海衛一（西元 1846 年），探險家號的「偉大旅程」啟航（西元 1977 年），木星環（西元 1979 年），木衛二有海洋？（西元 1979 年），探險家號遇上土星（西元 1980、1981 年），海王星的光環（西元 1982 年），在天王星的探險家 2 號（西元 1986 年），古柏帶天體（西元 1992 年），伽利略號繞行木星（西元 1995 年），卡西尼號探索土星（西元 2004 年）

西元 1989 年

星系牆

蓋勒（**Margaret Geller**，西元 **1948** 年生）
修茲勞（**John Huchra**，西元 **1948** 年～西元 **2010** 年）

　　由於望遠鏡、光譜儀和照相底片的進展，使得二十世紀初的天文學家（例如斯里弗和哈柏）能夠定出擴張宇宙的遙遠星系的**都卜勒位移**。藉由**哈柏定律**，可以估計這些紅移星系的距離，這部分進展得很慢，在 1950 年代以前，只估計了約 600 個星系的距離。但到了 1970 和 1980 年代，大型望遠鏡、數位偵測器的進展（例如電荷耦合元件，CCD）以及專門針對全天星系的普查，使得超過 30,000 個星系的紅移被測量出來，最終能夠將整個宇宙繪製成圖。

　　星系繪圖的一位先驅者是美國天文學家蓋勒。蓋勒和她在哈佛史密森天文物理中心（CfA）的同事修茲勞，藉由數個大尺度星系紅移普查結果發現宇宙的結構。第一次的 CfA 紅移普查從 1977 年開始到 1982 年，第二次則是從 1985 年到 1995 年。在 1989 年，蓋勒和修茲勞發表星系的分布根本就不均勻，而是聚集成巨大的絲狀結構，繞著內含較少星系的巨大空洞，整個結構現稱為宇宙網絡（cosmic web）。蓋勒和修茲勞還發現其中一種稱作「長城」（Great Wall）的結構，超過五億光年長，三億光年寬，長城是已知宇宙中最大的結構。

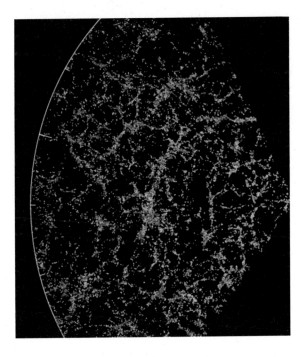

　　天文物理學家針對宇宙這樣大的圖樣，有一個有力可行的模型：星系和更大圖樣是從宇宙早期物質分布中較小不均勻的物質長成的。這個模型的某些版本中，不均勻可以來自極早時期的宇宙暴脹（在**大霹靂**後的前 10^{-32} 秒內），這會將物質塗抹成網絡狀的細絲，這些細絲可以聚集成星系。

　　自從有了 CfA 的初期研究，其他更具野心的星系普查跟著進行，例如史隆數位尋天普查（Sloan Digital Sky Surveys，開始於 2000 年），雖然進行了超過十年，但至今僅繪製出可視宇宙的萬分之一。

上圖：哈佛天文學家蓋勒。左圖：來自史隆數位尋天普查的遙遠星系結構 3D 部分切片圖，地球是在中間右邊的位置，在左邊的外圈距離二十億光年，每一個點是一個星系，較紅的點代表內含較老恆星的星系。

參照條目 大霹靂（約西元前一百三十七億年），銀河（約西元前一百三十三億年），光的都卜勒位移（西元 1848 年），哈柏定律（西元 1929 年），暗物質（西元 1933 年），天文學數位化（西元 1969 年）

哈柏太空望遠鏡

史匹哲（Lyman Spitzer，西元 1914 年～西元 1997 年）

　　發展於十七世紀初的**第一架天文望遠鏡**為天文學家打開了天空，加上後續的更大且更先進的儀器，使得太陽系、星系和宇宙有了令人讚嘆的發現。但天文學家都知道，基本上，即便是地球上最大的望遠鏡也會在兩方面上受到限制：第一、我們大氣層不可避免的微光和閃爍限制了解析度，使得解析度遠低於大型望遠鏡的理論極限；第二，我們的大氣層阻擋了很多電磁波，尤其是紫外線和紅外線範圍，使得在關鍵的波長範圍上，難以進行地面觀測，甚至根本不可行。

　　1960 年代，隨著太空衛星的到來，天文學家開始在 NASA 倡議專屬的太空望遠鏡，以克服這些限制。軌道太空望遠鏡的主要擁護者之一是美國天文學家史匹哲，他帶領了一群關鍵的一般民眾為了計畫的必要支持和基金展開遊說活動。經過多次的官僚障礙，以及和歐洲太空總署的合作關係，1978 年核准了大型太空望遠鏡，之後以天文學家哈柏命名為哈柏太空望遠鏡（HST）。哈柏太空望遠鏡終於在 1990 年 4 月，由發現號**太空梭**送到地球低層軌道，離地表約 350 英里（570 公里）。

　　發射沒多久，哈柏太空望遠鏡被發現在它的主鏡設計上有一個嚴重的缺失。幸運地，經由太空梭太空人，以及 1993 年到 2009 年的五次太空梭任務，修復望遠鏡以及更新關鍵儀器和零件，使得望遠鏡得以正常運作。因此哈柏太空望遠鏡被當成宇宙的時間機器，透過 CCD 成像和**光譜學**，得以決定我們宇宙的本質、甚至年齡。根據今日巨型望遠鏡標準，哈柏太空望遠鏡僅是一個中型望遠鏡，但長期清澈天空以及全波段觀測宇宙，使得它能夠實現史匹哲和其他早期支持者的夢想，徹底改變了近代天文學和天文物理學。

在 1997 年 2 月的維修任務中，發現號太空梭在離地球表面約 350 英里（560 公里）的高度釋放了自由漂浮的哈柏太空望遠鏡，望遠鏡的直徑約 8.2 英尺（2.5 公尺），長約 43 英尺（13.1 公尺），或者僅比一台一般的學校巴士長一點。

參照條目 第一批天文望遠鏡（西元 1608 年），哈柏定律（西元 1929 年），太空梭（西元 1981 年），宇宙的年齡（西元 2001 年）

麥哲倫號繪製金星

　　伽利略在 1610 年使用他的早期天文望遠鏡，首度了解到金星有相。但是與他對月球和木星的研究相較，伽利略的金星觀測沒有顯現出特殊的特徵，其他天文學家也是如此。這並不太意外，最近的望遠鏡觀測和太空任務，例如蘇聯的金星軌道者和登陸者，都顯示金星表面被厚二氧化碳大氣層以及平凡的硫酸雲和薄霧給遮蔽了。

　　幸運的是，電波可以看穿雲霧，但會被雨滴和雪花反彈。地球氣象專家所使用的雷達天氣繪圖儀器，就利用了這樣的事實。在 1960 年代，天文學家藉由阿雷西波電波望遠鏡接收從行星反射回來的雷達訊號，了解到電波可以穿透金星的雲層，一些表面特徵是用這種方式偵測到的，進而發現這個非常緩慢（243 個地球日）反著旋轉的行星。阿雷西波的發現有助於發展前往金星的軌道雷達繪圖。第一個成功的任務是 1983 到 1984 年，蘇聯的金星 15 和 16 號軌道者，它們繪製了約 25% 的金星北半球，顯示了高山、山脊、斷層、火山和其他地形。

　　金星號的結果催生了更具野心的金星雷達繪圖者：NASA 麥哲倫號任務。1989 年，透過亞特蘭提斯號太空梭發射，麥哲倫號在 1990 年抵達，系統地從極區到極區繪製 98% 的金星表面。麥哲倫號資料顯示完整的金星地形圖，從高山到深谷，提供地質學家火山的、構造的、撞擊的和侵蝕地形的壯觀變化。

麥哲倫號科學家發現廣闊的熔岩平原、薄餅狀的火山山丘，和大型夏威夷型態的盾狀火山。他們也發現數千英里長的水道，被非常低黏滯的熔岩所刻畫出來，是大型山脊和谷地的網絡，顯示出構造活動（但不是地球的板塊構造）。非常少的撞擊坑，表示行星的大部分是在五億到七億五千萬年前，被大量流出的熔岩給重新覆蓋表面。儘管不是地球的雙胞胎，經證明金星曾經（現今也是？）同樣活躍。

金星的彩色高度圖（紅色和白色是較高，綠色和藍色是較低），這是來自 NASA 麥哲倫號任務和阿雷西波電波望遠鏡的雷達資料。

參照條目 金星（約西元前四十五億年），溫室效應（西元 1896 年），阿雷西波電波望遠鏡（西元 1963 年），微波天文學（西元 1965 年），金星 3 號抵達金星（西元 1966 年），金星 7 號登陸金星（西元 1970 年）

伽瑪射線天文學

康卜吞（**Arthur H. Compton**，西元 1892 年～西元 1962 年）

　　1970 年代，從事地球軌道衛星的軍方科學家，發現一種短暫的強伽瑪輻射閃光，稱為**伽瑪射線爆**（Gamma-Ray Bursts），它來自天空各個方向、非常遙遠的宇宙距離。後續的民間太空衛星確認這項發現，但這種無預警能量爆的起源在 1980 年代仍是個謎。部分因為它們很快（最多幾分鐘）就消失了，部分因為人造衛星沒有足夠的解析度，能夠將這伽瑪射線爆和其他波長的特定恆星或星系相互關聯起來。更快、更銳利的伽瑪射線眼是有必要的。

　　1991 年升空的康卜吞伽瑪射線天文台（CGRO）提供了這樣的伽瑪射線眼，這是繼**哈柏太空望遠鏡**後，NASA 發射的第二個大型太空天文台。以美國物理學家和伽瑪射線研究先驅康卜吞為名，康卜吞伽瑪射線天文台在天空中搜索伽瑪射線爆，為時九年的時間。康卜吞伽瑪射線天文台儀器的主要目標是持續掃描天空，尋找隨機出現的伽瑪射線爆，一有發現，就要很快地準確定出它的能量和位置，然後即時地通知一個地面望遠鏡網絡，進行後續的光學、紅外成像和光譜觀測。

　　康卜吞伽瑪射線天文台的儀器偵測了超過 2700 次伽瑪射線爆（約每天一次），確定精確位置的超高能爆超過一百個，並很快地被其他望遠鏡做了後續觀測。這些來源的都卜勒位移測量，確認這些事件的河外特性，並進一步強調它們的巨大能量。康卜吞伽瑪射線天文台資料也顯示有兩種伽瑪射線爆：短持續時間（短於 2 秒）和更長持續時間（可達數分鐘）。事件的持續時間是一項線索，表示它們的來源是較小（緻密）的物體。它們的巨大能量是另一項線索，表示伽瑪射線是在劇烈環境中產生。天文學家現在相信，持續較長時間的事件，肇因於超新星塌縮形成**中子星或黑洞**，而時間較短的事件則是雙中子星的合併所造成的。

1991 年 4 月，亞特蘭提斯號太空梭上的遠端操縱手臂的照片，它正在釋放康卜吞伽瑪射線天文台到地球軌道上。

參照條目 中子星（西元 1993 年），核融合（西元 1939 年），黑洞（西元 1965 年），脈衝星（西元 1967 年），伽瑪射線爆（西元 1973 年），哈柏太空望遠鏡（西元 1990 年）

繪製宇宙微波背景

　　1964 年發現的**宇宙微波背景**有令人讚嘆的含義。因為它代表像是**大霹靂**這些理論，能夠透過真實的觀測加以驗證。新一代的天文學家對觀測宇宙學感到極大的興趣，這門學問是藉由宇宙某些特徵的精確量測，來了解宇宙的起源和演化。雖然為了達到所需要的精確度，這些量測必須在太空中進行。

　　NASA 持續性的小型人造衛星探索者計畫，是一個絕佳的平台。這計畫開始於 1958 年的探索者 1 號，發現范愛倫輻射帶（Van Allen Radiation Belts）。天文物理學家在 1970 年代發展出這個任務概念，1980 年代 NASA 批准了宇宙背景探測衛星（COBE）任務，並在 1989 年發射進入地球軌道。宇宙背景探測衛星使用非常靈敏的紅外和微波輻射接收器，以便緩慢且正確地建立橫跨全天的宇宙背景輻射的變化量圖。

　　1992 年，宇宙學家宣稱這個初步繪圖已經完成，結果令人振奮。宇宙背景探測衛星偵測到的主要變化量是一個微弱的偶極特徵，約僅是天空亮度的千分之一，這產生自銀河系相對於靜止宇宙的運動所造成的都卜勒位移。一旦這個訊號被移除，下一個最大的宇宙背景探測衛星變化量是來自銀河系的微弱微波發射。一旦這個訊號被移除，仍存在一些微小變化量，一種在角度百萬分之一度的尺度下的背景輻射細微擾動，天文學家對此結果感到興奮。

　　宇宙學家相信，這些細微變化是在大霹靂開始之初 10^{-32} 秒的宇宙暴脹（inflation）期間所形成的。可以把一般物質和**暗物質**凝聚成為種子，最終形成星系和恆星。宇宙背景探測衛星的結果被 2003 年的威爾金森微波各向異性探測器（Wilkinson Microwave Anisotropy Probe，簡稱 WMAP）任務所確認，並有更進一步的發現，協助提供**宇宙年齡**準確的新估計值。

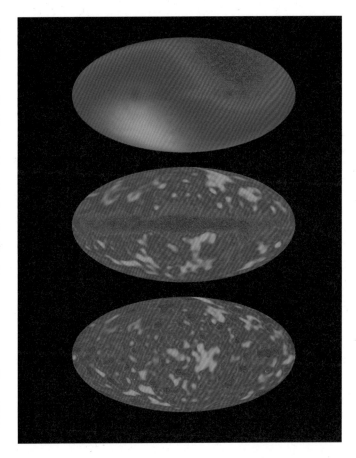

宇宙背景探測衛星測量瀰漫在宇宙中的微波輻射圖，銀河盤面通過這些圖的赤道，在頂端的圖是所有的訊號；中間是太陽系相對運動被移除的圖；底部是移除星系訊號的圖。

參照條目 大霹靂（約西元前一百三十七億年），復合紀元（約西元前一百三十七億年），愛因斯坦「奇蹟年」（西元 1905 年），暗物質（西元 1933 年），地球的輻射帶（西元 1958 年），宇宙微波背景（西元 1964 年），星系牆（西元 1989 年），宇宙的年齡（西元 2001 年）

第一批系外行星

其他恆星的周圍是否有行星？在天文史上的大部分時候，這個問題要不是太過異端而無法詢問（布魯諾因為這個提問而在 1600 年被火刑燒死），就是太過技術性而無法提出。即使如此，天文學家最近已經發現答案是肯定的。

到了二十世紀末，望遠鏡和觀測技術已經足夠先進，讓天文學家能夠使用各種方法偵測其他恆星周圍是否有行星存在。有一種方法是藉由一項事實，就是行星可以讓它的母星在天空中晃動，例如木星的重力可以讓太陽繞行銀河系中心的路徑出現些微的晃動。

1992 年，一組天文學家發現，也可以從快速自旋中子星（稱做脈衝星）旋轉速度的微小變化量，來偵測這種些微晃動。1990 年，天文學家使用阿雷西波電波望遠鏡，在室女座發現一顆稱做 PSR B1257+12 的毫秒脈衝星。他們監測這些來自這個塌縮中子星的超新星殘骸的脈衝，發現每 6.22 毫秒脈衝速率會出現微小的規則變化。1992 年，研究人員解釋這是因為受到至少三顆繞行脈衝星的行星的萬有引力而造成的。數學模型顯示，其中兩顆行星似乎約是地球質量的四倍，第三顆約是地球質量的 2%，這三顆看起來都在距離脈衝星 0.5 天文單位的範圍內繞行。

對大多數天文學家來說，首次確認有系外行星存在的這項證據是一場意外。因為大家預期系外行星應該在其他類似太陽的一般主序星附近發現，而不是在類似中子星的特異天體。因此對於這些特殊的脈衝星行星的特性，有較多的猜疑。或許它們現在是岩質和金屬核心，之前是氣體或冰狀巨行星，外部的易揮發層被產生這顆脈衝星的超新星爆炸給吹走。又或許它們是第二輪太陽星雲行星形成的結果，使用了超新星爆炸所噴發的殘骸物質。

不論這些世界的起源如何，它們的探測變得更加健全。因此現今發現和描繪其他太陽周圍行星的天文學家以及行星科學家，也必須考慮極端系外行星可在不同環境下形成和演化的各種可能方式。

在脈衝星 B1257+12（左下角）周圍偵測到的行星系統概念圖。

參照條目　太陽星雲（約西元前五十億年），《布魯諾的無限宇宙和世界》（西元 1600 年），第一批天文望遠鏡（西元 1608 年），中子星（西元 1933 年），阿雷西波電波望遠鏡（西元 1963 年），脈衝星（西元 1967 年），繞行其他太陽的行星（西元 1995 年）

古柏帶天體

埃奇沃斯（**Kenneth Edgeworth**，西元 1880 年～西元 1972 年）
古柏（**Gerard P. Kuiper**，西元 1905 年～西元 1973 年）

1930 年**發現冥王星**之後，許多天文學家開始懷疑，太陽系的盡頭是否真的就在海王星軌道之外。1943 年，愛爾蘭天文學家埃奇沃斯猜測，冥王星可能是許多小海外（trans-Neptunian）天體之一，因為早期生成的微行星（公里大小的冰和塵埃團塊）間距太大，造成在外太陽系的碰撞率太低，而無法長得太大。1950 年代，荷裔美籍行星科學家古柏研究外太陽系的行星形成，也同樣假設冥王星外可能有一個由小天體構成的大圓盤存在。但是，如果冥王星是一顆地球大小的天體（當時是這樣認為），古柏推測這個圓盤應該會受冥王星的萬有引力影響而被清除和散射掉。

數十年來，天文學家口中的這個埃奇沃斯—古柏帶（或就稱做古柏帶）是否存在，一直是存疑的課題。由於 1990 年代巨型望遠鏡和超級靈敏的電荷耦合元件（CCD）的出現，想要尋找並偵測到這些位在海王星軌道之外的類小行星天體，變得可行。第一顆古柏帶成員（除了冥王星、**冥衛一**，以及可能之前成員的**海衛一和土衛九**）在 1992 年發現。名為 1992 QB1 的這顆天體在 40 到 46 天文單位之間（海王星在 30 天文單位）繞行，直徑可能大約 100 英里（160 公里）。

之後，天文學家陸續發現超過一千顆古柏帶天體（Kuiper Belt Objects，KBOs），一些像是 136199 鬩神星、136472 鳥神星和 136108 妊神星的星體，大小與冥王星相當。事實上，鬩神星可能還比冥王星大，在一定程度上促使國際天文聯合會在 1996 年做出決定，將冥王星從行星降級成為矮行星。約 10% 的已知古柏帶天體被發現擁有衛星（就像冥王星一樣）。

古柏帶天體是包含水、甲烷和氨冰的類衛星混和物的原始天體，新視界號探測器將會在 2015 年給我們古柏帶天體（冥王星和冥衛一）的第一印象，並在 2020 年代繼續近距離飛過其他古柏帶天體。

太空藝術家卡羅（Michael Carroll）描繪比冥王星軌道還遠的一顆受到猛烈撞擊的冰狀海外天體（TNO）或古柏帶天體（KBO）。就像約 10% 的已知古柏帶天體，這顆是一對的其中之一，它的同伴就在上方，昏暗遙遠的太陽左邊。

參照條目 冥王星和古柏帶（約西元前四十五億年），海衛一（西元 1846 年），土衛九（西元 1899 年），發現冥王星（西元 1930 年），奧匹克－歐特雲（西元 1932 年），天文學數位化（西元 1969 年），冥衛一（西元 1978 年），冥王星降級（西元 2006 年），揭露冥王星！（西元 2015 年）

小行星可能有衛星

　　除了我們自己的月亮，第一顆行星衛星是在木星旁邊，由 1610 年伽利略所發現的。之後，除了金星和水星外，在其他行星周圍發現了超過數十顆天然衛星。1978 年，甚至在小型（矮）行星冥王星旁都發現一顆衛星。許多天文學家開始猜測，一顆能夠擁有衛星的天體到底能有多小，是否有個限度，小行星可能擁有衛星嗎？

　　1970 和 1980 年代的望遠鏡搜尋，提供這樣的小行星可能存在的證據。但要等到 1992 年，當 NASA 伽利略號太空船在前往木星時，飛過主帶小行星 243 號艾女星時，確切的證據才會出現。伽利略號的影像出乎大家意外，顯示一顆小衛星繞行這顆小行星，任務科學家稱這顆寬 1 英里（1.6 公里）的衛星為「達克堤利」（Dactyl），是以希臘神話中、居住在克里特島伊達山上的生物來命名的。

　　有了這個確切的證據，行星天文學家加倍努力尋找更多的衛星。使用先進的技術，例如自適光學以增加地面望遠鏡的有效解析度，加上有利的設備，例如阿雷西波電波望遠鏡和哈柏太空望遠鏡，科學家已經發現超過兩百顆小天體擁有衛星，包括木星的特洛伊小行星和古柏帶天體。超過兩百二十顆小行星衛星被發現，一些小天體甚至有兩顆或三顆衛星，例如冥王星有五顆！

　　關於小行星或矮行星這般大小的天體怎麼會擁有衛星，行星科學家提出了幾個理論。可能是原本的小行星受到撞擊，被敲出的殘骸仍留在軌道上，並聚集成一顆衛星。在一些小行星的表面，譬如

NASA 近地小行星（NEAR）任務的目標 243 號艾女星和 433 號愛神星，可看到大量的撞擊坑，正能支持這個理論想法。另一種可能是，小行星也許可以捕獲近距離的其他小行星。電腦模型顯示，對於尺寸相當且相互靠近的雙小行星，這是有可能發生的，但不太可能發生在像是艾女星－達克堤利這樣的系統，因為當中的一顆比另一顆大很多。

NASA 伽利略號太空船在前往木星的軌道任務，於 1992 年旅經主小行星帶時，飛過小行星 243 號艾女星。長 33 英里（53 公里）的小行星影像也顯示一顆 1 英里（1.6 公里）的小衛星，名之為達克堤利。

參照條目　第一批天文望遠鏡（西元 1608 年），木星的特洛伊小行星（西元 1906 年），阿雷西波電波望遠鏡（西元 1963 年），冥衛一（西元 1978 年），哈柏太空望遠鏡（西元 1990 年），古柏帶天體（西元 1992 年），伽利略號繞行木星（西元 1995 年），在愛神星的近地小行星會和號（西元 2000 年）

巨型望遠鏡

在前幾個世紀間,近代天文學的前沿是受到望遠鏡極限和儀器技術所界定。在極端細微的解析度下,觀測極端昏暗來源(往往靠近更亮的來源),獲取電磁波譜大範圍的光譜觀測,以及為了後續仔細分析的準確觀測記錄。這些需求將天文學和天文學家推向最尖端的光學、工程學、電子學和軟體設計。最明顯的例子,大概就屬最近在全世界原有觀測地點上擴增的非常巨型光學望遠鏡了。

1940 年代末,為帕洛瑪峰海爾望遠鏡打造的 200 英寸(5 公尺)望遠鏡鏡片,是當時近代工程學上的奇蹟。之後的數十年,材料和機械工程學方法有了大幅改良,但最大的實用型單鏡片望遠鏡的尺寸仍只能增加到約 320 英寸(8 公尺),這全因為重力和材料強度的限制。實質上集光範圍的增加,需要工程師和光學儀器製造商的創新,一項關鍵創新是分節鏡(segmented mirror)的發展,由較小且更實際的鏡片組合在一起,模擬更大尺寸的單一鏡片。

在分節鏡望遠鏡的首次大尺度實驗,是夏威夷毛納基峰凱克天文台的雙 400 英寸(10 公尺)望遠鏡。每座望遠鏡的鏡片是由 36 塊 70 寸(1.8 公尺)六角分節所構成,可以獨立且動態電腦控制,以形成一個近乎完美的巨型拋物面反射望遠鏡。凱克 1 號在 1993 年上線,凱克 2 號在 1996 年上線,自此,兩座望遠鏡有了驚人的科學發現。

在巨型望遠鏡的設計上,兩座凱克望遠鏡是被建造來嘗試另一項創新——透過使用兩座或更多座望遠鏡,可能可以經由電子學和軟體結合來自每座望遠鏡的資料,以達到相當於單一巨型望遠鏡的角解析度,而這個巨型望遠鏡的大小和個別望遠鏡之間距離一樣,這個處理稱做干涉儀技術。凱克望遠鏡只是眾多大型光學干涉儀望遠鏡的其中一例,這種望遠鏡現今被界定為地面天文學的最新前沿。

在凱克天文台的雙胞胎望遠鏡,靠近夏威夷毛納基死火山頂(高度 13,600 英尺 [4,145 公尺]),每座望遠鏡的直徑為 10 公尺(33 英尺)。

參照條目 第一批天文望遠鏡(西元 1608 年),阿雷西波電波望遠鏡(西元 1963 年),哈柏太空望遠鏡(西元 1990 年)

舒梅克—李維 9 號彗星撞木星

尤金·舒梅克（**Eugene Shoemaker**，西元 1928 年～西元 1997 年）
卡洛琳·舒梅克（**Carolyn Shomaker**，西元 1929 年生）
李維（**David Levy**，西元 1948 年生）

撞擊，是塑造行星表面和大氣很基礎也很重要的力量，甚至影響了這個世界的氣候和生命演變。但在太陽系中，撞擊並不常見也很難預測，因此無法直接進行研究。但一群天文學家們在一顆彗星撞擊木星的前一年，就預先發現了。

1993 年夏，美國天文學家舒梅克夫婦和加拿大天文學家李維，發現了奇異的珍珠串彗星。他們的觀測顯示，彗星將以非常靠近木星的距離經過木星，以致於破碎成十幾塊碎片。令人訝異地，他們的資料顯示這些目前被稱為舒梅克－李維 9 號（SL-9）的彗星碎片，將會在 1994 年 7 月，在經過木星的回程軌道中撞上木星。

這是第一次能夠事先知道的撞擊事件，全世界的天文學家動員了望遠鏡和太空觀測站來監控這次事件。就如預期，橫跨 0.6 ～ 1.2 英里（1 ～ 2 公里）的二十一塊彗星碎片在 7 月 16 日到 22 日期間，以每小時 134,000 英里（每秒 60 公里）的速度撞上木星。結果驚人且意外，體積如此小的冰狀天體能夠產生巨大的火球、羽狀雲霧以及如地球般大的斑點，並延續了數個月，這些根本無法預測。一些天文學家預測木星應該能輕易地吞噬這些小碎片，而完全沒有任何明顯的效應，天文學家們完全猜錯！

舒梅克－李維 9 號彗星撞擊木星，提醒我們不可忽視高速運行小天體的破壞力。這也是一場轟動公眾和媒體的事件，透過網路這項全新的傳播媒體，以近乎即時的方式分享給全世界。

上圖：1994 年 7 月 18 日舒梅克－李維 9 號彗星碎片 G 撞擊的火球，這是從澳洲斯壯羅山天文台觀測到的。右圖：在 1994 年 7 月的哈柏太空望遠鏡照片中，因舒梅克－李維 9 號彗星碎片撞擊而產生如地球般大小的傷疤，標示在木星大紅斑南邊的中緯度上。

參照條目 木星（約西元前四十五億年），亞利桑那撞擊（約西元前五萬年），大紅斑（西元 1665 年），哈雷彗星（西元 1682 年），通古斯爆炸（西元 1908 年）

棕矮星

　　主序帶上的恆星有許多種不同的顏色和大小，但它們都擁有共同的特徵，就是核心溫度和壓力高到足以發生從氫變成氦的**核融合反應**。的確，足以產生核融合反應的最低可能恆星質量，約是太陽質量的 7 ～ 9%，或者約 75 ～ 80 倍的木星質量。在 1970 年代，天文學家猜測可能有一種次恆星天體的族群，太大而無法認定為巨行星，但又太小而無法被認定為恆星，這些天體稱做棕矮星（brown dwarfs）。因為它們比恆星小，應該透過萬有引力收縮而釋放出紅外熱能，但不會從核融合輻射出它們自己的可見光。這樣的研究已開始進行，以便找尋巨行星和小恆星之間潛在的具體重要連結。

　　1980 年代末和 1990 年代初，已經找到一些可能的星體，但很難確認小恆星和棕矮星之間的交界標準。1994 年，一顆靠近葛利斯 229 恆星的昏暗紅外源被認定為可能的棕矮星。這是一顆小紅矮星，離我們太陽系約 19 光年，從**哈柏太空望遠鏡**的後續觀測以及其他觀測顯示，這顆較暗天體的確是在繞行恆星的軌道上，而被稱做葛利斯 229B（GL229B）。

　　葛利斯 229B 的光度和溫度（絕對溫度 950 度）比最小的主序星還要低，但遠高於那些離紅矮星 30 天文單位繞行的氣態巨行星。葛利斯 229B 並非低質量恆星，其證據是在光譜中發現了甲烷，這是一種不能穩定存在於恆星大氣的氣體。現今的估計表示，葛利斯 229B 是一顆約 20 ～ 50 倍木星質量的棕矮星。

　　最新發現，一些繞行其他恆星的最大行星約有 20 ～ 50 倍**木星質量**，這表示它們是棕矮星，而不是行星？在巨行星和低質量恆星之間的低質量界線變得模糊，當疑慮出現的時候，天文學家經常使用密度、紅外光度或 X 射線的出現，來決定是否適用正式的定義，也就是棕矮星是高於 13 倍的木星質量。

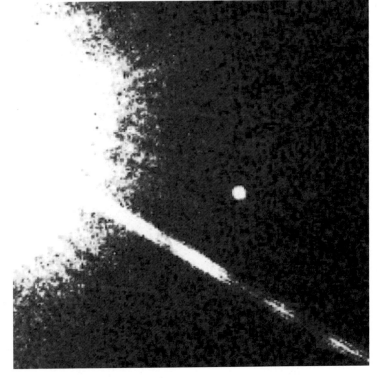

首次直接觀測繞行鄰近恆星葛利斯 229 的棕矮星（靠近影像中心）的哈柏太空望遠鏡假色影像。這顆稱做葛利斯 229B 的次恆星同伴是木星質量的 20 ～ 50 倍，小到不足以在核心將氫融合成氦。

參照條目 木星（約西元前四十五億年），核融合（西元 1939 年），哈柏太空望遠鏡（西元 1990 年），第一批系外行星（西元 1992 年）

繞行其他太陽的行星

　　1992 年，發現了繞行脈衝星 B1257+12 的第一批系外行星，這使得天文學家更賣力地搜尋繞行「一般」主序帶或類太陽恆星的系外行星證據。數十年來的研究得知，在一個雙系統中的恆星，在橫跨天際的自行運動中會產生晃動，因為有兩個繞行系統的質量中心。理論上，如果一顆巨型類木星（或更大）行星繞著單一恆星，類似的晃動應該會被看到，雖然晃動程度更小。當天文學家了解到他們不需要長時間測量恆星的準確位置，於是便出現了一項突破性的進展，他們可以利用恆星光譜的都卜勒位移，從恆星的徑向速度（指向地球或遠離地球）來推導出晃動的程度。

　　在 1995 年，使用這種方法「發現」了第一顆系外行星繞行鄰近的類太陽恆星——飛馬座 51。根據它在飛馬座 51 感應的晃動程度，以及都卜勒光譜變化的計時，推算行星飛馬座 51b 是一顆氣體巨行星，質量是木星的好幾倍，以只有 0.05 天文單位的近距離繞行自己母星。一旦開始使用徑向速度方法，便陸續發現了超過五百顆繞行其他鄰近恆星的行星，這些行星大部分被稱為「熱木星」。因為它們很大，也非常靠近母星來繞行。使用徑向速度方法，最容易發現到的是大行星，因此由此方法發現到的熱木星可能並不是那麼能具體歸類。

　　除了徑向速度和脈衝星定時，其他發現系外行星的方法是觀察它們從母星前通過時（NASA 克卜勒號任務的目標）、透過重力透鏡偵測它們，或從母星的耀眼強光中，直接拍照。今日，最為人所知的系外行星仍是氣態或冰狀巨行星，但天文學家現在開始用這些方法搜尋，以及對許多繞行鄰近類太陽恆星如地球大小或超級地球大小的世界來製作星表。我們只發現了眾多系外行星的冰山一角而已！

熱木星 HD189733b 的概念圖。哈柏太空望遠鏡的觀測顯示，在大氣層中有甲烷和水蒸氣。

參照條目　太陽星雲（約西元前五十億年），第一批天文望遠鏡（西元 1608 年），恆星的自行（西元 1718 年），光的都卜勒位移（西元 1848 年），重力透鏡（西元 1979 年），第一批系外行星（西元 1992 年），克卜勒號任務（西元 2009 年）

伽利略號繞行木星

先鋒 10 和 11 號以及探險家 1 和 2 號等飛行器飛掠過木星時，發現這個巨行星有一個美麗、複雜且謎樣的迷你太陽系。包括動態大氣層圈、帶狀和長期的氣旋風暴系統，也就是大紅斑，以及一個由冰狀和岩石狀組成的衛星群，包括四顆原本已是行星的衛星（木衛一、木衛二、木衛三和木衛四），還有窄環的塵埃系統和一個巨大的磁層，大部分的系統都浸浴在高能輻射中。這些發現使得行星科學家相信，合理的下一步是送一艘太空船繞行木星並多待一段時間。

為紀念首位透過望遠鏡研究木星和其衛星的天文學家，以之命名為「伽利略」的木星軌道者與探測任務，在 1977 年末獲得資金上的批准。有了國會和國際的支援，並克服一連串技術和財務上的障礙，伽利略號終於在 1989 年末，搭上亞特蘭提斯號太空梭成功升空。並藉由飛掠金星和地球的重力協助彈射到木星，於 1995 年 12 月抵達並進入軌道。

飛行過程中，通過主小行星帶時，伽利略號進行了首次的小行星近距離飛掠（經過 951 號小行星和 243 號愛神星）。

由於主通訊天線無法順利展開，這項任務受到阻礙，但任務工程師和科學家利用備份的低資料傳輸率天線，設計了一項新的任務，使用太空船的相機、光譜儀、以及場和粒子儀器，伽利略小組直接導引太空船 34 次穿過木星的橢圓軌道。歷時幾近八年的時間，飛掠大小衛星以便探知它們的成分和內部結構，仔細研究木星和磁場。還釋放了一架探測器進入大氣層，轉送成分、溫度和壓力的直接量測。伽利略號太空船已功成身退，在其任務的最後，深陷木星大氣層而被摧毀蒸發掉，但它的科學遺產將永垂不朽，不愧以天文學家伽利略來命名。

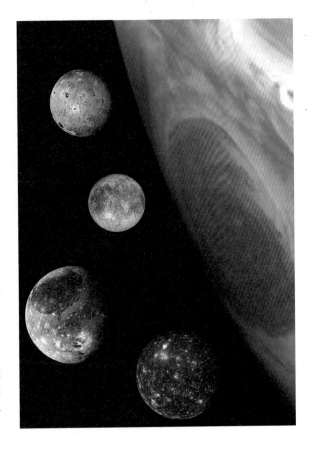

木星大紅斑和四顆伽利略衛星（木衛一、木衛二、木衛三和木衛四）的剪輯照片，所有的細節研究都來自 1995 年到 2003 年間的 NASA 伽利略號軌道者（上圖）。

參照條目 木星（約西元前四十五億年），大紅斑（西元 1665 年），木衛一（西元 1610 年），木衛二（西元 1610 年），木衛三（西元 1610 年），木衛四（西元 1610 年），木衛五（西元 1892 年），木衛六（西元 1904 年），木星的磁場（西元 1955 年），木星上的先鋒 10 號（西元 1973 年），木衛一上的活躍火山（西元 1979 年），木星環（西元 1979 年），木衛二上的海洋？（西元 1979 年）

火星上的生命？

　　十九世紀末、二十世紀初，火星上很有可能有生命的這個想法，在望遠鏡觀測者之間廣泛流傳。如美國商人也是天文學家的羅威爾，他宣稱看到在乾枯的火星平原上，有大量運河網絡穿梭的證據。媒體注意到這個見解，製作了一系列異想天開的科幻故事。例如 1938 年改編自喬治‧威爾斯《世界大戰》（*H. G. Wells's The War of the Worlds*）的電台廣播劇，開拓了火星人的想法。

　　二十世紀的火星探索，積極地尋找生命存在的證據。1976 年兩艘 NASA 維京號登陸器，設計與執行了一系列高靈敏度有機和生物偵測實驗，將火星探索推向顛峰。而這些實驗的結果，普遍無法證明火星生命的存在（在登陸地點都沒有存在有機分子的依據，即便是十億分之一的機會都沒有）。受到嚴酷的太陽紫外線曝曬數十億年，仍不能確定最上層表面的採樣物質是否保有任何有機分子，實驗任務有其限制、不夠全面。

　　在這樣的背景下，1996 年一組 NASA 科學家，研究一顆名為 ALH84001 的隕石樣本後做出驚人的宣布，這顆隕石是從火星濺飛出來，最後掉入南極洲。在這顆古老火星岩石塊中，他們宣稱從化學、礦物學以及地質學層面上來研究這顆微生物化石，證明火星上曾有生命。

　　天文學家薩根表示，特別的主張需要有力的證據。以 ALH84001 隕石樣本而言，大部分科學社群並不相信這個支持生命的證據夠有力，而是認為 NASA 研究人員所呈現的每項證據都有非生物學上的解釋。至今，這群 NASA 創始研究小組仍確信他們的研究結果。其實，ALH84001 裡頭是否有生命的可信證據並不重要；更重要的是，大部分科學家都同意液態水、熱和能量來源、有機分子這些支持生命所必要的東西，在這塊岩石還在火星上的時候，就都已存在。這表示，ALH84001 幫助我們了解火星至少曾經是可居住的。

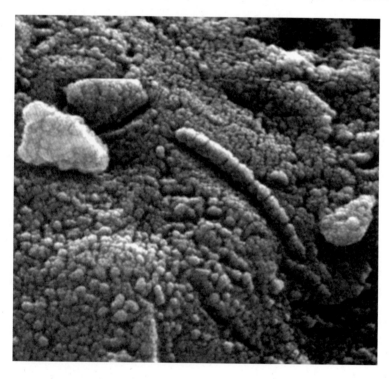

火星隕石 ALH84001 碎片內的片段管狀結構（或稱微生物化石？）的高解析掃瞄電子顯微影像。當中最長的結構僅約 100 奈米寬，或者約人類頭髮寬度的千分之一，是地球上已知最小活細胞的一半大小。

參照條目　火星和它的運河（西元 1906 年），搜尋地外文明計畫（西元 1960 年），火星上的維京號（西元 1976 年），宇宙：個人的探險（西元 1980 年）

西元 **1997** 年

海爾─波普大彗星

彗星，是小岩石和冰塊狀天體，當它們靠近太陽的時候，會以絢爛的形式蒸發。長久以來，彗星都令人興奮，甚至是一種警示。有些可預期的彗星會在固定的時間出現在天空中，例如哈雷彗星，每76年回歸一次。但有些彗星會不預期地突然出現，或許在這些不可預期的彗星中，最壯觀的就是海爾波普彗星。它在 1997 年春天期間，持續數個月的傍晚，在全世界大部分地方都可用肉眼觀察。

海爾波普彗星是由美國業餘天文學家海爾（Alan Hale）和波普（Thomas Bopp）在 1995 年 7 月發現，當時彗星才剛通過木星軌道，正朝向太陽前進。回溯彗星的軌道顯示，它在一條長橢圓路徑運行，要花超過兩千五百年的時間才能繞行太陽一圈，它離太陽最遠的距離比地球到太陽的距離還要遠 370 倍。天文學家計算，海爾─波普在 1997 年之前最後一次經過地球，是在西元前 2215 年的夏天。他們將此彗星歸類為年輕彗星，因為它的高揮發冰塊顯示，它大部分的時間都在寒冷的外太陽系，而不是在靠近太陽的溫暖環境。

這顆彗星經過地球的提前警示，給予天文學家一次難得的機會，得以第一次研究如此接近的年輕彗星。利用光譜儀和其他方法，天文學家發現了彗星離子尾和塵埃尾的岩石塵埃、水冰、鈉和其他分子，包括一些從未在其他彗星看到的複雜有機分子。以海爾─波普的頭部，或稱彗髮的亮度來推測這顆彗星的岩石和冰狀核一定很大，約直徑 37 英里（60 公里），或許是哈雷彗星的六倍大。儘管海爾─波普不會直接對我們造成威脅，但一顆像這樣大小的彗星以超過每秒 50 公里的速度撞擊地球，應該會徹底毀滅文明，並殺死我們行星上大部分的生命。

數十億人看過海爾─波普，因為有數個月的時間，它就在太陽下山的時候，亮到肉眼可視。有許多有關 1997 年大彗星的媒體報導，甚至有許多未經證實的猜測，以及有關彗星殘骸可能污染地球的公開渲染，彗星到底是美麗的天體或是末日凶兆？其實應該兩者都是。

1997 年 4 月 4 日海爾─波普彗星的廣角相機照片，由天文學家在林茲的克卜勒天文台所拍攝的。這張曝光時間長達十分鐘的照片顯示，彗星美麗的藍色離子尾指離太陽，黃白色塵埃尾指向沿著彗星彎曲軌道的後方。

參照
條目　冥王星和古柏帶（約西元前四十五億年），哈雷彗星（西元 1682 年），奧匹克─歐特雲（西元 1932 年），深度撞擊號：坦普爾 1 號彗星（西元 2005 年），哈特雷 2 號彗星（西元 2010 年）

253 號梅西爾德小行星

　　1991 年和 1993 年，NASA 伽利略號的探查任務飛掠過主帶小行星 951 號小行星和 243 號愛神星時，發現即使是小行星天體也有令人好奇的表面結構（也有它們自己的衛星），這個發現激勵了一項太空任務，進一步就近研究小行星。第一個計畫是 NASA 的近地小行星任務（NEAR），它於 1996 年升空，沿著朝向靠近地球的 433 號愛神星進行研究。在與愛神星相遇的路徑，近地小行星任務在 1997 年通過主帶小行星 253 號梅西爾德時，獲得了額外的科學發現。

　　梅西爾德是在 1885 年，由研究成果豐碩的奧地利天文學家和小行星獵人帕利扎（Johann Palisa）所發現。梅西爾德沿著橢圓軌道在火星和木星之間運行，最近更多的望遠鏡觀測顯示梅西爾德相當黑，幾乎和煤炭一樣，只反射入射太陽光的 4%。這低反照率（反射光和入射太陽光的比值）和其相對灰色的無結構光譜，使得天文學家將梅西爾德分類為 C 型小行星（與含碳小行星相比），它與 S 型（比較類似石質隕石）小行星 951 號和愛神星不同類。梅西爾德的特別光譜型態以及自轉速度很慢的現象（自轉一次超過 17 天），令人對近地小行星任務的研究大為振奮。

　　近地小行星任務飛掠 253 號梅西爾德時，確認了它的低反照率，並且也透露出許多驚喜。即使只有約 60% 的小行星被拍攝，小行星體積的合理猜測以及質量的估計，讓科學家合理推估梅西爾德的密度約每立方公分 1.3 克，這出乎意外的低數值遠小於一般岩石的密度。小行星似乎太靠近太陽（太溫暖）而不含冰，另一種最佳的說法是推論，梅西爾德內部石物質之間大約 50% 是空的，梅西爾德似乎是一顆多孔岩石的小行星。

　　近地小行星任務在梅西爾德上發現六個大型撞擊坑，這個發現支持了這個說法。如果這顆小行星曾經是黏在一起的岩狀物體，則任何一次這樣的撞擊應該已經把它摧毀，但內部的空洞吸收了撞擊能量，使得這顆小行星面對這樣毀滅性的撞擊仍能完整無缺。

NASA 近地小行星任務太空船在 1997 年 6 月飛掠時所拍攝的 C 型主帶小行星 253 號梅西爾德。梅西爾德寬約 36 英里（60 公里），表面黑暗，滿布許多大型撞擊坑。

參照條目　主小行星帶（約西元前四十五億年），木星的特洛伊小行星（西元 1906 年），小行星可以有衛星（西元 1992 年），在愛神星的近地小行星會和號（西元 2000 年）

火星上的第一架漫遊者

在探險火星的旅程中，NASA 維京號登陸者的眾多任務都是非常成功的，這些任務為未來上了至少兩堂重要的課：首先，應該在行星表面上進行更多活動，而不是待在固定的登陸點；其次，應該更經濟地探索行星表面，比花費數十億美金的維京號旗艦級任務花更少經費。

在 NASA 第三次企圖登陸火星的火星拓荒者號任務中，都考量到這兩點。1996 年升空的火星拓荒者號，是 NASA 首次「更好、更快、更便宜」的新發現等級任務之一，預計僅花費原本維京號任務的 10 ～ 20%。不僅小組任務是以如此低的花費登陸火星，部份任務還搭載和操作一架小型漫遊者，這證明在火星上具有行動力的好處。

配有創新且大膽的輔助氣囊登陸系統，拓荒者號於 1997 年 7 月 4 日成功登陸火星，沒多久就部屬了一架名為索傑納（Sojourner Truth，以十九世紀非裔美籍廢奴主義者和女權倡導者命名）的漫遊者號。在將近三個月的時間，拓荒者號和索傑納漫遊者號在登陸地點阿瑞斯谷（Ares Vallis），取得影像以及岩石土壤的化學資料。阿瑞斯谷是一個古老的火星外流水道，被認為是早期行星歷史中的一個災難性的洪水地點。這次任務所獲得的各種地質和地球化學線索，提供了這個地區曾經有水的證據。

索傑納漫遊者號最快速度可達每小時 0.022 英里（每秒 1 公分），在為期八十三個火星天的任務期間，僅在登陸地點四周沿著迂曲路徑走了 330 英尺（100 公尺）。但在自動探索上，這是一項不得了的行動力證明，漫遊者號能夠在登陸地點，比登陸者號拍攝和化學取樣到更多種類的岩石和土壤。由索傑納驗證火星漫遊的成功設計和操作原理，實質上可以按比例放大三倍來創造下一代火星探測漫遊者——精神號和機會號於 2004 年登陸火星。

約微波爐大小的 NASA 索傑納漫遊者號，在 1997 年夏天期間緊挨著一顆稱做瑜珈（Yogi）的岩石，以便獲得岩石基本化學的測量數據。

參照條目　火星（約西元前四十五億年），火星上的維京號（西元 1976 年），火星上的生命？（西元 1996 年），火星全球探勘者號（西元 1997 年），火星上的精神號和機會號（西元 2004 年），火星科學實驗室好奇號漫遊者（西元 2012 年）

火星全球探勘者號

從 1970 年代初期的第一批火星軌道者號，而後是 1970 年代末和 1980 年代初的維京軌道者號，這些火星探勘提供了吊人胃口的證據，顯示古時候的火星和現今的火星全然不同，古時候的火星或許更像地球。更大規模的觀測是必須的，因此在 1992 年 NASA 發射了火星觀測者軌道者進行這樣的研究。很不幸地，就在火星觀測者軌道者抵達火星的前三天，便失去了通訊，可能是燃料管破裂造成的。

因 1993 年火星觀測者失敗而未能執行的科學研究，由 1997 年 NASA 火星全球探勘者軌道者（Mars Global Surveyor，MGS）的成功抵達來達成。火星全球探勘者號攜帶了照相機、一架紅外光譜儀，一架雷射測高儀和磁強計，以便為這顆行星的地質學、礦物學、地形學和磁場特性繪圖，從南極到北極，歷時九個地球年（約四個火星年）。

和十年前的維京號完成的測量一樣多，火星全球探勘者號的測量為我們對火星表面和大氣層的了解帶來突破性的變革。例如高解析（公尺尺度）影像顯示水道、峽谷和三角洲的細節，這些是早期火星氣候較潮濕時的液態水持續流動所形成的。火山礦物以及可能的水成礦物被全面繪製成圖，比我們對自己行星的地形學測量還來得更好。找到了火星曾有強全球性磁場的證據，或許是核心曾部分融化以及內部的地質更加活躍的時候。

火星全球探勘者號的影像、地形學資料和礦物發現，為 2004 年火星探測漫遊者精神號和機會號挑選最佳登陸地點提供了初步方法，並且協助指導挑選 2003 年歐洲太空組織火星快車號軌道者以及 2006 年 NASA 火星偵察軌道者的下一代相機和光譜儀。在 2006 年末，與火星全球探勘者號失去聯繫，但其他軌道者和漫遊者仍接續它的成就。

畫家繪製的火星全球探勘者號軌道者。右圖：來自 2002 年火星全球探勘者號軌道者相機的照片，顯示一組扇形地形，這曾被解釋成埃伯斯瓦爾德撞擊坑（Eberswalde crater）內的淺水三角侵蝕遺跡，像這樣的特徵支持早期火星曾持續存在液態水的推論。

參照條目　火星（約西元前四十五億年），第一批火星軌道者（西元 1971 年），火星上的維京號（西元 1976 年），火星上的生命？（西元 1996 年），火星上的第一架漫遊者（西元 1997 年），火星上的精神號和機會號（西元 2004 年），火星科學實驗室好奇號漫遊者（西元 2012 年）

國際太空站

　　二十世紀初的火箭先驅者，例如齊奧爾科夫斯基和戈達，首先解決太空軌道站和棲息地的技術細節。但將近一整個世紀，只能在科幻書籍、雜誌、電視節目和電影中，實現地球軌道人類前哨站的這個想法。1970 年代，蘇聯發射第一次的九個長期禮炮（Salyut）太空研究模組，接著在 1980 年代的和平太空站軌道組合，是第一個可搭載多人的長期太空前哨站。

　　NASA 在 1980 年代的太空站（稱做自由號）發射計畫從未具體落實，肇因於花費超支和技術性延遲。1991 年蘇聯解體，和平號太空站的技術問題以及發射和操作太空船的高花費，促使 NASA、俄國和其他太空國家集中資源，開始於 1993 年朝向聯合國際太空站（International Space Station，ISS）的設計和運作。

　　這個新國際太空站的第一組零件是俄國的電力、推進力和儲存模組，被稱作曙光號功能貨艙（Zarya），於 1998 年 11 月由俄國質子火箭搭載升空到低地球軌道（約地表 370 公里）。第二組零件是美國的碼頭對接、氣密和研究用模組，被稱作團結號節點艙（Unity），透過奮進號**太空梭**發射，並於數週後後與曙光號功能貨艙連結。在接下來的十三年，超過十五次的太空梭、俄國質子和進步火箭發射，為國際太空站增加了額外的太陽能板、駐紮區、實驗室、氣密和對接港，更於 2011 年全部完成。國際太空站現在佔地約美式足球場的大小，總質量超過 920,000 磅（420,000 公斤），是一個至今最大的人造衛星。除了美國和俄國，歐洲、日本和加拿大太空組織也都是重要夥伴。

　　國際太空站主要是一個國際研究實驗室，設計來善用它獨特的微重力和軌道環境，以便進行太空相關的醫療、工程和天文物理研究。但它也扮演一個重要角色，作為人類在太空長期停留的前哨站，一個我們可以學習如何生活和工作的地方。以及為了深空探索航行，進一步準備超越地球低層軌道的冒險。

在離地表 190 英里（305 公里）繞行的國際太空站，太空研究前哨站的組合開始於 1998 年，這張 2009 年的照片是由發現號太空梭成員所拍攝的，呈現了太空站的太陽能板、桁架和加壓模組。

參照條目　液態燃料火箭技術（西元 1926 年），太空梭（西元 1981 年）

暗能量

愛因斯坦（**Albert Einstein**，西元 1879 年～西元 1955 年）
哈柏（**Edwin Hubble**，西元 1889 年～西元 1953 年）

　　當物理學家愛因斯坦在二十世紀初發展廣義相對論，來解釋在萬有引力場下，空間、時間和物質之間的關係時，天文學家相信宇宙是靜態的、或不變的。為了讓他的理論可行，愛因斯坦必須發明一個從未見過的作用力，他稱作宇宙常數，用以對抗萬有引力的吸引，使得宇宙維持靜態。當哈柏在 1929 年發現空間其實正在膨脹時，愛因斯坦了解到他的宇宙常數不再需要了，所有事情似乎都完美吻合。

　　但天文學家在接下來數十年對螺旋星系和星系團運動的仔細研究，導致一項意外的發現：一種無法看到卻具有萬有引力的暗物質，由此我們驚訝地領悟到，大部分的宇宙是由我們無法直接觀測到的物質所組成的。更意外的是，天文學家在 1998 年發現宇宙的膨脹看來好像是隨著時間而加速，也就是說離我們較近的星系，我們看到的是宇宙較近代的時期，這些星系與其他星系相互遠離的速度比更遠方的星系之間遠離的速度更快。這些遙遠的星系，讓我們得以觀測更早期的宇宙歷史。一種可能的解釋：存在某種看不見的能量作用力或壓力，滲透在真空的空間內，並且以反重力的方式作用，協助加速來自大霹靂的正常空間膨脹。宇宙學家稱這種假想作用力為暗能量（dark enery）。歸根究柢，愛因斯坦的宇宙常數觀點可能是對的。

　　傳統望遠鏡的直接觀測是無法研究暗能量真正的本質（或存在），就像暗物質一樣。它的存在只能透過研究一般物質的萬有引力效應，以間接方式推測出來。如果能證明暗能量是真實的，它應該會對我們宇宙的認識作出更震撼人心的推論來：這些我們現在沒有方法測量或描繪特徵的暗能量和暗物質，佔了我們宇宙能量的 96%。而一般物質，包括星系、恆星、行星和我們，只佔了4%。

2002 年哈柏太空望遠鏡的 Abell 1689 照片，其中的星系團代表了一般物質（星系）的聚集，以及暗物質（以藍色標示，根據天文學家從重力透鏡所推論的）和已知為暗能量的假設作用力。

參照條目　大霹靂（約西元前一百三十七億年），復合紀元（約西元前一百三十七億年），愛因斯坦「奇蹟年」（西元 1905 年），哈柏定律（西元 1929 年），暗物質（西元 1933 年），螺旋星系（西元 1959 年），重力透鏡（西元 1979 年），星系牆（西元 1989 年），哈柏太空望遠鏡（西元 1990 年），繪製宇宙微波背景（西元 1992 年）

地球自轉加速

　　我們所居住的地球每天繞自己的旋轉軸一圈。在早期埃及、阿拉伯和印度的天文學家，就已對一天長度做出令人欽佩的準確測定。這個測定早已足夠讓我們了解到：相較於遙遠固定的恆星太陽，我們行星的自轉率約 23 小時 56 分；在每一趟繞行恆星太陽的期間，地球以這樣的速率自轉約 365 又四分之一次。因而推導出各種的具創造性的方式，將閏年加到**儒略曆**裡頭，1582 年**格里曆**重新訂定期間發展出這種近代閏年的方式，終結了儒略曆。

　　在現今數位電腦、全球定位系統衛星和行星際太空探測器的時代，準確記錄時間變得更加重要，包括更精確地記錄地球的自轉率。1950 和 1960 年代，原子鐘開始用在準確地記錄時間。原子鐘的原理，是利用某個元素，例如銫，以其穩定的原子能級躍遷頻率來計算時間。一個稱做協調世界時（UTC）的國際認可計時系統便是根據原子鐘發展出來的，依據近代的技術，目前已可以測量一天的長度精確到近乎百億分之一。

　　但對天文學家和計時者而言，問題在於地球的自轉並非固定不變，來自月球和太陽的潮汐摩擦，每年地球自轉都會有非常些微地變慢，地球表面和內部質量分布的些微改變，也會對行星自轉率造成細微的效應。因此，自從 1972 年，開始利用測量太陽在天空的運動來校準時間，以便維持 UTC 時間的準確。國際地球轉動及參考系統服務處（International Earth Rotation and Reference Systems Service）這個組織，必須不定時增加額外的閏秒到 UTC 時間。

　　從 1972 年到 1998 年，21 閏秒被加入，以維持 UTC 和地球變慢的自轉同步。但在 1999 年，地球些微加速自轉，自此之後，只增加 2 閏秒。為何地球日在 1999 年變短了約百萬分之一秒，原因仍是個謎，地質學家和計時者正持續嘗試了解，到底是什麼原因造成地球的些微變動。

捷克共和國布拉格廣場的天文鐘。在天文研究中，像這樣追蹤小時、分鐘和太陽月球運動的類比式鐘，被準確的數位鐘和國際計時校準系統所取代。

參照條目 埃及天文學（約西元前 2500 年），地球是圓的！（約西元前 500 年），第一台電腦（約西元前 100 年），儒略曆（西元前 45 年），《阿里亞哈塔曆書》（約西元 500 年），早期阿拉伯天文學（約西元 825 年），格里曆（西元 1582 年），潮汐的起源（西元 1686 年），傅科擺（西元 1851 年）

杜林撞擊危險指數

　　儘管證據充足，但數百個陸地撞擊坑的證據早已被地球變動中的地質和水文所侵蝕，我們僅可藉由觀看我們行星同伴（月球）古老且滿布瘡痍的表面，得知過去曾有大量的小行星和彗星撞擊地球。這些高速撞擊事件所釋放出的大量能量，經由地質證據和化石紀錄顯示，撞擊事件偶而會嚴重地改變行星氣候和生物圈。

　　在地球歷史中，撞擊率隨著時間以指數形式遞減，但即使在近代，也並非完全沒有撞擊發生。例如 1908 年的一顆彗星或小行星在西伯利亞上空大氣層爆炸（**通古斯爆炸事件**），以及每年被軍方和民間行星監測衛星監測到大氣層中的數個大火球。

　　因為一般大眾和政治人物對宇宙撞擊危害的關注，小型小行星和彗星的發現率，尤其是近地天體（NEOs）總數在過去數十年已有增加。根據專屬望遠鏡統計，已確認有超過五十萬顆**主帶**小行星以及近乎一千顆近地天體；數百顆近地天體可能對地球的生物造成威脅，因此有了特別的縮寫：PHAs，表示具有潛在威脅的小行星。

　　當具有潛在威脅的小行星發現率增加，更可以清楚發現：沒有一套有系統的或簡單的方式能夠了解和傳達具有潛在威脅的小行星撞擊的風險。的確如此，在這項議題中，存在更多可能的困惑，甚至是毫無根據的恐慌。因此在 1999 年，一群行星天文學家發展了一種被稱作「杜林撞擊危險指數」（Torino Impact Hazard Scale）來量化這些風險，新發現具有潛在威脅的小行星的杜林值從 0（不會撞擊）到 10（可能造成災難性結果的明確撞擊）。

　　大多數具有潛在威脅的小行星的杜林值是 0，約有一打的具有潛在威脅的小行星為非零的數值（大多數在後續觀測降為 0）。至今最高風險紀錄是 **99942 號毀神星**，其初步數值 4（1% 或更高的撞擊機會），預估將會在 2029 年 4 月 13 日最接近地球。而現今 99942 號毀神星的風險已降為 0，但天文學家仍小心地監測中。

行星科學家和藝術家哈特曼描繪一顆滿布撞擊坑洞的黑色近地小行星，正在接近地球，可能類似 99942 號毀神星。

參照條目　主小行星帶（約西元前四十五億年），恐龍滅絕撞擊（約西元前六千五百萬年），亞利桑那撞擊（約西元前五萬年），穀神星（西元 1801 年），灶神星（西元 1807 年），通古斯爆炸（西元 1908 年），小行星可以有衛星（西元 1992 年），舒梅克－李維 9 號彗星撞木星（西元 1994 年），253 號梅西爾德小行星（西元 1997 年），毀神星幾乎未擊中（西元 2029 年）

錢卓 X 射線天文台

1895 年德國物理學家倫琴在高電壓陰極射線管實驗中，發現一種不知名的輻射，他稱之為 X 射線。二十世紀的物理學家終於知道，在實驗室或高能天文物理事件中（例如超新星爆炸），加速的電子可以產生 X 射線。但 X 射線來源的天文研究是限制重重，因為地球大氣層會吸收宇宙事件所產生的大部分 X 射線，所以需要一個在太空中的平台。

1978 年，NASA 發射愛因斯坦 X 射線（以下簡稱愛因斯坦）成像衛星，執行首次高能宇宙 X 射線源的太空觀測。在將近三年中，愛因斯坦 X 射線成像衛星普查了整個天空，研究超新星爆炸的細節和確認新的 X 射線源。愛因斯坦 X 射線成像衛星的成功促使天文學家提出更靈敏、更高解析度的 X 射線太空望遠鏡任務提案。作為 NASA 大天文台計畫的部份，這計畫包括四座太空望遠鏡，可以讓天文學家做出在地面望遠鏡所無法完成的測量。

經過二十多年的努力發展，NASA 先進 X 射線天文物理設備太空望遠鏡於 1999 年發射，以印裔美籍天文物理學家錢卓氏重新命名為錢卓。預期僅操作五年，但錢卓現今已操作超過十二年，獲得的資料包括超新星、脈衝星、伽瑪射線爆、超大質量黑洞、棕矮星以及暗物質。

就像其他的大型望遠鏡——哈柏太空望遠鏡、康卜吞伽瑪射線天文台以及史匹哲太空望遠鏡，錢卓在天文學和天文物理學的一個次領域內有了突破性的大變革，在宇宙中的劇烈且高能的環境打開了一扇軌道望遠鏡之窗。如果沒有錢卓，不可能進行相關的研究。

上圖：畫家筆下的錢卓 X 射線天文台。右圖：哈柏太空望遠鏡（粉紅）和錢卓 X 射線天文台（綠和藍）的超新星殘骸 0509-67.5 合成影像。這是來自大麥哲倫星雲，離我們 160,000 光年的恆星爆炸。

參照條目　看到「白晝星」（西元 1054 年），第谷的「新星」（西元 1572 年），白矮星（西元 1862 年），暗物質（西元 1933 年），黑洞（西元 1965 年），脈衝星（西元 1967 年），哈柏太空望遠鏡（西元 1990 年），伽瑪射線天文學（西元 1991 年），史匹哲太空望遠鏡（西元 2003 年）

木衛三的海洋？

在 1995 年和 2003 年間，NASA 伽利略號木星軌道者執行一項巨行星的大氣層、磁場、衛星和環的大型軌道調查。太空船軌道設計成可以近距離飛掠伽利略衛星木衛一、木衛二、**木衛三**和**木衛四**，調整伽利略號的軌道來監測它們，以便近距離研究它們的表面特徵，也測量質量和重力場。

完成任務後，伽利略號對木衛三做了六次的近距離飛掠，這是太陽系最大的衛星。重力資料顯示木衛三的內部差異甚大：分離成一個岩石金屬緻密核、低密度（可能是冰）的地函和一個外層冰地殼。但飛掠的最大意外收穫，是發現木衛三有自己的磁場，嵌在木星強磁層內。木衛三是已知太陽系內，唯一擁有自己磁場的衛星。

木衛三磁場被認為和地球磁場產生的方式相同：一個自轉、部份熔融的導電鐵核心。在衛星內部的放射性元素衰減，以及來自木衛二和木衛一的萬有引力作用所造成的潮汐加熱，提供熱能來熔融核心。藉由木衛三的磁場，伽利略號科學家能夠認定這顆衛星的地函也是導電的。在似乎冰成份的地函和強內部熱源的情形下，最簡單的解釋是木衛三有一個深層的液態鹽水，也就是一個地表下海洋，約在冰地殼下 125 英里（200 公里）。伽利略號其他類似的觀測，也有證據顯示木衛四可能有地表下的液態海洋，雖然深度沒有很深。木衛三、木衛四以及木衛二的地表下海洋，是否有生命？

雖然引人注目，伽利略號的結果不能證明木衛三或木衛四有海洋（也不能證明**木衛二海洋**），應該要由未來的任務來求證，或許未來的軌道者和登陸者，可以使用雷達探空或深層探鑽才能確認這個推論。

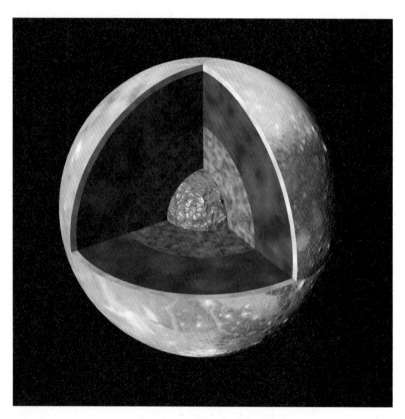

木星最大衛星──木衛三的剖面圖，它顯示假設中的深層地表液態水海洋，位於約月亮大小的岩石金屬核心上層。根據 NASA 伽利略號木星軌道者任務的重力和磁場資料，海洋假定為存在其中。

參照條目　木衛一（西元 1610 年），木衛二（西元 1610 年），木衛三（西元 1610 年），木衛四（西元 1610 年），放射性（西元 1896 年），木星的磁場（西元 1955 年），木星環（西元 1979 年），木衛二的海洋？（西元 1979 年），伽利略號繞行木星（西元 1995 年）

在愛神星的近地小行星會和號

自從發現第一顆已知小行星**穀神星**之後，經過兩個世紀的觀測，促使至今發現超過五十萬顆遍布太陽系的小行星。許多小行星繞行在位於火星和木星之間的**主小行星帶**；許多小行星是在**特洛伊小行星雲**，位於木星軌道前後；還有小行星接近或位於地球運行的軌道上。後者的這類成員為近地小行星（NEAs），被發現約九千顆，當中約有十分之一的小行星大小超過 0.6 英里（1 公里）。

第一顆被發現的近地小行星是 433 號愛神星，由德國天文學家伊特（Gustav Witt）和法國天文學家沙盧瓦（Auguste Charlois）於 1898 年所發現。愛神星正好很靠近地球，事實上，這麼近的距離，得以利用視差來首次直接估計天文單位（AU，地球和太陽的平均距離）。愛神星也是已知最大的近地小行星之一，現今對地球不構成撞擊的威脅，但未來的軌道擾動或許可能讓愛神星具有威脅性。

為了更了解愛神星和近地小行星，NASA 在 1996 年發射了一艘「近地小行星會合號」（Near Earth Asteroid Rendezvous，NEAR）進行自動任務，以一年的時間繞行愛神星，用 CCD 成像和光譜儀近距離研究這顆小行星。在飛掠 253 號梅西爾德星之後，這艘太空船在 2000 年進入愛神星軌道，並被重新命名為「會合號－舒梅克號」，紀念行星地質學家、小行星和彗星搜捕手舒梅克（Eugene M. Shoemaker）。

愛神星是一顆大的近地小行星，約和曼哈頓島相當，擁有岩石般的密度，約每立方公分 2.7 克重，古老的表面滿布撞擊痕跡。從它的顏色和光譜推論，它是由與一般粒隕石相同的古老物質所構成，也是地球和其他行星構建的基石。

在「會合號－舒梅克號」長達一年繪圖任務之後，緩和且低重力地降落在愛神星的表面，如今他的棲息之地成為二十一世紀初行星探索的紀念碑和證據。

近地小行星會合號太空船（上圖）從僅 125 英里（201 公里）的距離拍攝近地小行星 433 號愛神星。小行星約 21 英里（34 公里）長，表面上呈現各種撞擊、地殼構造和侵蝕（崩滑的）的特徵。

參照條目 主小行星帶（約西元前四十五億年），後重轟炸期（約西元前四十一億年），亞利桑那撞擊（約西元前五萬年），穀神星（西元 1801 年），灶神星（西元 1807 年），木星的特洛伊小行星（西元 1906 年），253 號梅西爾德星（西元 1997 年），杜林撞擊危險指數（西元 1999 年），在糸川星的隼鳥號（西元 2005 年），羅賽塔號飛掠司琴星（西元 2010 年）

太陽微中子問題

戴維斯（**Raymond Davis, Jr.**，西元 **1914** 年～西元 **2006** 年）
小柴昌俊（**Masatoshi Koshiba**，西元 **1926** 年生）

　　二十世紀物理標準模型提供了一種理論：藉由基本粒子和作用力的交互作用，將物質和能量連結起來。標準模型的元素包括已為人所熟悉的電子（基本電荷粒子）和光子（基本光粒子）。1933 年發現的中子促成 1956 年微中子的預測和發現，也提出微中子是不具有質量的基本粒子假說。微中子可以光速前進（就像光子），並且依照過程和環境產生三種「味」（稱做電子微中子、緲微中子和陶微中子）。**微中子天文學**改採主動的方式，在無法進入的地方探測高能過程，例如在太陽的內部。

　　大型微中子偵測器在 1960 年代開始運作，以便偵測在太陽或高能宇宙事件當中，例如超新星爆炸所產生難以理解的微中子粒子。標準模型預測在太陽內部，氫變成氦的核融合過程中應該產生電子微中子，這是偵測器可以發現到的。的確，預期的太陽微中子被發現了，但產生率只有模型預測的三分之一，這個「消失」的微中子帶來了粒子物理學家稱之為「太陽微中子問題」（solar neutrino problem）。

　　找到太陽微中子問題的解答，變成物理學家首要的工作，因為如果無法解決這個問題，那麼標準模型可能不是正確的。理論學家開始猜想，微中子是否可以改變本身的味，或者在它們不同的型態間振盪。1990 年代建造新一代更高解析度偵測器進行實驗，以便改善測量的準確度。在 2001 年的新資料

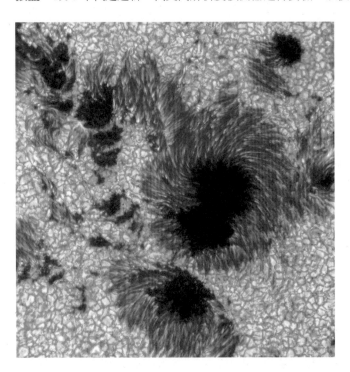

顯示了一項意外：微中子不是沒有質量的粒子，它們似乎有非常小的質量，並且以些微低於光速的速度行進。大部分重要的實驗顯示它們可以在電子、緲和陶三種味之間振盪，太陽內部產生約三分之二的電子微中子，最終會轉換成其他的味。

　　戴維斯和小柴昌俊解決了太陽微中子問題，因而獲頒 2002 年諾貝爾物理獎。更重要的，這帶來了標準模型的關鍵更新，使得標準模型現在可以解釋微中子和其他粒子的振盪。

由智利拉帕爾馬的瑞典太陽望遠鏡所觀測的太陽黑子照片。電磁輻射的光譜和各種不同的基本粒子（例如微中子）在太陽的核融合反應中產生，這裡的場景約是地球直徑的五倍大。

參照條目 看到「白晝星」（西元 1054 年），中子星（西元 1933 年），核融合（西元 1939 年），微中子天文學（西元 1956 年）

宇宙的年齡

威爾金森（David T. Wilkinson，西元 1935 年～西元 2002 年）

　　哈柏太空望遠鏡（HST）猶如一台時光機器，藉由凝視太空的深處，也凝視過往的事件，偵測來自數十億年前的恆星和星系光線。利用標準燭光，例如造父變星或遙遠星系內的特定型態超新星爆炸，天文學家能夠使用哈柏太空望遠鏡更精鍊了哈柏定律，並且推定宇宙膨脹速率。經過十年的觀測，哈柏太空望遠鏡科學家在 2001 年宣布，從他們推導的膨脹率來回溯時光，可以推論大霹靂約發生在一百三十七億年前。

　　於此同時，一艘新的太空衛星升空，被設計來測量來自早期宇宙初始膨脹的宇宙微波背景輻射細節。這台依美國宇宙學家威爾金森命名的威爾金森微波各向異性探測器（Wilkinson Microwave Anisotropy Probe，簡稱 WMAP），可以獲得在 3K（K：克氏溫標）背景輻射中的高解析變化（各向異性）影像。這背景輻射是大霹靂之後前數萬年的宇宙膨脹遺跡，剛開始的時間稱作黑暗時期（dark ages），是第一顆恆星誕生之前。令人驚訝地，不管是哈柏太空望遠鏡或其他方式，威爾金森微波各向異性探測器資料得到估計的宇宙年齡也是一百三十七億年。

　　藉由整合哈柏太空望遠鏡、威爾金森微波各向異性探測器和其他研究的資料，宇宙學家今日宣稱大霹靂發生在 137.5±1.1 億年前，如此驚人的準確程度！大霹靂學說架構了宇宙學的標準模型，氫、氦和一些其他的輕元素在大霹靂時產生，成為生命建構基石的較重元素，在隨後的恆星和超新星爆炸中產生。現今知道爆炸、快速暴脹、去離子化、重離子化、慢膨脹和加速膨脹都是宇宙學家在了解宇宙中的關鍵里程碑。

　　了解大霹靂何時發生引起了更多疑問，大霹靂為什麼會發生？在時空產生之前是什麼？它如何終結？這些深層疑問將近代科學研究的範圍推往無窮的邊界。

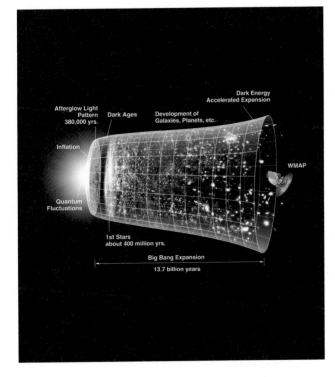

來自威爾金森微波各向異性探測器資料的宇宙標準模型示意圖，回溯一百三十七億年前的大霹靂。在短暫的暴脹之後，緊接著宇宙逐漸膨脹，現今開始加速膨脹，很可能肇因於暗能量的效應。

參照條目　大霹靂（約西元前一百三十七億年），復合紀元（約西元前一百三十七億年），第一顆恆星（約西元前一百三十五億年），哈柏定律（西元 1929 年），宇宙微波背景（西元 1964 年），哈柏太空望遠鏡（西元 1990 年），繪製宇宙微波背景（西元 1992 年），暗能量（西元 1998 年），宇宙將如何結束？（時間終結）

創世紀號捕捉太陽風

就像所有的恆星一樣，太陽的動力來自於一種動態平衡，一種大量質量集中的萬有引力收縮，和發生內部深層劇烈核融合反應的向外壓力之間的平衡。從太陽逃離的輻射提供了行星的熱與光，但極高能量的粒子也從太陽光球層（實際上是太陽的表面）和色球層（大氣層）離開，並以很高的速度噴出、進入行星際空間，這股粒子被稱為太陽風。

1995 年歐洲太空組織（ESA）和 NASA 合作發射一架稱做太陽及太陽圈天文台（Solar and Heliospheric Observatory，SOHO），專門設計高解析紫外線成像和光譜儀來研究太陽，包括太陽風的動態環境，太陽及太陽圈天文台持續提供我們太陽驚人的動態縮時影片。

太陽天文學家探索太陽及太陽圈天文台的太陽風和其他研究，進而對特定太空任務產生了極大的興趣，這任務嘗試收集一些廣布的太陽片段。行星科學家也對太陽的成分感興趣，這些成分代表了太陽系質量的 99.9%，並且是行星形成的起始成分來源。對太陽成分的興趣，促成了 NASA 一項名為「創世紀號」（Genesis）的任務，太空船在 2001 年升空到一個繞行地球的重力拉格朗日點（L1）的循環軌道上。這個位置讓一個特別設計的回收樣本容器，得以暴露在太陽風粒子下，一直到 2004 年初。

由於重返大氣層的降落傘失效，這個容器在 2004 年墜毀在猶他沙漠。許多創世紀號的樣本仍原封不動地保留下來，並被地質化學家和太陽天文學家熱切地研究著。來自三種太陽風型態（快速、慢速和日冕物質噴發）的粒子被收集和分析，其結果提供了有關太陽成分的重要新資料，有些甚至令人感到意外，這都協助我們更仔細了解太陽和其他恆星內部進行的過程。

2002 年 2 月太陽及太陽圈天文台人造衛星所拍攝，一個來自太陽的巨型日冕物質噴發。數十億噸物質從太陽噴發出來的大量巨型日冕物質，所產生的太陽風經過行星時，會與行星產生交互作用，太陽風的樣本被創世紀號太空船所收集（上圖）。

參照條目 太陽的誕生（約西元前四十六億年），拉格朗日點（西元 1772 年），愛丁頓的質光關係（西元 1924 年），核融合（西元 1939 年）

史匹哲太空望遠鏡

　　星系、恆星、行星、衛星、小行星、彗星和宇宙塵埃粒都會根據溫度、成分和環境發射熱紅外能量。最近幾十年，天文學家已經使用靈敏的新式紅外偵測器研究來自這些天體的熱能量。主要的進展來自 1983 年的紅外線天文衛星（IRAS）的升空，執行宇宙天體的首次紅外熱能量全天際普查；接著是 1995 年發射的紅外線太空天文台（ISO）衛星，使用更高解析度成像和光譜儀接續紅外線天文衛星的發現，直到 1998 年初。紅外線天文衛星和紅外線太空天文台對拱星盤和行星形成過程、恆星形成和星系演化做出重要的發現。

　　由於這些發現的啟發，NASA 特別設計第四架且最新一架大天文台衛星，作為紅外線天文衛星／紅外線太空天文台的後續任務，剛開始稱為太空紅外線望遠鏡設備，後來是以美國天文學家、太空望遠鏡長期推動者史匹哲（Lyman Spitzer），命名為史匹哲太空望遠鏡。史匹哲太空望遠鏡在 2003 年升空，停在一個日心軌道上，該軌道既離地球夠近到允許頻繁且高頻寬通訊，但又夠遠到足以避免來自地球熱背景特徵的干擾。

　　史匹哲太空望遠鏡使用液態氦來冷卻儀器到絕對溫度 4 度，使得儀器對非常微弱的宇宙熱能量來源能夠超級靈敏。天文學家利用這種功能來看穿在紅外線場的光學厚（optically thick）星塵，以研究像是獵戶星雲的恆星形成區。在研究類星體、星系、原行星盤、熱年輕恆星、系外行星和我們的太陽系時，也都有重要的發現。望遠鏡的補充氦在 2009 年用盡，但史匹哲太空望遠鏡持續對許多紅外線源做較不靈敏的特定測量，預計還能運作數年之久。

上圖：NASA 史匹哲太空望遠鏡（藝術家概念圖）所拍攝的紅外線假色合成照片。右圖：在獵戶座星雲（一個稱做獵戶座四邊形的區域）中心的恆星形成區，和一張鄰近的 2 微米全天際普查背景照片合併在一起。

參照條目 恆星顏色＝恆星溫度（西元 1893 年），拱星盤（西元 1984 年），哈柏太空望遠鏡（西元 1990 年），伽瑪射線天文學（西元 1991 年），圍繞其他太陽的行星（西元 1995 年），錢卓 X 射線天文台（西元 1999 年）

火星上的精神號和機會號

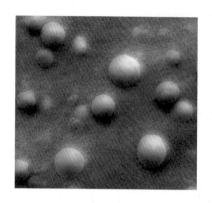

參與水手號和維京號任務的科學家，在超過三十年的火星成功繞行和登陸勘查之後，繪製出這顆紅色行星過去令人讚嘆的氣候變遷樣貌。就我們所知，今日的火星表面對生命來說是非常地乾冷，並不適合居住。但就像這些任務所顯示的，古老的火星看起來曾經是溫暖、潮濕，並且可能是類似地球的地方。如果是這樣的話，早期火星（在它形成後的頭十億年）可能曾是一個適合居住的環境。就像我們自己的行星，可以有繁茂的生命。

行星科學家不僅想要得到早期火星可能適居的照片證據，還要有量化的地質、地質化學和礦物學的測量，來提供確鑿的證據。從 1997 年火星拓荒者號任務得到的經驗，證明了在較遠的位置，使用機器人進行地質野外工作的機動性的價值，進而著手選擇更長程的漫遊者任務。因為 1999 年兩次失敗的火星任務，NASA 決定降低風險：原本只有一架漫遊者，但在 2003 年改為一次發射雙胞胎的漫遊者，名為精神號（Spirit）和機會號（Opportunity）。

兩架漫遊者在 2004 年初安全登陸，在行星的相反兩側，開始它們個別的探險：精神號在一個古老的古瑟夫撞擊坑，這裡可能曾經有一座湖泊；而機會號在滿布撞擊坑的子午線高原，**火星全球探勘者號**的資料顯示這地區有水成礦物。精神號經過數年漫遊古瑟夫撞擊坑，任務科學家發現在一個古老的熱水系統有含水礦物的證據，這提供了在古瑟夫曾有適居能力的確切證據。在子午線高原，小組很快地找到含水礦物，也提供了該區曾有適居能力的決定性證據的地質線索。精神號是在 2010 年初送出最後的資料，但機會號在 2012 年中仍持續提供新發現。

電腦繪製的 NASA 火星漫遊者機會號，放在機會號泛攝影（Pancam）真實拍攝到的撞擊坑精細層岩的馬賽克圖上。這些岩石含有古老液態水的證據，包括稱做結核（concretion）的毫米尺寸、富鐵的球體（上圖）。

參照條目 火星（約西元前四十五億年），火星和它的運河（西元 1906 年），第一批火星軌道者（西元 1971 年），火星上的維京號（西元 1976 年），火星上的第一架漫遊者（西元 1997 年），火星全球探勘者號（西元 1997 年），火星上的生命？（西元 1996 年），火星科學實驗室好奇號（西元 2012 年），火星上的第一批人類？（～西元 2035 年至西元 2050 年）

卡西尼號探索土星

經過幾個世紀望遠鏡的觀測，以及先鋒 11 號、探險家 1 和 2 號的成功飛掠，顯示土星擁有與其他巨型星非常相似但也相異之處，土星是令人驚奇又具科學興趣的探索目標。隨著長期飛掠、繞行、登陸、漫遊和回收取樣的行星探索，NASA 於 1980 年代開始計畫一個專門的土星軌道者任務。行政機構終於在 1990 年代獲得國會的批准（以及經費），並在 1997 年發射一個聯合美國與歐洲的太空船，以義大利裔法國數學家和天文學家卡西尼（Giovanni Cassini），命名為卡西尼號，卡西尼曾對土星、其光環和衛星做出一些早期的科學觀測。

在金星、地球和木星的重力協助飛掠之後，卡西尼號最後在 2004 年進入土星軌道。之後，軌道者號就傳回驚人的照片（可見光、紅外線和雷達波）以及光譜測量，任務科學家因此有了許多重要的發現。當中發現了七顆新的衛星，還發現某些衛星會產生奇特的三維尾流（wake），以及土星數千條個別光環之間的構造；另外還發現來自小衛星土衛二地表下噴發水蒸氣的活躍間歇泉以及有機分子；第一次土衛九的近照；一顆可能是被引力捕獲而來的半人馬小行星；土衛六薄霧遮蔽表面精細的紅外線和雷達影像以及製圖，並發現其表面有液態甲烷、乙烷或丙烷湖泊；以及土星大氣層和磁場最精細的成份和動力學研究。

卡西尼號也攜帶並成功部屬一架名為惠更斯的探測器，於 2005 年登陸土衛六表面，成為第一次成功抵達外太陽系天體表面的任務。預計卡西尼號軌道者會持續仔細地研究土星系統，最少到 2017 年。

來自 2005 年 NASA 卡西尼任務的壯觀照片。當時太空船（在繪圖的左邊）正穿越土星光環的平面，光環非常薄，以至於從側面看過去，幾乎完全消失不見，但它們的影子清楚地印在土星的雲層上。

參照條目　土星（約西元前四十五億年），土衛六（西元 1655 年），土星有環（西元 1659 年），土衛八（西元 1671 年），土衛五（西元 1672 年），土衛三（西元 1684 年），土衛四（西元 1684 年），土衛二（西元 1789 年），土衛一（西元 1789 年），土衛九（西元 1899 年），抵達土星的先鋒 11 號（西元 1979 年），探險家號遇上土星（西元 1980、1981 年），惠更斯號登陸土衛六（西元 2005 年）

星塵號遇上維爾特 2 號彗星

惠普爾（**Fred Whipple**，西元 1906 年～西元 2004 年）

目擊在夜空中的彗星是非常壯觀的，包括在歷史上多次出現的哈雷彗星，以及出現一次的大彗星，還有 1996 年的百武 2 號彗星和 1997 年的海爾—波普。但大部分彗星的壯觀展現是來自於反射的太陽光，或者來自它們尾部的氣體發射。我們對彗星的冰狀岩石核心了解甚少，直到歐洲喬托號太空船在 1986 年飛掠哈雷彗星，證實了美國天文學家惠普爾有關彗核是一個又小又不規則的髒雪球的想法。

　　彗星軌道和起源（一些來自古柏帶，一些來自歐特雲，還有一些是行經行星軌道交互作用或是偶而撞擊行星所產生的，例如舒梅克—李維 9 號），刺激了行星科學家提議更多自動化任務來研究彗星。於是在 1999 年，NASA 星塵號任務發射升空，不僅近距離飛過維爾特 2 號彗星（Wild-2）的核心，也收集了來自彗尾的塵埃和氣體樣本，並放在一個特製的容器送返地球。

　　星塵號任務非常成功，2004 年元月飛掠過維爾特 2 號的影像，顯示了一顆小型、蓬鬆狀、結冰（密度少於每立公分 0.6 克）的圓球核心噴出氣體和塵埃噴流，並且被模糊的圓形凹陷和隆起所覆蓋。樣本容器在 2006 年安全地著陸地球，當打開後發現充滿了數以百萬計的微米和毫米大小的彗星塵埃粒，還有一些星際塵埃粒被收集在另一個實驗。這些彗星塵埃的分析顯示，不僅含有預期中的水冰和矽酸鹽礦物，還有各種不同的有機分子，有一些類似在早期默奇森隕石內的簡單有機物，其他則有相較於一些有機分子更加複雜的碳氫化合物鏈。彗星似乎對生命的化學研究是重要的貢獻者。

2004 年元月 2 日 NASA 星塵號太空船（上圖）拍攝的維爾特 2 號的核心。這個冰狀核心約 2.5 英里（4 公里）寬，並且被謎樣的圓形特徵所覆蓋，可能是撞擊坑或凹陷，內部的冰狀噴流從此處流出。

參照條目 冥王星和古柏帶（約西元前四十五億年），哈雷彗星（西元 1682 年），恩克彗星（西元 1795 年），米切爾小姐彗星（西元 1847 年），奧匹克—歐特雲（西元 1932 年），默奇森隕石內的有機分子（西元 1970 年），古柏帶天體（西元 1992 年），海爾—波普大彗星（西元 1997 年），深度撞擊號：坦普爾 1 號彗星（西元 2005 年）

深度撞擊號：坦普爾 1 號彗星

喬托號在 1986 年飛掠哈雷彗星，或是星塵號在 2004 年飛掠維爾特 2 號的太空任務，都顯示彗星核是很小的冰狀物體。而它們也是非常暗的物體，通常只反射打在它們體表上的 3～5% 太陽光（就像煤炭一樣暗），冰狀物體是如此地暗，似乎令人存疑。但其原因是冰被太陽的熱所蒸發，留下的石塊和有機顆粒，使得表面呈現黑暗。撞擊或潮汐力可以砸開它們，讓新鮮的冰從裂縫中逸出。

如果任務科學家在 1999 年向 NASA 提出的彗星表面模型是正確的，那應該可以設計一項任務，製造強力足夠的撞擊，在彗星表面上打出一個洞，並且揭露彗星原始的冰狀物質以供研究。NASA 接受這個大膽的點子，深度撞擊任務攜帶一個 815 磅（370 公斤）的可拋射銅製探測器，於 2005 年初發射，朝向坦普爾 1 號彗星（Tempel-1）。

當深度撞擊號（Deep Impact）接近坦普爾 1 號彗星時，拍攝彗星核顯示它的確是一個不規則的暗物體，尺寸約 5×3 英里，或 8×5 公里，有著意想不到的複雜地質地形，包括可能的撞擊坑和奇特層狀岩層裂片。太空船在 2005 年 7 月 4 日釋放了撞擊者進行登陸，此次撞擊的結果造成驚人的宇宙火花。這個拋射體貫穿地殼，進入彗星的地表，釋放出大量的冰和塵埃（包括黏土、碳酸鹽和矽酸鹽）。深度撞擊號太空船的影像顯示，一道驚人的閃光以及一朵巨大的殘骸雲，因而無法看見撞擊坑。飛掠資料的後續分析顯示坦普爾 1 號彗星的密度低（每立方公分 0.6 克），表示相當多孔且內部為冰狀成份。

NASA 的星塵號太空船在 2006 年完成維爾特 2 號的樣本回收任務後，被重新導航。並於 2011 年 2 月近距離飛掠坦普爾 1 號彗星，星塵號成功地拍攝到六年前被深度撞擊探測器撞擊出的直徑 500 英尺（150 公尺）撞擊坑影像。

深度撞擊太空船的撞擊探測器，以每小時 23,000 英里（每秒 10 公里）的速度猛烈撞擊坦普爾 1 號彗星之後約 67 秒，從其核心發出衝擊波的炫目光線，碰撞使得冰和塵埃矽酸岩礦物從彗星地表下被挖掘出來。

參照
條目　冥王星和古柏帶（約西元前四十五億年），哈雷彗星（西元 1682 年），奧匹克－歐特雲（西元 1932 年），默奇森隕石內的有機分子（西元 1970 年），古柏帶天體（西元 1992 年），海爾－波普大彗星（西元 1997 年），星塵號遇上維爾特 2 號彗星（西元 2004 年）

惠更斯號登陸土衛六

土星的衛星土衛六是太陽系第二大的衛星（比水星還大），並且是唯一擁有厚實大氣層的衛星。當探險家號在 1980 和 1981 年飛掠土星時，期望可以在表面看到有趣的地形，但土衛六被很厚的濃霧層所遮蔽，遮蔽了探險家號可見光望遠鏡相機的視線。光譜資料的確顯示，土衛六的大氣層大部分由氮氣和少量的甲烷所構成，因此表面壓力比地球海平面氣壓高 50%，但溫度僅約絕對零度 90 度。

對於土衛六的大部分了解，是來自探險家號的資料以及後續的望遠鏡觀測，但仍有很多未知。於是卡西尼號土星軌道者的專屬土衛六探索載具便肩負了這樣的任務。當卡西尼號在 1997 年發射升空，攜帶了土衛六登陸者，稱做惠更斯號。它是以發現土衛六的丹麥天文學家惠更斯（Christiaan Huygens）來命名。

惠更斯號於 2005 年 1 月 14 日成功地利用大氣摩擦來減速，以及降落傘輔助登陸，成為第一艘登上外行星表面的登陸者。在下降途中，探測器獲得類似河流的水道系統、海岸線、暗平原的驚人照片，這些曾被解釋成液態乙烷、甲烷或丙烷的湖泊。這艘登陸者在地表運作了大約九十分鐘，為奇特的景色拍照，並測量氣壓、溫度和化學性質。

來自惠更斯號的土衛六表面照片，某些部分類似火星表面，而某些部分也類似地球表面。但當中有一些基本上的差別，例如影像中的岩石不是由矽酸鹽所構成，似乎是大量的水或碳氫化合物冰（就像處在極低溫的岩石）。雖然地形是意外地相似，但土衛六的河流水道和海岸線並非由液態水所刻畫出來，而是由液態碳氫化合物造成的。

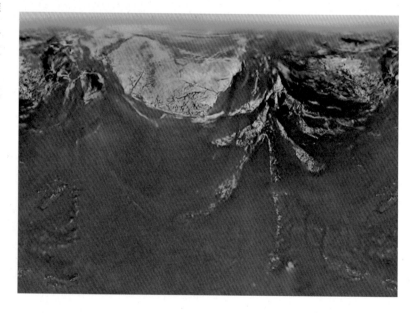

上圖：藝術家繪製、從惠更斯號探測器探知土衛六上 4 到 8 英尺（10 到 20 公分）的「岩石」，這是由水和碳氫化合物冰組成的卵石，在液態碳氫化合物湖泊或河流中，因長期沖刷被磨圓。
右圖：從高度 6 英里（10 公里）的探測器看土衛六的一張平坦（麥卡托式）投影。

參照條目　土衛六（西元 1655 年），默奇森隕石內的有機分子（西元 1970 年），探險家號遇上土星（西元 1980、1981 年），卡西尼號探索土星（西元 2004 年）

在糸川星的隼鳥號

　　地球未來可能會被小行星或彗星撞擊，這代表了一種對全人類的威脅。研究小天體和了解它相關的軌道和特性，需要國際共同合作。在二十世紀末和二十一世紀初間，美國、歐洲和俄國太空組織，前往哈雷、包瑞利、維爾特 2 號和坦普爾 1 號彗星，以及小行星 951、愛神星、梅西爾德星、愛神星和司琴星的太空任務，大大增加我們對公里大小（或數十公里大小）天體的了解。但一直到日本的隼鳥號太空船任務，才仔細研究真正微小的小行星。

　　隼鳥號（Hayabusa）是日本宇宙航空研究開發機構（JAXA）的第一個小行星任務，並且是第一次嘗試從小行星自動回收樣本。2003 年發射，隼鳥號使用最新的離子推動引擎以便和緩地跟上軌道，前往一顆小型、最新發現的近地小行星，名為糸川 25143（25143 Itokawa）。

　　在 2005 年 9 月，太空船開始與糸川星會合（這顆小行星的萬有引力太弱，無法讓太空船繞著它運行），發現原來糸川星是一顆灰色、長條形的岩石物體，僅約 1,750 英尺（535 公尺）長。大卵石和不尋常的平坦區域，覆蓋在凹凸不平的小世界表面。二個月後，隼鳥號被導引到更接近這顆小行星，並和緩地著陸，釋放一架小型漫遊者，收集一些表面土壤和岩石樣本，然後回收一個樣本容器到地球。一點都沒問題，是吧？

　　實際上，當中有許多問題，隼鳥號短暫著陸小行星，但漫遊者的部署失敗。太空船在確認已經收集好樣本之前，已經上升而失去與地表的控制，當重獲控制的時候，已經太晚而無法再次嘗試，樣本容器必須發射升空，在不知道是否採集妥樣本的情形下返回地球。

　　樣本容器在 2010 年 6 月以降落傘安全著陸在澳洲。在之後數週密集、小心地解開和測試後，科學家很高興地在裡頭發現約一千五百顆糸川星的小塵埃粒，化學性質與一些原始小行星相符，隼鳥號是成功了！

2005 年 9 月，日本宇宙航空研究開發機構的隼鳥號太空船，拍攝近地小行星 25143 糸川。糸川是一顆小型凹凸不平的矽酸鹽岩石，只有 1,750 英尺（535 公尺）長，或約六個紐約市街區的長度。

 參照條目 主小行星帶（約西元前四十五億年），月球自動取樣返回（西元 1970 年），杜林撞擊危險指數（西元 1999 年），在愛神星的近地小行星會和號（西元 2000 年）

守護衛星

1659 年，惠更斯認出一個繞著土星的「薄且平的環」；接著 1675 年卡西尼在環當中發現一道暗裂縫，因此了解它們一定是一系列狹窄的分立環。後續的望遠鏡仔細研究，尤其是來自先鋒 11 號、探險家 1 和 2 號和卡西尼號探測器的太空船研究，顯示土星是被數千條分立的環所圍繞，每一條環是由大小不等的冰塊所構成。

天文學家努力解決許多有關土星美麗環系統的深層疑問，它們是年輕呢？還是古老？它們如何形成？如何控制這些數以百萬計的分立「小衛星」待在如此明確的特定軌道上？最後一個問題的重要線索來自 1990 年的發現，在 1981 年探險家 2 號土星飛掠時所拍的影像中，找到一顆直徑 19 英里（30 公里）的衛星在環內的恩克環縫（Encke gap）內行進。這顆衛星的萬有引力讓這環縫清晰，並且限制（或稱「守護」）周圍環粒子的邊界。依照希臘神話人物，它被適當地稱為牧羊神（Pan）。

2005 年卡西尼號任務小組成員發現另一顆小守護衛星，它是嵌在 A 環，最外的一條大型且明亮的環，並依希臘神話，被稱作達芙妮（Daphnis）。達芙妮只有約 5 英里（8 公里）寬，但它通過其他環粒子時，其萬有引力效應在 A 環上產生三維尾流（像池塘中的漣漪）和其他結構。另兩顆小衛星，土衛十六和土衛十七也被認為守護著土星最外層薄 F 環。

我們還是不確定土星環是如何形成的，以及它們的形成時間。但卡西尼號的照片顯示它們仍是美麗、生動、持續改變中的大自然實驗室，得以研究太陽系最小天體間複雜的萬有引力交互作用。

上圖：小守護衛星牧羊神在環上製造的三維尾流結構。右圖：NASA 卡西尼號土星軌道者拍攝的土星環，顯示了嵌在當中的守護衛星牧羊神（在靠近中心的寬恩克環縫），協助限制環的軌道。

參照條目　土星（約西元前四十五億年），土星有環（西元 1659 年），抵達土星的先鋒 11 號（西元 1979 年），探險家號遇上土星（西元 1980、1981 年），卡西尼號探索土星（西元 2004 年）

冥王星降級

當**冥王星**在 1930 年被發現的時候，被認定為太陽系第九顆行星，其誤認的部份原因，在於錯以為它和地球差不多大。後續數十年的觀測以及冥衛一的發現，逐漸了解到冥王星是一個小世界，直徑約只有地球的 20%，質量則少於地球的 1%。但由於數十年來的怠惰，和無數教科書宣傳冥王星是太陽系邊緣又冷又寂寞的天體，使得冥王星普遍被認定是一顆發展完全的行星狀態。

但在 1990 年代，已經清楚知道，太陽系的盡頭並非是冥王星，還有已知的長週期彗星的星族（似乎源自於**歐特雲**）。現今已發現超過一千顆**古柏帶天體**（KBOs）繞過海王星的軌道，並且預期還有數十到數十萬顆有待被發現，當中有許多和冥王星差不多一樣大，或者更大。

如果冥王星是一顆行星，那麼如冥王星大小的天體還有更多，可能大量增加太陽系內的行星數量，這將造成天文學家的錯愕，並且迫使全世界有關主管機構國際天文聯合會（IAU）重新思考冥王星大小的天體分類。2006 年，IAU 正式決定將冥王星和其他大古柏帶天體從行星行列降級成新的一種天體——矮行星（dwarf planet）。承認這種新發現的小天體類型的重要性，但又要和傳統行星有所區分，傳統行星對其周遭有更明顯的影響。

冥王星的降級造成一般大眾的強烈反對，甚至有許多天文學家和行星科學家對什麼才是行星的正式定義，仍有疑惑和嚴重的歧異。對許多人來說，任何天體大到足以在自身的萬有引力作用變成近乎圓球狀，或內部有活躍的過程可以將之區分成核心、地函和地殼，都可以當成行星。那為什麼大衛星，如木衛三、木衛六和木衛二（和水星相當，或者更大）不能重新被歸類成行星？今日，有關我們太陽系有八顆已知行星，或四十顆行星，或更多行星的爭論仍持續激烈進行。

Largest known Kuiper Belt objects

Dysnomia
Eris

Hydra
Charon
Nix
Pluto

Makemake

Namaka
Hi'iaka
Haumea

Sedna

Quaoar

藝術家筆下一些已知最大的古柏帶天體，與下方的地球作為比較。許多這樣的矮行星擁有衛星，包括第一顆已知的矮行星——冥王星（母行星到衛星的距離並沒有依照實際比例）。

參照條目 冥王星和古柏帶（約西元前四十五億年），發現冥王星（西元 1930 年），奧匹克－歐特雲（西元 1932 年），冥衛一（西元 1978 年），古柏帶天體（西元 1992 年），揭露冥王星！（西元 2015 年）

適合居住的超級地球？

發現繞行其他恆星的行星，讓我們對鄰近天體可能有其他類似地球的世界，感到興奮與期待。但在一顆奇特的高能脈衝星超新星殘骸旁邊，發現第一批系外行星，以及大部分主序星旁邊發現的行星，屬於熱木星（hot Jupiters，一種非常近距離繞行它們母星的大質量氣體巨星世界），這些發現使得尋找類似地球的期待落空。最近發現更多被稱作「超級地球」的行星（約地球的數倍至 10～15 倍大），但同樣地，大多數都仍非常靠近它們的母星。

但在 2007 年，發現兩顆可能適居的超級地球繞行葛利斯 581 星。它們是繞行葛利斯 581 星六顆行星當中的兩顆，被稱作葛利斯 581 c 和 d。根據其母星徑向速度變化，現推論約 5～10 倍地球質量。更重要的是，這兩顆行星繞行在葛利斯 581 的適居帶，距離恆星讓一顆類地球行星可以在表面保有液態水的範圍內。而在我們的太陽系中，適居帶是從金星延伸到火星。

當然，這不保證像葛利斯 581 c 和 d 的行星，或其他被發現繞行在它們母星適居帶內的行星，是真正適居（或曾經適居）。適居帶的概念，僅認知到我們所知生命若要形成或持續時所需要的液態水。如果這些天體浸淫在來自強烈太陽閃焰的致命輻射中，受到與它們恆星或其他行星的潮汐交互作用而被加熱到熔點，或者所有的水都結成冰，那可能就不適合居住。此外，以我們自己的太陽系為例，木衛二、土衛六和土衛二顯示，它們可能是適居的天體。因為如果有其他熱源出現，有助於在表面或地表以下維持液態水，但它們卻不在傳統的適居帶內。至今我們僅知道一顆適合生命的完美行星，就是我們的地球，許多天文學家期待很快就有地球 2.0，或類似的行星被發現。

藝術家筆下繞行紅矮星葛利斯 581 的行星系統。該系統包括最少三顆超級地球行星，質量約 5～15 倍地球質量，兩顆可能繞行在所謂的適居帶內。

參照條目　地球（約西元前四十五億年），木衛二（西元 1610 年），土衛六（西元 1655 年），土衛二（西元 1789 年），木衛二的海洋？（西元 1979 年），第一批系外行星（西元 1992 年），繞行其他太陽的行星（西元 1995 年），火星上的生命？（西元 1996 年），木衛三的海洋？（西元 2000 年），惠更斯號登陸土衛六（西元 2005 年）

哈尼天體

　　宇宙中充滿了星系。可見宇宙內估計可能有一億個星系，當中有許多可能是**螺旋星系**，就像我們的**銀河**一樣；但有許多屬於其他分類，例如**橢圓星系**或不規則外型。使用自動化望遠鏡的大尺度天文普查，現今已取得數千萬個星系的數位影像，但沒有足夠的天文學家來分析和分類這些星系。2007年，為呼應和利用網際網路的全球特性與能力，一群來自不同研究單位的天文研究人員創立了「星系動物園」（Galaxy Zoo）。這是一種線上計畫，徵求全世界的自願者，針對普查資料庫內迅速增長的星系協助分類。「星系動物園」是啟發自 NASA 星塵任務 2006 Stardust@home 的網路公民科學（citizen science）計畫，在樣本回收物質的照片中辨識出彗星塵埃。

　　計畫啟動之後不久即有新發現，當時荷蘭學校老師和業餘天文學家阿科爾（Hanny van Arkel）在靠近螺旋星系 IC 2497 的一幅影像中，注意到奇特的一束結構。藉由專業天文學家的後續測量顯示，這個結構很巨大、比銀河系還大，並且約和 IC 2497 一樣遠（距離約六億五千萬光年）。它不是一個分子雲或超新星殘骸，也不像任何一個已知的天體。這個天體被命名為「哈尼天體」（Hanny's Voorwerp），Voorwerp 的荷蘭語是「物體」的意思。

　　天文學家仍在嘗試了解這個天體，有些假說認為它是來自瓦解星系的殘骸，被一顆現今已經死亡的**類星體**的輻射而游離化；其他假說則認為 IC 2497 中心的一個黑洞可能以輻射束射入周圍的氣體。

　　不管何種解釋，哈尼天體是網路公民科學威力的第一個成果。現今星系動物園和其他天文相關計畫招募了數萬名受過訓練的熱心自願者，參與超新星、系外行星、太陽氣候和行星撞擊坑等計畫，這些計畫現在屬於一個稱為「宇宙動物園」（Zooniverse）的網路公民科學線上入口網站，大家一起加入參與吧！

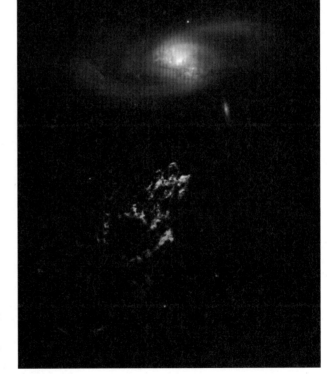

2010 年 4 月，哈柏太空望遠鏡合成的哈尼天體彩色影像。圖片上方的螺旋星系 IC 2497 下方，可以看到綠色的束狀結構，這個謎樣的天體是由線上網路公民科學家所發現的。

参照
條目　銀河（約西元前一百三十三億年），橢圓星系（西元 1936 年），螺旋星系（西元 1959 年），類星體（西元 1963年），星塵號遇上維爾特 2 號彗星（西元 2004 年）

克卜勒號任務

在二十一世紀交接之際，天文學家偵測系外行星的技術已臻成熟並開始測試。最常見的搜尋方法——徑向速度普查是對靠近母星運轉的大型（例如木星大小）行星最為有效。的確，在最初的發現中，這種系外行星（似乎不適合居留）最為普遍。其他方法可以確認較小、甚至是地球大小的行星繞行其他恆星。但有一些方法，例如脈衝星測量和重力透鏡，比較適用非適居的特異環境，不然就是單一事件，所以無法對偵測到的行星做進一步的特徵描繪。

在恆星鄰近範圍偵測地球尺寸的行星，需要一些運氣：如果幾何排列位置恰當，這類行星將會從它們的母星前方通過、或遮掩，使得這些恆星的光線些微變暗，卻又是可以偵測出來，並且是以可預期、週期的方式發生。以這種方式來尋找地球尺寸的天體是 NASA 克卜勒號任務的目標，這是為了紀念文藝復興時期天文學家克卜勒，他是基礎行星運動定律的發現者。

克卜勒號人造衛星是在 2009 年發射進入尾隨地球（Earth-trailing）的太陽系軌道，執行一項簡單的任務：以三年半時間注視 145,000 顆鄰近主序星，並監控它們的光線，以便搜尋週期性行星凌（planetary transit）。克卜勒號的 42 台電荷耦合元件（CCD）偵測器，構成一個發射到太空中最大的相機（九千五百萬畫素），靈敏度足以偵測星光 0.004% 的變化，或兩萬五千分之一的變化。

克卜勒號任務的初期結果令人興奮。在起初六個月當中，超過一千兩百顆可能的行星繞行約一千顆恆星，當中有許多是熱木星，處在快速且很靠近母星的軌道；不過有超過五十顆可能是地球大小的行星，處在它們母星的適居帶內。直到 2012 年中，發現可能掩行星的數量增加到接近兩千五百顆，後續的地面望遠鏡觀測是需要的，來確認類似我們地球的其他鄰近世界。

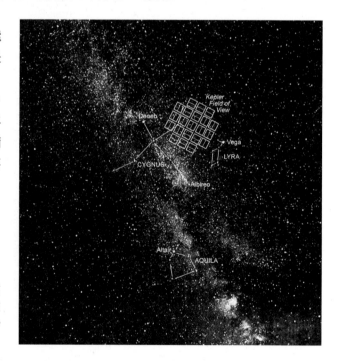

上圖：繞行克卜勒 11 號行星的藝術家繪製圖，六顆行星遮掩這顆類似太陽的恆星。右圖：一幅全天圖顯示 NASA 克卜勒號任務的視野，是在北半球天鵝座內，四方格代表不同的數位 CCD 偵測視野

參照
條目　天文學數位化（西元 1969 年），第一批系外行星（西元 1992 年），繞行其他太陽的行星（西元 1995 年），適合居住的超級地球？（西元 2007 年）

紅外線天文學平流層天文台

天文學家喜歡在又高又孤立的山頭上建造望遠鏡，為了遠離城市光線，並且盡可能位在地球大氣層的上方。煙、煙霧、霾、水氣和氣膠會遮蔽到達地表的光線，或者污染了宇宙的光譜測量，限制了在地面執行的科學觀測品質。將望遠鏡放到太空（例如**哈柏太空望遠鏡**，或史匹哲紅外線天文台）是很好的選項，但這些計畫費時數十年才能完成，並且花費數億或數十億美金來建造。

有一種方式可以獲得太空觀測平台的好處，又無需太多花費或技術障礙。NASA 在 1965 年左右發展一種空運天文計畫，最初他們使用康維爾（Convair）和里爾噴射機（Learjet）飛行器，攜帶小型望遠鏡到商業飛行器高度。然後從 1975 年開始，他們使用古柏機載天文台（Kuiper Airborne Observatory，KAO），一種改造的 C-141A 噴射機，攜帶 36 英寸（91 公分）望遠鏡，從高度 48,000 英尺觀測天體。透過古柏機載天文台，主要的科學進展得以實現，包括**天王星環**以及冥王星上薄大氣層的發現。古柏機載天文台在 1995 年除役，因此 NASA 為機載天文學建造更大型、更具威力的平流層天文台（Straitospheric Observatory for Airborne Astronomy），或稱做 SOFIA，一種改造的 747 飛行器，攜帶強大的 100 英寸（2.5 公尺）反射望遠鏡。

剛開始遇到一些技術和花費過高的惱人阻擾（駕駛一架挖了個洞的 747 並不簡單），SOFIA 終於在 2010 年開始了初步的科學性飛行，在 41,000 英尺（12,500 公尺）的高度飛行。SOFIA 就像古柏機載天文台一樣，可以到達地球大氣層所有水氣的上頭，比地表望遠鏡可能的紅外線觀測範圍更加寬廣。在 2010 年和 2011 年的初步科學檢驗觀測，獲得木星大氣層、**獵戶座星雲**和星系 M82 的資料，紅外線觀測可以穿透大部分的星系塵埃，直接觀測年輕恆星的形成。現今，例行的科學觀測正在開始，未來SOFIA 將觀測包括其他恆星形成區、原行星盤、系外行星和彗星的研究。

NASA 紅外線天文學平流層天文台（SOFIA）是一架改造的波音 747SP，在尾部建造了一個大型的可伸縮機門，蓋住一架由德國太空中心（DLR）製造的 7 ～ 16 英尺（2 ～ 5 公尺）望遠鏡，在 2010 年開始了初步的科學性飛行操作測試。

參照條目 第一批天文望遠鏡（西元 1608 年），發現獵戶座星雲（西元 1610 年），發現天王星的環（西元 1977 年），哈柏太空望遠鏡（西元 1990 年），巨型望遠鏡（西元 1993 年），史匹哲太空望遠鏡（西元 2003 年），揭露冥王星！（西元 2015 年）

羅賽塔號飛掠司琴星

　　二十世紀後半期，經由望遠鏡觀測的光譜學和顏色測量，主帶和近地小行星依成分類別（compositional class）以字母來分類。例如，小行星的顏色和光譜顯示典型行星形成的火山礦物，和石質隕石所發現的一樣，就被稱做 S 型小行星；有較灰顏色和光譜的較暗天體，比較類似碳質（擁有碳）隕石，就被稱為 C 型小行星；擁有光譜類似金屬隕石的 M 型，依此類推。發展出幾十種不同的小行星型態，這都取決於分類方法和研究小組。

　　2010 年之前，太空船曾遇上 S 型（例如愛神星、小行星 951、艾女星和糸川星）和 C 型（253 號梅西爾德星）小行星，但沒有其它的發現。因此當歐洲太空組織的羅賽塔號太空船在 2010 年 7 月 10 日近距離飛掠 M 型小行星司琴星時，就特別令人興奮。羅賽塔號是一項彗星會合任務，於 2004 年發射，將在 2014 年與週期性彗星楚留莫夫－格拉希門克彗星（Churyumov-Gerasimenko）會合，並在表面部署一艘登陸者。除此之外，就像許多太空任務小組，羅賽塔小組能夠在前往的路途上，飛掠其他天體，進行一些額外的科學研究。

　　司琴星的羅賽塔影像顯示，它是至今太空船遇上的最大一顆小行星（132 x 101 x 76 公里），也是密度最高的一個（每立方公分 3.4 克），推論可能是石質金屬成分，與 M 型分類一致。但從它的視覺外觀和地質情況看來，司琴星和其他曾被拍照到的小行星擁有許多類似的地方。這種小行星布滿撞擊所產生的各種不同尺寸的坑洞，表面凹凸不平且不規則。司琴星也顯示細粒、易移動、由撞擊所產生的碎片所構成的表面層，行星科學家稱做表岩屑（regolith）。為什麼司琴星的光譜表現得類似金屬隕石，這樣小的天體擁有較低重力（比地球的 0.3% 還少），司琴星是如何能保有細粒的表岩屑，這些是羅賽塔號飛掠測量所引發的主要研究領域以及爭論。

2010 年末，太空任務遇到的所有小行星和彗星合成圖。全部十五顆天體都以它們正確的相對尺寸顯示，司琴星比所有以往遇上的小天體還要大上多少。

參照條目 穀神星（西元 1801 年），灶神星（西元 1807 年），小行星可以有衛星（西元 1992 年），253 號梅西爾德星（西元 1997 年），在愛神星的近地小行星會和號（西元 2000 年），在糸川星的隼鳥號（西元 2005 年）

哈特雷 2 號彗星

2005 年，將一台銅製探測器投射到**坦普爾 1 號**彗星的任務成功之後，負責 NASA 深度撞擊太空船的工程師了解到，探測器上頭還有足夠的燃料來操控這艘偵測器，可作為使用行星凌方法（transit method，也被用在克卜勒號任務）來描繪系外行星特性的遠端遙控天文台，並且可能遇上第二顆彗星核。深度撞擊號因此被重新賦予新任務，稱做 EPOXI——系外行星觀測和深度撞擊延伸調查（Extrasolar Planet Observation and Deep Impact Extended Investigation）。

在三次地球飛掠之後，提供了重力協助軌道的好辦法，EPOXI 被指定在 2010 年 11 月貼近正朝向地球前進的哈特雷 2 號彗星的彗核。哈特雷 2 號在 1986 年被澳洲天文學家哈特雷（Malcolm Hartley）發現，是一顆短週期彗星，每六年半在一條約 1.1 天文單位（AU）和 5.9AU 之間的軌道上運行。短週期彗星可以進一步分成週期短於二十年的木星族彗星（例如哈特雷 2 號），以及週期從二十年到兩百年的哈雷族彗星（以它們最有名的成員來命名）。許多短週期彗星被認為曾經是長週期彗星，但被某一顆巨行星的近距離接觸而劇烈改變它們的軌道，例如哈特雷 2 號可能是來自**奧匹克－歐特雲**相當原始的天體，但在最近遇到木星。

來自 EPOXI 飛掠所得的資料，推定哈特雷 2 號起源自原始外太陽系。在驚人的 EPOXI 影像中，強大的冰、氣體和塵埃噴流從彗星 1.4 英里（2.3 公里）大的花生米狀核心流出，並且光譜測量顯示冰的主要成分是二氧化碳（乾冰），而不是水。初步研究也指出，在哈特雷 2 號的噴流和延伸的大氣層可能有一些有機分子，例如甲醇。

依照彗星現在從噴流和表面昇華（冰的蒸發）流失質量的速率，科學家預測可能僅再存活約一百次軌道（七百年），或者在之前就分裂成許多小碎片。因此這些來自最初**太陽星雲**的原始小冰塊，似乎是內太陽系的新近闖入者。

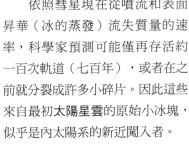

在 2010 年 11 月 4 日的飛掠中，EPOXI 太空船拍攝的哈特雷 2 號彗核，強大的水蒸氣、氣體和塵埃噴流正從彗星內部逃離。

參照條目 太陽星雲（約西元前五十億年），哈雷彗星（西元 1682 年），通古斯爆炸（西元 1908 年），奧匹克－歐特雲（西元 1932 年），舒梅克－李維 9 號彗星撞木星（西元 1994 年），海爾－波普大彗星（西元 1997 年），星塵號遇上維爾特 2 號彗星（西元 2004 年），深度撞擊號：坦普爾 1 號（西元 2005 年），克卜勒號任務（西元 2009 年）

在水星的信使號

水星是傳統行星中最難觀測的行星，因為它通常都很靠近太陽。這顆行星也頑強地抵抗太空船的探索，部分因為它極具挑戰的高溫環境，太陽光比在地球還要強五到十倍。

在二十世紀期間，只有一項太空任務探索這顆太陽系最內層的行星。水手 10 號在 1973 年升空，1974 年到 1975 年間，進行三次近距離飛掠水星。這顆行星約有一半的表面都被拍攝下來，類似月球、布滿撞擊坑的表面，以及大尺例的地質構造，這表示地表早期曾被熔化過，隨著時間才逐漸冷卻收縮。水手 10 號也發現水星有很強的磁場，可能和水星部分熔化的大核心有關。

這些令人困惑的發現，迫使行星科學家提出一項專門針對水星的軌道者任務。NASA 選擇在 2004 年發射，在地球、金星的重力協助飛掠以及三次水星本身的飛掠之後，一項水星表面、太空環境、地質化學和漫遊任務（MESSENGER，簡稱信使號，紀念傳遞訊息的神話角色墨丘利信使）最終在 2011 年 3 月成功進入一個繞行水星的橢圓軌道。

信使號已經完成整個行星的製圖，並對古老水星火山、撞擊坑和地質地形有了驚人的發現。任務持續的關鍵目標，是要推論在阿雷西波雷達影像中，水星極區永久陰暗的撞擊坑內的亮點的成因。可能是由水冰沉積（或許來自彗星或小行星撞擊）或硫沉積所造成，也可能是從水星內部緩慢釋放的其他元素所造成。

信使號的發現也影響下一個水星任務——歐洲太空組織 BepiColombo 號軌道者的規劃和運作，預計在 2014 年升空，2020 年進入水星軌道。

來自水星軌道者的第一張照片，信使號（上圖，藝術家所繪）在 2011 年 3 月 29 日所捕捉到的。在靠近頂端的亮輻射狀撞擊坑，稱做「德布西」（Debussy）；從照片中間到底部的區域是靠近水星的南極。

參照條目　水星（約西元前四十五億年），尋找祝融星（西元 1859 年），阿雷西波電波望遠鏡（西元 1963 年），月球高地（西元 1972 年）

在灶神星的黎明號

2006 年，冥王星從行星行列中**降級**到矮行星，緊接著一顆主帶小行星穀神星以及可能是第二顆小行星的灶神星，升級到矮行星。根據現今國際天文聯合會的定義，矮行星是一顆小天體，有足夠的質量和自身萬有引力，可以讓自己形成近似圓球的外型。矮行星就像行星一樣，在形成的過程中，可能分化成核心、地函和地殼，因此在天體的歷史中，有著活躍的內部以及表面的地質活動。

即使是最好的哈柏太空望遠鏡（HST），也無法顯露有關穀神星和灶神星更多的細節，想徹底探索這些天體需要更接近它們的太空任務。2007 年，NASA 開始了一項任務可以兼顧這兩個天體。這個新任務稱做黎明號（Dawm，用以紀念它的原始目標物是在太陽系黎明時刻所形成的），使用氙離子火箭推進器緩和地改變它的軌道，使之符合灶神星軌道（2011 年遭遇），然後是穀神星（2015 年遭遇）。如果任務成功，黎明號將是第一個繞行一顆行星際天體，然後離開，接著繞行第二顆天體的任務。

黎明號在 2011 年 7 月進入繞行灶神星（直徑 530 公里）的軌道，高解析影像顯示滿布撞擊的表面，也確認在哈柏太空望遠鏡影像中最先看到的巨大南極區撞擊盆地、一系列巨大的深溝繞著灶神星的赤道，深溝看起來像是由南極撞擊所造成的。

黎明號的**光譜**測量確認，灶神星是來自一組隕石，這些隕石是分化的、火山活躍的大型母天體，質量和體積的估計顯示密度約每立方公分 3.4 克，與月球、火星的密度相當，因此灶神星似乎是一顆稀有的原行星現存樣本。原行星是部分小行星以及部分行星的一種古老太陽系過渡性天體，類地行星形成中的凍齡殘留倖存者。

黎明號在 2012 年夏天離開灶神星，將於 2015 年與太陽系最大的小行星穀神星相會。

2011 年 7 月進入繞行主帶小行星軌道之後，黎明號任務（上圖是它的標識）取得的灶神星照片。照片中心是大且深的南極撞擊盆地，稱做雷亞希爾維亞（Rheasilvia）盆地，以及巨大的中央峰。

參照條目 主小行星帶（約西元前四十五億年），穀神星（西元 1801 年），灶神星（西元 1807 年），小行星可以有衛星（西元 1992 年），在愛神星的近地小行星會和號（西元 2000 年），在糸川星的隼鳥號（西元 2005 年），冥王星降級（西元 2006 年），羅賽塔號飛掠司琴星（西元 2010 年）

火星科學實驗室好奇號漫遊者

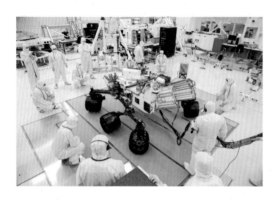

超過四十年的軌道者、登陸者和漫遊者的火星探索，已經提供令人信服的證據，大部分的解釋認為火星越來越像地球，很早以前比現今更適合居住。這項證據是來自各個方面，包括在地表的液態水所刻蝕的古老河谷地貌，以及特定的水成礦物沉澱，這些都只能在富含水的環境中形成。

1970 年代的維京號登陸者搜尋了火星上的有機分子，但一無所獲，部分因為它們的地質鑽孔地點是在還未了解火星水歷史之前所選定的。有了豐富的後見之明以及後續三十五年的研究，NASA 決定啟動一項新的火星漫遊者任務，來搜尋有機分子的遺跡，以及可能的早期生命。因此在 2006 年，啟動火星科學實驗室漫遊者任務，登陸點設定在蓋爾撞擊坑內的一個古老沉積岩。根據軌道者的地質和礦物判讀，該區存在兩項生命關鍵要求——液態水和能量來源。

被稱做好奇號的漫遊者在 2011 年 11 月升空，於 2012 年 4 月 6 日安全登陸火星。它是一個大型的太空飛行器，約是火星漫遊者精神號和機會號的三倍，攜帶了一些令人印象深刻的載具：高解析彩色立體相機和彩色顯微鏡，雷射光譜儀可以摧毀岩石並測量它們的成分，一台 X 射線儀器可以辨識礦物，一架非常靈敏的質譜儀可以在土壤和岩石樣本中標定有機分子。

一台精密的空中吊車登陸系統將好奇號安全地放到火星上，就像維京號登陸者一樣使用反向火箭，而不是像較小的火星探路者號、精神號和機會號任務一樣使用氣囊。如果一切順利，NASA 最新的自動天文生物學家最遲將在 2014 年漫遊火星。

上圖：技術人員測試 NASA 火星科學實驗室漫遊者好奇號的輪子，這是噴射推進實驗室在 2010 年 7 月的初步操縱駕駛測試。右圖：好奇號提供在 2012 年 8 月 8 日登陸地點蓋爾撞擊坑的首次 360 度彩色全景圖。

參照條目　火星（約西元前四十五億年），火星和它的運河（西元 1906 年），第一批火星軌道者（西元 1971 年），在火星的維京號（西元 1976 年），火星上的生命？（西元 1996 年），火星上的第一台漫遊者（西元 1997 年），火星全球探勘者號（西元 1997 年），在火星的精神號和機會號（西元 2004 年）

揭露冥王星！

　　雖然冥王星在 2006 年從行星降級成矮行星，但仍是一顆迷人的星球。在 1980 年代，一連串冥王星和它大衛星**冥衛一**之間的相食，從望遠鏡的觀測中建立了這顆行星的基本細節。冥王星直徑約 1,430 英里（2,300 公里），約地球大小的 20%，但質量僅地球的 0.2%，因為它每立方公分只有 2 克的低密度，以及其主要成分是冰。

　　古柏機載天文台的進一步望遠鏡觀測顯示一層薄氮氣、甲烷和一氧化碳大氣，表面大氣壓力比地球大氣少 300,000 倍。冥王星表面的**光譜**測量顯示，它是由超過 98% 的氮冰構成的，還有微量的甲烷和二氧化碳。冥王星似乎在很多方面更像是海王星的大衛星**海衛一**，冥王星由氮和其他非常低溫的冰所組成，並且被一層動態變化的薄薄大氣層所籠罩著。

　　了解冥王星的真正面貌是 NASA 新視野號太空探測器的任務。新視野號（New Horizons）於 2006 年升空，是從地球發射速度最快的太空船，速度近乎每小時 37,000 英里（每秒 16.5 公里）。我們可以藉由太陽系的尺度來了解這個速度，新視野號到木星僅需十三個月（這是一項紀錄），然後藉由木星的萬有引力加速到更高的速度。但太陽系是如此之大，新視野號仍須花八年的時間從木星到冥王星，科學家認為這將是值得等待的。

　　從地球到太陽系外圍，超過九年的時間，探測器在呼嘯通過冥王星之前，將只有約三十分鐘來執行事先規劃的任務，包括近拍照片、光譜檢測以及大氣和衛星的測量。如果一切順利，又能在太空船沿途中找到適當的任務目標，計畫者可望在 2016 到 2020 年間，鎖定一顆或更多顆的**古柏帶天體**來進行探測。

新視野號在 2015 年 7 月接近冥王星和它的最大衛星冥衛一，由藝術家所繪。這艘核子動力太空船，使用一面直徑 7 英尺（2.1 公尺）電波天線，作為橫跨四十五億英里（七十五億公里）行星際空間發送和傳輸的工具。

參照條目　冥王星和古柏帶（約西元前四十五億年），海衛一（西元 1846 年），發現冥王星（西元 1930 年），冥衛一（西元 1978 年），古柏帶天體（西元 1992 年），冥王星降級（西元 2006 年）

北美日食

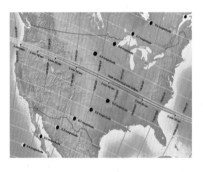

當一顆天體從另一顆前方通過時，在一特定位置將發生「食」的現象。日食或月食是最為人們熟悉的一種食，經常發生且戲劇性十足，被認為是值得紀念（有時也被視為預兆）的事件。

月食發生在滿月，當太陽、地球和月球排在一直線（依照以上的順序），並且月球正好在地球後方經過，進入地球的陰影中。相較於地球繞太陽的軌道，月球的軌道是傾斜的，因此月球僅會偶爾精確地進入地球的陰影。大部分的滿月期間，月球會在地球陰影上方一點或下方一點的位置通過，所以並不會發生月食。

日食發生在新月，當太陽、月球和地球排在一直線（按照以上的順序），並且月球精準地從地球和太陽間通過。同樣地，當幾何關係是恰恰好（機會不大），月球的陰影可以落在地球上。這是一種驚人的巧合，月球在天空中的視角大小幾乎和太陽的視角大小相同（因為太陽的直徑約是月球的四百倍，但月球比太陽約四百倍靠近地球），這結果讓月球盤面完全蓋住太陽盤面，形成一個日全食。

日全食很罕見，地球上任一特定地點平均每三百七十年經歷一次日全食。某些人，包括許多天文學家是日食的追逐者，在這罕見天文事件中，跑到月球陰影的預測路徑上，觀看或獲得科學資料。例如科學家在 1868 年太陽延展大氣層或日冕內發現氦元素，日冕通常在日食的時候更容易看到。

北美下一次的日全食將發生在 2017 年 8 月 21 日。屆時月球陰影將掃過美國，從奧勒崗州到南加州，這將是一次追上月球陰影的機會，也是北美在 2024 年 4 月之前的唯一機會。

上圖：月球陰影在 2017 年 8 月 21 日日全食時通過美國的路徑。右圖：1999 年 8 月 11 日日全食時，俄國和平號太空站拍攝月球陰影以近乎每小時 1,240 英里（2,000 公里）速度通過地表的難得照片。

參照
條目　中國天文學（約西元前 2100 年），地球是圓的！（約西元前 500 年），《天球論》（西元 1230 年），金星凌日（西元 1639 年），光速（西元 1676 年），氦（西元 1868 年），克卜勒號任務（西元 2009 年）

韋伯太空望遠鏡

透過各種不同的小型、中型和大型太空望遠鏡，令人見識到太空天文學的力與美，並在哈柏太空望遠鏡（HST）、康卜吞伽瑪射線天文台、史匹哲太空望遠鏡和錢卓 X 射線天文台，NASA 這四個大天文台的任務完成時達到最高峰。但就像所有的複雜太空船，這些任務都有固定的年限，只有哈柏太空望遠鏡能夠以太空人維修或升級；但太空梭在 2011 年退休，代表了哈柏太空望遠鏡的服務終止。NASA 有一段時間會好好思考替代方案。

NASA 計畫下一世代太空望遠鏡是已知的韋伯太空望遠鏡（JWST），這是由 NASA 第二任行政官員韋伯（James E. Webb）命名，他在金星、雙子星和早期阿波羅太空人計畫中，監督管理了太空機構。1989 年，開始規劃韋伯太空望遠鏡，在發射前一年，經過了超過二十年的時間，重新修改設計無數次。現今的望遠鏡正在最終的發展階段，將在 2018 年發射升空。

韋伯太空望遠鏡將綜合了來自哈柏太空望遠鏡（例如高解析成像）、凱克天文台（精準控制的分節鏡設計）和史匹哲太空望遠鏡（在紅外波段的靈敏度）的一些功能，最少能在十年內，成為太空天文學最吃重的科學角色。21 英尺（6.5 公尺）的分節主鏡擁有韋伯太空望遠鏡六倍的集光區域，並且望遠鏡被冷卻到僅有絕對溫度 40 度，確保對宇宙中發出微光的遙遠天體有很高的靈敏度。

科學家們野心勃勃，韋伯太空望遠鏡的研究涵蓋可見光到紅外線天文學以及天文物理學等領域。包括研究宇宙早期黑暗時代形成的第一顆恆星和星系、暗物質研究、新生恆星和相關的原行星氣體塵埃盤、行星的形成、搜尋系外行星以及其他有助於生命的宇宙環境，韋伯太空望遠鏡是一台驚人的天文發現機器！

藝術家筆下的韋伯太空望遠鏡。鍍金的主鏡（直徑 6.5 公尺）和展開的輻射護罩，以保護望遠鏡不受到來自太陽、地球和月球光以及熱的干擾。

 參照條目　第一批天文望遠鏡（西元 1608 年），哈柏太空望遠鏡（西元 1990 年），伽瑪射線天文學（西元 1991 年），巨大望遠鏡（西元 1993 年），錢卓 X 射線天文台（西元 1999 年），史匹哲太空望遠鏡（西元 2003 年）

毀神星幾乎未擊中

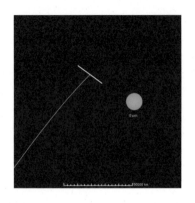

1990 年代和 2000 年代的特定望遠鏡普查，已經辨識出數十萬顆新的小行星在太陽系內呼嘯行進。大部分的小行星是在火星和木星之間的主小行星帶，但有許多也在其他特定區域，例如木星的特洛伊小行星和三種不同的近地小行星（NEAs）：阿登型（比地球更靠近太陽繞行）、阿莫爾型（比地球更遠離太陽繞行）和阿波羅型（軌道會橫跨地球軌道），這三類近地小行星都可能有撞擊地球的威脅。

近地小行星當中，最被密切監測的是一顆小的小行星，稱為 99942 號毀神星（99942 Apophis），首次在 2004 年被發現，它的軌道參數從後續的望遠鏡觀測中計算出來，包括阿雷西波的雷達測量。如同其他數百顆近地小行星，它的參數被鍵入一個由天文學家所發展的自動化電腦程式，預測未來軌跡以及撞擊地球的機率。毀神星很快就啟動了警報，因為跑出來的數據顯示，這顆小行星約有三十七分之一的機會在 2029 年 4 月 13 日撞擊地球。毀神星寫下至今最大撞擊危機的紀錄，杜林危險指數的分數是 4 分，滿分是 10 分。

天文學家很快就組織一個觀察活動，以便得到更精準的毀神星軌道預測。最新資料顯示這顆小行星將會非常接近地球，只大約相距兩到三個地球直徑的距離，在地球同步衛星的軌道之內，但不會撞擊我們的行星。毀神星將會在 2036 年再一次接近地球，但它撞擊地球的機會降到 250,000 分之一，杜林危險指數也降到 0 分。

還是謹慎以待，被一顆直徑 1,000 英尺（300 公尺）的石質小行星撞擊，不會造成全球性的毀滅，但可能引起局部性的災難，例如撞擊所引發的巨大海嘯。毀神星是根據埃及毀滅之神命名，我們希望這顆具威脅的小行星的名字不會成真。

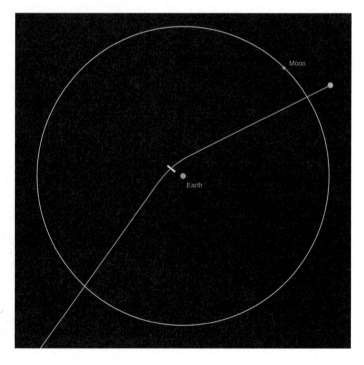

詳細顯示毀神星被預測多麼靠近我們行星的接近圖（白色條狀代表軌跡的可能性）。右圖：地球、月球和近地小行星 99942 號毀神星，在 2029 年 4 月 13 日接近時可能的位置軌跡圖（依照比例）

參照條目　主小行星帶（約西元前四十五億年），穀神星（西元 1801 年），灶神星（西元 1807 年），木星的特洛伊小行星（西元 1906 年），地球同步衛星（西元 1945 年），阿雷西波電波望遠鏡（西元 1963 年），杜林撞擊危險指數（西元 1999 年），在愛神星的近地小行星會和號（西元 2000 年），在糸川星的隼鳥號（西元 2005 年）

火星上的第一批人類？

望遠鏡、自動化飛掠、軌道者、登陸者和漫遊者的數十年高解析觀測，持續增加火星探索的魅力。來自火星的地質學、礦物學和大氣層證據指出，在其歷史中有過一次行星氣候的劇烈變遷。今日的火星表面是冰冷、乾燥，乃至於我們可以說是不適合居住；但早期的火星，在它形成後的前十億年，是一顆溫暖且潮濕的行星。它可能從未像我們行星一樣溫暖和潮濕，但證據顯示它曾經類似地球，且適合居住。

火星上曾有或現有生命嗎？自動化任務已經為這顆行星繪製地圖，並且記錄各個不同登陸地點的條件，但火星上曾有或現有生命證據的嚴謹搜索將會更加困難。就像法庭上的調查，將散亂片段證據的各個線索整合起來，以便得到完整的圖像。這工作相當於野外地質學家在地球上的工作一樣，僅憑數年井然有序的野外調查和實驗室工作，加上其他地區的經驗以及大膽的預感和直覺，重建某個區域的歷史。火星任務將會要求更仔細的地質繪圖，加上可能的鑽取岩芯以及深層鑽孔。簡單來說，不僅只有機器人，也將需要人類實地到現場了解火星。

人類將於何時前往火星？沒有人知道，但自動化前導特使的發現，使前往火星的機會逐漸增加，可能的猜測是在 2030 年代中期。首先我們需要建立一個新的火箭技術以及維生基礎建設，使得人類可以越過低層地球軌道並且進入太空，這將會花費不少時間。

五十多年前，美國總統甘迺迪要美國人做一個大膽的夢想冒險。要在 1970 年以前，嘗試將太空人送往月球，並能安全回來。阿波羅任務激勵了一個世代的科學和技術創新，真正改變了全世界。將太空人送到火星並且成功回來，將會是更危險也更大膽的挑戰，我們能夠再次迎戰嗎？

哈柏太空望遠鏡所拍攝的火星照片。2003 年 8 月 26 日，六萬年來火星最接近地球的一次。右圖：NASA 藝術家羅林筆下兩位在火星上探索的太空人，以及車輪傳動火星漫遊車輛，太空人正在收集樣本，搜索過往可適居環境的跡象。

參照條目 火星（約西元前四十五億年），火星和它的運河（西元 1906 年），登陸月球第一人（西元 1969 年），再次登陸月球（西元 1969 年），弗拉摩洛結構（西元 1971 年），月球漫步（西元 1971 年），月球高地（西元 1972 年），登月最後一人（西元 1972 年），第一批火星軌道者（西元 1971 年），在火星的維京號（西元 1976 年），火星上有生命？（西元 1996 年），火星上的第一架漫遊者（西元 1997 年），火星全球探勘者號（西元 1997 年），在火星的精神號和機會號（西元 2004 年）

人馬座矮星系碰撞

　　行星可以有衛星，小行星可以有衛星，甚至星系也可以有衛星。我們所居住的**銀河**可能有超過二十個衛星星系，像是大小麥哲倫星雲。這些矮星系伴都比我們的銀河小，需要數億年到數十億年的時間來繞行銀河。看來最少有一個矮星系——人馬座矮橢圓星系，曾經與銀河相撞，並且約一億年後又再與我們的銀河撞擊。

　　由於大部分的人馬座矮星系隱藏在銀河的中心核球和盤面，一直到 1994 年才被發現，它是由四個主要的**球狀星團**和一條明亮的星弧所構成，形成一個繞著銀河兩極的不完整環狀。天文學家相信，這個環描繪了矮星系之前穿過銀河盤面的路徑，在每次繞行時，會留下一些物質，並且會有些微模糊。在多次穿過銀河盤面，與人馬座矮星系內的恆星逐漸合併到銀河當中，使得已經是很大的銀河更加擴展它的尺寸和質量。銀河碰撞、合併和相互掠食的過程，事實上可能是大型螺旋星系藉由吞食較小、更古老的星系或星系團，而逐漸龐大的方法。

　　一些科學家相信銀河與其衛星星系的近距離星系碰撞，和地球上主要滅絕事件或大規模氣候變遷（例如冰川作用）有關連。假設這些近距離碰撞會擾動我們太陽和鄰近恆星的**歐特雲**內的遙遠彗星和小行星，造成更多彗星和小行星週期地向裡頭衝，並且與地球相撞。但這個假說是有爭議的，並且很難測試，除非有高速的超級電腦協助。不僅是過往的恆星，過往的星系可以對我們行星的生命有深遠的影響，這個想法是很有趣的。因為仔細了解氣候和化石紀錄上的大幅改變，有助於了解局部星系碰撞的過往歷史。但這也是相當謙卑的，因為這個過程讓我們了解，我們能存在這裡是多麼地幸運！

2004 年哈柏太空望遠鏡所拍攝，螺旋星系 NGC2207（上）和 IC2163（下）相互碰撞的照片。在星系碰撞中所牽涉的大量質量會產生強大的潮汐力，在這場碰撞中，較小的星系會被較大的星系給碎屍萬段。

參照條目　銀河（約西元前一百三十三億年），球狀星團（西元 1665 年），奧匹克─歐特雲（西元 1932 年），橢圓星系（西元 1936 年），螺旋星系（西元 1959 年）

～十億年後
地球的海洋蒸發

　　類太陽主序星的生命循環是相當可預期的。二十世紀初的天文學家藉由觀測不同發展階段的許多類似恆星，從中理解類太陽恆星的基本演化軌跡。在二十世紀中葉，有關恆星內部的理論已經成形，也就是核融合促使恆星發光。感謝早期隕石研究者和放射性定年法，我們知道太陽大約的年齡（46.5億歲），因此可以預測我們太陽生命的下一個里程碑。

　　氫在非常高溫下可以轉變成氦，隨著時間進行，太陽的氫補給逐漸減少，為了維持萬有引力（向內）與輻射壓力（向外）之間的平衡，以便持續留在主序帶，太陽核心會逐漸變熱。這會增加核心內的核融合速率，補償氫補給減少的效應以及太陽的亮度也逐漸增加。天文學家估計，因為氫補給的減少，使得太陽能量輸出每十億年增加約 10%。

　　太陽能量輸出的劇烈改變將會在地球氣候上有相對應的劇烈改變，數千萬年到數億年之間，太陽將變暖到足以讓海洋開始長期地蒸發，將我們的行星變成一個蒸汽的世界。科學家進一步預測，在約十億年內，所有大氣層的水受到太陽光而逐漸分解，釋放出來的氫會接著逃逸，使得我們的行星變成不適合居住的乾燥沙漠世界。很不幸地，未來也將越來越亮。

　　情形還可能更糟，一些長期氣候模型製造者認為，我們的行星將會在海洋完全乾涸之前，就變得不適合居住。當氣候變熱，更多的二氧化碳被捕捉進碳酸鹽岩石內，留下較少的二氧化碳供給植物進行光合作用。約在五億年內，大部分的食物鏈基礎可能崩潰，使得生物圈完全無法維持。它不是一個愉快的長期預警，但屆時我們的物種，可能已經發現另一個可以當作家園的美麗新藍海世界。

藝術家筆下的「熱木星」，最常見的一種系外行星，起初在太陽系周圍發現。十億年後，太陽持續成熟，並且變熱，海洋將會乾涸，我們的行星將變成一顆「熱地球」。

 參照條目 太陽的誕生（約西元前四十六億年），米拉變星（西元 1596 年），主序帶（西元 1910 年），核融合（西元 1939 年），太陽的末日（～五十七億年後）

和仙女座星系相撞

在某種程度上，我們的**銀河系**是一個島宇宙，是一個四千億顆恆星、由氣體、塵埃和**暗物質**加上受萬有引力束縛所組成的孤立集合。但我們的銀河是受萬有引力束縛的鄰近星系的更大集合體的一部分，天文學家哈柏稱之為本星系群（Local Group）。本星系群由超過三十個星系所組成，包括了銀河系和它的衛星星系，例如大小麥哲倫星雲、人馬座矮橢圓星系、仙女座星系及其衛星星系，以及其他星系。天文學家估計，本星系群展開約一千萬光年寬，合起來的質量超過一兆個太陽質量。

本星系群的萬有引力中心，是在銀河系和仙女座星系之間的某個位置，它們佔了本星系群質量的大部分。天文學家發現這兩個大**螺旋星系**正朝對方前進，在遙遠的未來，或許是三十到五十億年後，它們可能會相撞，其本質取決於它們的速度以及暗物質的分布情形。

碰撞可能不是描述星系交互作用的最好用語，因為它們大部分是空的，不像許多恆星真正實體的相互碰撞。兩個星系實際上會穿過對方，它們所帶來的恆星和衛星星系之間的萬有引力和潮汐力，很可能會撕扯對方美麗的螺旋結構，並且可能造成它們最終合併成更大的不規則或橢圓超級星系。

在我們部分的宇宙中，本星系團再來，就是一個更大的星系集合，稱之為室女座超級星系團（Virgo Supercluster）。由超過一百個相互作用的星系團（就像本星系團）所組成，展開超過一億一千萬光年。室女座超級星系團是數百萬個類似的超級星系團的其中之一，形成在可觀測宇宙中的最大尺度結構──星系牆（Walls of Galaxies），與宇宙網相關連。

壯觀的仙女座星系，也被稱為 M31，是離銀河系最近的螺旋星系。即使距離超過兩百萬光年之遠，還是我們本星系團的一部分。仙女座星系和銀河看起來在遙遠的未來會面臨相互碰撞一途。

參照條目 銀河（約西元前一百三十三億年），目睹仙女座（西元 964 年），梅西耳星表（西元 1771 年），造父變星和標準燭光（西元 1908 年），暗物質（西元 1933 年），螺旋星系（西元 1959 年），星系牆（西元 1989 年），人馬座矮星系碰撞（～一億年後）

太陽的末日

太陽的結局是確定的，將是卑微並且可能有些感傷，我們輝煌的恆星將不會永遠閃耀動人。銀河系有數十億顆**主序星**和我們太陽屬於相同的恆星分類，我們可以研究我們周遭可預期生命週期中的各種不同階段的恆星。恆星的命運是受它初始的質量所支配，在與我們太陽相同質量的恆星的例子中，它的命運是短暫、激烈、有活力的青年期，隨之而來是一個相當長期、穩定的百億年的中年期，然後是相當緩和的平靜死亡。

原始隕石的放射性定年、以及創世紀號太空船任務收集太陽風粒子的分析告訴我們，**太陽現在約 46.5 億歲**，或者在主序帶生命週期的一半。當它走過中年期，將它氫融合燃料用盡大半，我們的恆星會緩慢地變熱，約在十億年內，熱到足以**蒸發地球的海洋**。在約五十億年，太陽核心所有的氫將會殆盡，核心將會收縮而進一步升溫，太陽的外大氣層會膨脹，直到成為一顆紅巨星。

紅巨太陽將會脹到約現今的兩百五十倍，吞沒並摧毀包括地球在內的所有內行星。當太陽的氦和其他較重元素也使用殆盡，多次脈衝式死亡陣痛將太陽的外層（包括所有的原子以及已被蒸發的地球先前居民）拋棄到太空中，成為一個**行星狀星雲**，以便回收成為下一代的恆星。太陽核心剩餘的餘燼將變成一顆**白矮星**，並且緩慢地變冷，最終掩沒在冰冷的太空中。

地球將會消失，但生命會繼續存活著嗎？假如我們活過現今的挑戰，並且首先要成為多行星系統物種，然後是多太陽系物種，或許我們未來的後裔子孫，不管他們會變成哪一物種，都將找到繞行另一個類太陽恆星的新適居世界作為新的家園。

上圖：螺旋星雲的史匹哲太空望遠鏡紅外線影像，這是一個太陽質量紅巨星，在死亡陣痛期間所形成的行星狀星雲。右圖：太空藝術家迪克森（Don Dixon）所繪，五十億年後的未來月球凌過正在膨脹的紅巨太陽盤面。

參照條目 太陽的誕生（約西元前四十六億年），行星狀星雲（西元 1764 年），梅西耳星表（西元 1771 年），白矮星（西元 1862 年），放射性（西元 1896 年），主序帶（西元 1910 年），核融合（西元 1939 年），創世紀號捕捉太陽風（西元 2001 年），地球的海洋蒸發（～十億年後）

恆星的謝幕

　　恆星的演化，可被視作一個巨大宇宙回收計畫。氣體塵埃雲聚集，並且透過萬有引力而收縮，最終長成一顆圓球狀恆星，有著很強的內部壓力，並且溫度高到足以啟動核融合。當氫或氦，或其他核燃料使用殆盡，恆星會依據各自質量的多寡，以和緩或劇烈等不同方式將大部分的質量往深空中拋灑。這些氣體和塵埃雲的恆星殘骸可以再聚集，並且透過萬有引力收縮成新的恆星，這是恆星生命的美麗循環。

　　但每當恆星死亡，有些質量不會回收到太空，會留下一顆緩慢冷卻的**白矮星**（低質量恆星的狀態），或另一種恆星殘骸，例如**中子星**或黑洞（較大質量恆星的狀態）。但經過一段時間，所有宇宙中參與恆星形成的物質，最終會留在這些無法回收的恆星殘骸中。由於大部分的恆星是中質量到低質量的**主序星**，所以在可觀測到的宇宙中，大多最終成為白矮星。

　　一個典型的主序星壽命約一百億年，但接近核融合理論最低質量（約是太陽質量的 8%）的低質量恆星壽命可長達十兆年（10^{13}）。天文學家估計（有相當程度的不確定），屆時宇宙約一百兆（10^{14}）歲，或者約比現今老一萬倍，幾乎所有的可觀測宇宙質量將留在白矮星內，少部分留在紅矮星以及其他殘

骸，例如中子星和黑洞。恆星的生命將抵達終點，整個宇宙將進入一個全然不同的終點。

　　宇宙將開始緩慢地變黑，當白矮星冷卻，在理論上它們會逐漸變成黑矮星，是溫度接近絕對零度的恆星殘骸。但沒有人知道宇宙的最後恆星停止發光要花多久時間，一些理論認為暗物質或弱交互核力可能讓這些曾經燦爛的恆星最後餘燼能昏暗地發亮個 10^{15} 或 10^{25} 年，或更久。

哈柏太空望遠鏡拍攝銀河系內的古老（一百二十到一百三十億歲）白矮星的照片，這張 2002 年的照片是來自天蠍座球狀星團 M4 的局部區域。

參照條目　白矮星（西元 1862 年），主序帶（西元 1910 年），中子星（西元 1933 年），核融合（西元 1939 年），黑洞（西元 1965 年），太陽的末日（～五十億至七十億年後），簡併時期（～ 10^{17} 至 10^{37} 年後），宇宙將如何結束？（時間終結）

～ 10^{17} 至 10^{37} 年後

簡併時期

　　在遙遠遙遠的未來，宇宙將成為一個冰冷且黑暗的地方。一旦不再形成恆星，光和熱的唯一來源將是緻密的恆星核心殘骸：**白矮星、中子星和黑洞**，以及一些紅或棕矮星，或行星、衛星、小行星、彗星，或恆星死亡後倖存的宇宙塵埃緩慢冷卻的殘骸。

　　或許超過 10^{15} 到 10^{25} 年，即便是白矮星或殘留的行星天體，也將緩慢地冷卻到絕對零度。但似乎仍有一些特殊作用在宇宙的某個角落，因為即使經過近乎無法想像的宇宙時間，冷卻中的白矮星、黑矮星和其他天體應該會相互碰撞，中子星和黑洞也是一樣，有時碰撞和合併成更大質量的天體，可能大到足以在核心再次點燃核融合而發光。遙遠未來的宇宙黑暗，可能將會被這些孤寂的星火點亮。

　　但最終，或許是未來的 10^{17} 到 10^{37} 年，根據一些理論模型，宇宙所有的質量將聚集成最密集和最大質量的緻密天體：白矮星、中子星，然後黑洞。天文學家將這個預期的宇宙發展未來階段，稱做「簡併時期」（degenerate era）。因為預測在這些緻密天體內的物質是處在如此高的密度，以致於所有的電子將從它們的母原子中剝離（物理上的語詞，這些原子是在「簡併」狀態）。

　　我們還不清楚宇宙將如何在簡併時期演化。在緻密天體內的極高能態物質、和仍缺乏了解的暗物質和暗能量之間的交互作用，基本上仍不清楚，而**暗物質**和**暗能量**是佔了宇宙質能密度的大部分。

有些宇宙學家認為經過這麼長的時間，一般物質（例如質子）將會衰減，白矮星可以同化暗物質，並比原本應有的時間，更久地持續發光，最終和其他緻密天體合併，形成黑洞。

畫家筆下的孤立中子星。在現今宇宙中，只發現少部分這樣高密度的緻密天體，沒有與之對應的超新星氣體塵埃殘骸；但在遙遠的未來，孤立中子星可能變成常態。

參照條目　白矮星（西元 1862 年），主序帶（西元 1910 年），中子星（西元 1933 年），暗物質（西元 1933 年），核融合（西元 1939 年），黑洞（西元 1965 年），暗能量（西元 1998 年），恆星的謝幕（～ 10^{14} 年後），宇宙將如何結束？（時間終結）

黑洞蒸發

霍金（**Stephen Hawkin**，西元 1942 年生）

　　如果有關遙遠未來宇宙的普遍觀點是正確的話，所有宇宙物質與能量（一般物質、**暗物質**和**暗能量**）終將被困在黑洞中，這是一種緻密恆星天體，質量大到即使是光都無法逃脫它們的萬有引力吸引。但之後呢？有什麼方法可以知道接下來會發生什麼？

　　這是有可能的，物理學家霍金和其他人曾假設，快速自轉的黑洞應該產生和放出粒子（現稱為霍金輻射），這些粒子應該會隨著時間減少這種黑洞的質量和能量。概念上來說，這個過程被描述為黑洞的蒸發，如果它真的發生，它會對宇宙如何終結造成深遠的影響。

　　黑洞蒸發是一種微妙的觀念，它所仰賴的事實來自粒子物理的標準模型。粒子也有反粒子，並且所謂黑洞事件視界的邊緣是一個奇特的地方（通過這個位置，沒有光或其他訊息可以從黑洞的萬有引力場逃離）。霍金假設，如果一個粒子與反粒子對，像是一顆電子和正電子，就在事件視界的邊緣以某種過程產生，其中的一顆粒子有可能掉進黑洞，而另一顆是逃離黑洞的。作為一名觀察者，他看到的是黑洞應該會發出一顆粒子，並且因此而減少些微的質量。在過程中，如果這過程發生的時間夠長的話，黑洞本身會獲得一丁點的能量（升溫）。霍金提出，黑洞可能在一次劇烈的**伽瑪射線爆**中爆炸。

　　近代的伽瑪射線衛星，正在搜尋來自這種黑洞蒸發事件的預期訊號。如果找到了，它可能表示在

非常遙遠的未來，或許是 10^{37} 到 10^{100} 年之後，即便是黑洞都會消失。宇宙長期的命運，可能完全是一場虎頭蛇尾的結束，變成一鍋又冷、又暗、又孤寂的基本粒子湯，裡頭有光子、電子、正子和微中子，之間幾乎沒有交互作用發生。

畫家筆下的一顆自旋黑洞，周圍繞著一個游離氣體和塵埃盤，正掉入大質量恆星的強重力井。黑洞周圍的磁場可以進一步加熱，並游離周圍的氣體盤。

參照條目　白矮星（西元 1862 年），主序帶（西元 1910 年），中子星（西元 1933 年），暗物質（西元 1933 年），黑洞（西元 1965 年），霍金的「極端物理」（西元 1965 年），伽瑪射線爆（西元 1973 年），暗能量（西元 1998 年），恆星的謝幕（～ 10^{14} 後），簡併時期（～ 10^{17} 至 10^{37} 年後），宇宙將如何結束？（時間終結）

宇宙將如何結束？

在天文學和太空探索的悠長歷史中，我們充滿著動力去追尋這些最大且最深層問題的答案：天空中到底發生了什麼事？所有的東西都來自哪裡？生命是如何形成的？我們是孤獨的嗎？我們很幸運能處在這個人類歷史文明的當下，得以積極尋求這些問題的解答，並探索過程中所需的技術。

結束這趟穿越天文學和太空探索的主要里程碑之旅，回到完整循環中我們最初的源頭。換句話說，我們宇宙起源的主流理論表示，圍繞在我們周圍的所有東西（所有的時間和空間），是源自一場 137.5 億年前劇烈的瞬間爆炸中，我們稱之為大霹靂。就如我們所知的，宇宙有一個起始。因此一個明顯的大哉問就是，宇宙會有終點嗎？如果有，何時會發生？

我們知道宇宙正在膨脹，因為我們可以測量得知，星系都相互遠離中。也許這個膨脹將單調地持續到永久，或許被怪異地排斥和被仍完全成謎的暗能量作用力給加速空間膨脹，直到最後的恆星消逝，甚至黑洞蒸發成暗、寂、冷，這是天文學家所謂的宇宙的熱死（heat death）。或許這是 10^{100} 年以後的事，或許！

然而，有些宇宙學家相信，宇宙可能有一場更劇烈的命運。如果宇宙中所有東西的質量，大到足以讓暗能量無法持續加速宇宙膨脹，這時星系團之間的萬有引力吸引可以減慢，最終反轉膨脹。星系就可以開始相互靠近，宇宙所有的質量最終又聚集在一起，成為一個微小的大質量黑洞奇異點。接下來會發生什麼事？另一場大霹靂？或是一場大反彈？

宇宙最終的命運當然是未知的，近代宇宙學家藉由積極嘗試了解宇宙是否是開放（永遠膨脹）、封閉（最終會收縮）或平坦（完美的平衡）來指向這個議題。新的觀測和電腦模型可能可以協助了解，（借用近代詩人艾略特的一句話）宇宙是否將「不是轟然霹靂，而是一串啜泣」（not with a bang but a whimper）地結束。

西元 2005 ～ 2006 年間哈柏太空望遠鏡所拍攝的星系團艾伯耳 S0740。這個星系團約離我們四億五千萬光年，包含多樣的星系形成。在遙遠的未來，宇宙中千億個星系將會怎樣呢？

參照條目 大霹靂（約西元前一百三十七億年），哈柏定律（西元 1929 年），暗物質（西元 1933 年），黑洞（西元 1965 年），暗能量（西元 1998 年），宇宙的年齡（西元 2001 年），恆星的謝幕（～ 10^{14} 年後），簡併時期（～ 10^{17} 至 10^{37} 年後），黑洞蒸發（～ 10^{37} 至 10^{100} 年後）

科學人文 51
太空之書
The Space Book：From the Beginning to the End of Time, 250 Milestones in the History of Space & Astronomy

作　　者—金貝爾（Jim Bell）
譯　　者—曾耀寰
主　　編—李筱婷
責任編輯—鍾岳明
協力編輯—畢馨云
美術設計—三人制創
執行企畫—劉凱瑛

總 編 輯—余宜芳
董 事 長—趙政岷
出 版 者—時報文化出版企業股份有限公司
一〇八〇一九台北市和平西路三段二四〇號三樓
發行專線—（〇二）二三〇六一六八四二
讀者服務專線—〇八〇〇—二三一—七〇五
（〇二）二三〇四—七一〇三
讀者服務傳真—（〇二）二三〇四—六八五八
郵撥—一九三四—四七二四時報文化出版公司
信箱—一〇八九九台北華江橋郵局第九十九信箱
時報悅讀網—http://www.readingtimes.com.tw
電子郵箱—history@readingtimes.com.tw
法律顧問—理律法律事務所 陳長文律師、李念祖律師
印　　刷—富盛印刷股份有限公司
初版一刷—二〇一四年六月二十日
初版四刷—二〇二〇年十二月十六日

定　　價—新台幣五八〇元
版權所有 翻印必究（缺頁或破損的書，請寄回更換）

時報文化出版公司成立於一九七五年，
並於一九九九年股票上櫃公開發行，於二〇〇八年脫離中時集團非屬旺中，
以「尊重智慧與創意的文化事業」為信念。

太空之書 / 金貝爾 (Jim Bell) 作 ; 曾耀寰譯. -- 初版. -- 臺北市 : 時報文化,
2014.06
面； 公分. -- (科學人文 ; 51)
譯自 : The Space Book : From the Beginning to the End of Time, 250
Milestones in the History of Space & Astronomy

ISBN 978-957-13-5999-1(平裝)

1. 宇宙論

323.9　　103010419

The Space Book
© 2013 by Jim Bell
This edition is published by arrangement with Sterling Publishing Co., Inc.
Through Andrew Nurnberg Associates International Limited.
Complex Chinese translation copyright ©2014 China Times Publishing Company
All rights reserved.

ISBN 978-957-13-5999-1
Printed in Taiwan